Ludwig Neumeyer

Hilfstafeln für barometrische Höhenmessungen

bremen
university
press

Ludwig Neumeyer

Hilfstafeln für barometrische Höhenmessungen

ISBN/EAN: 9783955622817

Auflage: 1

Erscheinungsjahr: 2013

Erscheinungsort: Bremen, Deutschland

@ Bremen-university-press in Access Verlag GmbH, Fahrenheitstr. 1, 28359 Bremen. Alle
Rechte beim Verlag und bei den jeweiligen Lizenzgebern.

bremen
university
press

Hülfstafeln

für

Barometrische Höhenmessungen.

———

Hülfstafeln

für

Barometrische Höhenmessungen

berechnet und herausgegeben

von

Ludwig Neumeyer,

Premierlieutenant
und Sections-Chef im topographischen Bureau des kgl. bayer. Generalstabes.

München.
Druck und Verlag von R. Oldenbourg.
—
1877.

Dem Herrn

Obersten Carl von Orff,

Director des topographischen Bureaus des kgl. bayer. Generalstabes,

seinem

theuren Lehrer und väterlichen Freunde

als Zeichen

der innigsten Dankbarkeit und Hochachtung

gewidmet

vom

Verfasser.

Erläuterungen.

Die Höhentabellen, welche zur Erleichterung barometrischer Höhen-
berechnungen dienen, zerfallen in zwei Theile, von welchen der erste
d. i. die Höhentabelle I die dem Mittel der Barometerstände entsprechenden Nullhöhen und der zweite Theil d. i. die Höhentabelle II die Correction wegen der Temperatur der freien Luft enthält.

Nachstehende Betrachtung soll den bei der Berechnung der Höhentabellen eingeschlagenen Weg kennzeichnen:

Bedeuten b und b' die auf den Nullpunkt reducirten Barometerstände, ferner t und t' die Temperaturen der freien Luft, so findet man
den Höhenunterschied, der h' heissen mag, aus der von L a p l a c e auf-
gestellten und für die praktischen Bedürfnisse entsprechend abgekürzten
Formel:

$$ h' = \frac{\text{Constante}}{500} \cdot (500 + t + t') \cdot (\log b - \log b'). $$

Wird in dieser Gleichung $t + t' = 0$ angenommen, so geht dieselbe
über in:

$$ h' = \frac{\text{Constante}}{500} \cdot 500 \, (\log b - \log b') = \text{Constante} \cdot (\log b - \log b'). $$

Constante $= c$ und $\log b - \log b' = d'$ gesetzt, erhält man:

$$ h' = c \cdot d', $$

und für Logarithmen:

$$ \log h' = \log c + \log d'. $$

Mit Hilfe letzterer Gleichung lassen sich nun leicht die einem Millimeter Scala entsprechenden Nullhöhen berechnen, wenn man der Reihe
nach:

$$ \log 780,00 - \log 779,00 = 0,0005571 \text{ resp. } 6,7459332 $$
$$ \log 779,00 - \log 778,00 = 0,0005579 \quad \text{„} \quad 6,7465564 $$

$$ \cdot \qquad \cdot \qquad \cdot \qquad \cdot $$

$$ \cdot \qquad \cdot \qquad \cdot \qquad \cdot $$

$$ \log 601,00 - \log 600,00 = 0,0007232 \quad \text{„} \quad 6,8592584 $$

in dieselbe einführt.

Die so gefundenen Nullhöhen, dem Mittel der Barometerstände d. h.

$$\frac{780,00 + 779,00}{2} = 779,50$$

$$\frac{779,00 + 778,00}{2} = 778,50$$

$$\cdot \qquad \cdot$$

$$\cdot \qquad \cdot$$

$$\frac{601,00 + 600,00}{2} = 600,50$$

gegenübergestellt, bilden die Argumente der Höhentabelle I.

Würden die Mittel der Barometerstände sich auf ein grösseres etwa 25 Millimeter betragendes Scaleintervall beziehen, so ändert das den Einheitswerth erst um 2 Millimeter und somit die daraus abgeleitete Nullhöhe nur um 5 Centimeter; das will aber nichts anders sagen, als dass man den Einheitswerth unbeschadet der Genauigkeit bis auf vorbesagtes Intervall in jeder Tafel anwenden darf — was auch geschehen ist.

Die Tafeln selbst besitzen dieselbe Einrichtung wie die Logarithmentafeln, und dürfte sonach über den Gebrauch ersterer kein Zweifel bestehen; nur Eines muss als der besonderen Beachtung werth hier hervorgehoben werden.

Bei der Anwendung wird es nämlich zu den Seltenheiten gehören, dass die Mittel der Barometerstände der Tabelle I mit den aus den Beobachtungen sich ergebenden ganz übereinstimmen; es werden vielmehr letztere und demnach auch die ihnen entsprechenden Nullhöhen zwischen zwei benachbarte Tafeln zu liegen kommen. In welchen Fällen dann eine übrigens im Kopfe leicht durchzuführende Interpolation zwischen den diessbezüglichen Tafeln vorzunehmen oder zu ignoriren ist, ergibt sich aus dem Vergleiche der Parallel-Daten beider Tafeln.

Die aus der Höhentabelle I entnommenen Nullhöhen bedürfen noch einer Correction wegen der Temperatur der freien Luft, und ist die Grösse derselben abhängig von der Grösse der Temperatur-Summe $(t + t')$ und der Nullhöhe.

Nun ändert aber:

$$t + t' = \pm\ 0{,}5^0 \text{ Celsius die Nullhöhe} = 100^m \text{ um } \pm\ 0{,}1^m$$

$$\text{\textit{n}} = \pm\ 1{,}0 \qquad \text{\textit{n}} \qquad \text{\textit{n}} \qquad \text{\textit{n}} = \text{\textit{n}} \qquad \text{\textit{n}} \pm\ 0{,}2$$

.   .   .   .

.   .   .   .

$$\text{\textit{n}} = \pm\ 70{,}0 \qquad \text{\textit{n}} \qquad \text{\textit{n}} \qquad \text{\textit{n}} = \text{\textit{n}} \qquad \text{\textit{n}} \pm\ 14{,}0$$

welche Daten die Argumente der Höhentabelle II bilden.

Was die Einrichtung dieser Tabelle anbelangt, genügt es, darauf aufmerksam zu machen, dass:

    die oberste Horizontalreihe die Temperatur-Summen,

    die erste Vertikalreihe die Nullhöhen und

    alle übrigen Horizontal- resp. Vertikalreihen die betreffenden

    Correctionswerthe

enthalten, die — wie schon aus obigen Vorzeichen ersichtlich — zu den Nullhöhen zu addiren, wenn die Temperatur-Summe positiv und von denselben abzuziehen sind, wenn die Temperatur-Summe negativ ist.

Ausserdem ermöglichen die den Tafeln beigefügten Proportionaltheile einen jede Interpolation ausschliessenden Auszug der Temperatur-Correction, sobald man sich damit einverstanden erklärt, statt der berechneten Temperatur-Summe die dieser zunächstgelegene tabellirte gelten zu lassen z. B. statt $41{,}2^0$ $41{,}0^0$, oder statt $41{,}3^0$ $41{,}5^0$; bei bis zu 250 Metern betragenden Nullhöhen darf man das unbedingt thun, aber auch bei grösseren Höhen und zwar desswegen, weil das Gesetz der Temperatur-Abnahme nicht genau bekannt ist und lokale Einflüsse eine exacte Temperatur-Bestimmung unmöglich machen.

Die Benützung beider Höhentabellen setzt folglich nachstehende Berechnungen als durchgeführt voraus:

    1) Nullpunktreduction der Barometerstände.

    2) Temperatur-Summen (für die freie Luft).

    3) Scalen-Intervalle.

    4) Mittel der Barometerstände.

Beispiel für die Höhenberechnung.

$b = \overset{\text{mm}}{729{,}18}$
$b' = 708{,}05$ } auf den Nullpunkt reducirte Barometerstände,

$t = + 22{,}7^0$ Celsius
$t' = + 19{,}7^0$ „ } Temperaturen der freien Luft, $+ 42{,}4^0 =$ Temperatur-Summe,

$b - b' = 21{,}13 =$ Scalen-Intervall und die Hälfte desselben zum kleineren Barometer-
stande (b') addirt oder vom grösseren (b) sub-
trahirt, gibt:

$\dfrac{b + b'}{2} = 718{,}62 =$ Mittel der Barometerstände;

aus Höhentabelle I (718,50 = 11,124) für 21,13 = 235,1 = Nullhöhe und
„ „ II (42,4⁰ gegenüber 235,1) = + 20,0 = Temperatur-Correction

daher: h' (Höhenunterschied) = 255,1.

Berichtigung:

Seite 61 Rubr. 90 Zeile 1 steht 1,00 — soll heissen 10,00.

Höhentabelle I.

779,50 = 10,252.

	00	10	20	30	40	50	60	70	80	90	dif.	
0		1,03	2,05	3,08	4,10	5,13	6,15	7,18	8,20	9,23	102	
											1	0,10
1	10,25	11,28	12,30	13,33	14,35	15,38	16,40	17,43	18,45	19,48	2	0,20
2	20,50	21,53	22,55	23,58	24,60	25,63	26,66	27,68	28,71	29,73	3	0,31
3	30,76	31,78	32,81	33,83	34,86	35,88	36,91	37,93	38,96	39,98	4	0,41
											5	0,51
4	41,01	42,03	43,06	44,08	45,11	46,13	47,16	48,18	49,21	50,23	6	0,61
5	51,26	52,29	53,31	54,34	55,36	56,39	57,41	58,44	59,46	60,49	7	0,71
6	61,51	62,54	63,56	64,59	65,61	66,64	67,66	68,69	69,71	70,74	8	0,82
											9	0,92
7	71,76	72,79	73,81	74,84	75,86	76,89	77,92	78,94	79,97	80,99		
8	82,02	83,04	84,07	85,09	86,12	87,14	88,17	89,19	90,22	91,24	103	
9	92,27	93,29	94,32	95,34	96,37	97,39	98,42	99,44	100,47	101,49	1	0,10
.											2	0,21
10	102,52	103,55	104,57	105,60	106,62	107,65	108,67	109,70	110,72	111,75	3	0,31
11	112,77	113,80	114,82	115,85	116,87	117,90	118,92	119,95	120,97	122,00	4	0,41
12	123,02	124,05	125,07	126,10	127,12	128,15	129,18	130,20	131,23	132,25	5	0,52
											6	0,62
13	133,28	134,30	135,33	136,35	137,38	138,40	139,43	140,45	141,48	142,50	7	0,72
14	143,53	144,55	145,58	146,60	147,63	148,65	149,68	150,70	151,73	152,75	8	0,82
15	153,78	154,81	155,83	156,86	157,88	158,91	159,93	160,96	161,98	163,01	9	0,93
16	164,03	165,06	166,08	167,11	168,13	169,16	170,18	171,21	172,23	173,26		
17	174,28	175,31	176,33	177,36	178,38	179,41	180,44	181,46	182,49	183,51		
18	184,54	185,56	186,59	187,61	188,64	189,66	190,69	191,71	192,74	193,76		
19	194,79	195,81	196,84	197,86	198,89	199,91	200,94	201,96	202,99	204,01		
20	205,04	206,07	207,09	208,12	209,14	210,17	211,19	212,22	213,24	214,27		
21	215,29	216,32	217,34	218,37	219,39	220,42	221,44	222,47	223,49	224,52		
22	225,54	226,57	227,59	228,62	229,64	230,67	231,70	232,72	233,75	234,77		
23	235,80	236,82	237,85	238,87	239,90	240,92	241,95	242,97	244,00	245,02		
24	246,05	247.07	248,10	249,12	250.15	251,17	252,20	253,22	254,25	255,27		

778,50 = 10,267.

	00	10	20	30	40	50	60	70	80	90	dif.
0		1,03	2,05	3,08	4,11	5,13	6,16	7,19	8,21	9,24	102
											1 0,10
1	10,27	11,29	12,32	13,35	14,37	15,40	16,43	17,45	18,48	19,51	2 0,20
2	20,53	21,56	22,59	23,61	24,64	25,67	26,69	27,72	28,75	29,77	3 0,31
3	30,80	31,83	32,85	33,88	34,91	35,93	36,96	37,99	39,01	40,04	4 0,41
											5 0,51
4	41,07	42,09	43,12	44,15	45,17	46,20	47,23	48,25	49,28	50,31	6 0,61
5	51,34	52,36	53,39	54,42	55,44	56,47	57,50	58,52	59,55	60,58	7 0,71
6	61,60	62,63	63,66	64,68	65,71	66,74	67,76	68,79	69,82	70,84	8 0,82
											9 0,92
7	71,87	72,90	73,92	74,95	75,98	77,00	78,03	79,06	80,08	81,11	
8	82,14	83,16	84,19	85,22	86,24	87,27	88,30	89,32	90,35	91,38	103
9	92,40	93,43	94,46	95,48	96,51	97,54	98,56	99,59	100,62	101,64	1 0,10
											2 0,21
10	102,67	103,70	104,72	105,75	106,78	107,80	108,83	109,86	110,88	111,91	3 0,31
11	112,94	113,96	114,99	116,02	117,04	118,07	119,10	120,12	121,15	122,18	4 0,41
12	123,20	124,23	125,26	126,28	127,31	128,34	129,36	130,39	131,42	132,44	5 0,52
											6 0,62
13	133,47	134,50	135,52	136,55	137,58	138,60	139,63	140,66	141,68	142,71	7 0,72
14	143,74	144,76	145,79	146,82	147,84	148,87	149,90	150,92	151,95	152,98	8 0,82
15	154,01	155,03	156,06	157,09	158,11	159,14	160,17	161,19	162,22	163,25	9 0,93
16	164,27	165,30	166,33	167,35	168,38	169,41	170,43	171,46	172,49	173,51	
17	174,54	175,57	176,59	177,62	178,65	179,67	180,70	181,73	182,75	183,78	
18	184,81	185,83	186,86	187,89	188,91	189,94	190,97	191,99	193,02	194,05	
19	195,07	196,10	197,13	198,15	199,18	200,21	201,23	202,26	203,29	204,31	
20	205,34	206,37	207,39	208,42	209,45	210,47	211,50	212,53	213,55	214,58	
21	215,61	216,63	217,66	218,69	219,71	220,74	221,77	222,79	223,82	224,85	
22	225,87	226,90	227,93	228,95	229,98	231,01	232,03	233,06	234,09	235,11	
23	236,14	237,17	238,19	239,22	240,25	241,27	242,30	243,33	244,35	245,38	
24	246,41	247,43	248,46	249,49	250,51	251,54	252,57	253,59	254,62	255,65	

777,50 = 10,280.

	00	10	20	30	40	50	60	70	80	90
0		1,03	2,06	3,08	4,11	5,14	6,17	7,20	8,22	·9,25
1	10,28	11,31	12,34	13,36	14,39	15,42	16,45	17,48	18,50	19,53
2	20,56	21,59	22,62	23,64	24,67	25,70	26,73	27,76	28,78	29,81
3	30,84	31,87	32,90	33,92	34,95	35,98	37,01	38,04	39,06	40,09
4	41,12	42,15	43,18	44,20	45,23	46,26	47,29	48,32	49,34	50,37
5	51,40	52,43	53,46	54,48	55,51	56,54	57,57	58,60	59,62	60,65
6	61,68	62,71	63,74	64,76	65,79	66,82	67,85	68,88	69,90	70,93
7	71,96	72,99	74,02	75,04	76,07	77,10	78,13	79,16	80,18	81,21
8	82,24	83,27	84,30	85,32	86,35	87,38	88,41	89,44	90,46	91,49
9	92,52	93,55	94,58	95,60	96,63	97,66	98,69	99,72	100,74	101,77
10	102,80	103,83	104,86	105,88	106,91	107,94	108,97	110,00	111,02	112,05
11	113,08	114,11	115,14	116,16	117,19	118,22	119,25	120,28	121,30	122,33
12	123,36	124,39	125,42	126,44	127,47	128,50	129,53	130,56	131,58	132,61
13	133,64	134,67	135,70	136,72	137,75	138,78	139,81	140,84	141,86	142,89
14	143,92	144,95	145,98	147,00	148,03	149,06	150,09	151,12	152,14	153,17
15	154,20	155,23	156,26	157,28	158,31	159,34	160,37	161,40	162,42	163,45
16	164,48	165,51	166,54	167,56	168,59	169,62	170,65	171,68	172,70	173,73
17	174,76	175,79	176,82	177,84	178,87	179,90	180,93	181,96	182,98	184,01
18	185,04	186,07	187,10	188,12	189,15	190,18	191,21	192,24	193,26	194,29
19	195,32	196,35	197,38	198,40	199,43	200,46	201,49	202,52	203,54	204,57
20	205,60	206,63	207,66	208,68	209,71	210,74	211,77	212,80	213,82	214,85
21	215,88	216,91	217,94	218,96	219,99	221,02	222,05	223,08	224,10	225,13
22	226,16	227,19	228,22	229,24	230,27	231,30	232,33	233,36	234,38	235,41
23	236,44	237,47	238,50	239,52	240,55	241,58	242,61	243,64	244,66	245,69
24	246,72	247,75	248,78	249,80	250,83	251,86	252,89	253,92	254,94	255,97

dif.

102
1	0,10
2	0,20
3	0,31
4	0,41
5	0,51
6	0,61
7	0,71
8	0,82
9	0,92

103
1	0,10
2	0,21
3	0,31
4	0,41
5	0,52
6	0,62
7	0,72
8	0,82
9	0,93

1*

776,50 = 10,293.

	00	10	20	30	40	50	60	70	80	90
0		1,03	2,06	3,09	4,12	5,15	6,18	7,21	8,23	9,26
1	10,29	11,32	12,35	13,38	14,41	15,44	16,47	17,50	18,53	19,56
2	20,59	21,62	22,64	23,67	24,70	25,73	26,76	27,79	28,82	29,85
3	30,88	31,91	32,94	33,97	35,00	36,03	37,05	38,08	39,11	40,14
4	41,17	42,20	43,23	44,26	45,29	46,32	47,35	48,38	49,41	50,44
5	51,47	52,49	53,52	54,55	55,58	56,61	57,64	58,67	59,70	60,73
6	61,76	62,79	63,82	64,85	65,88	66,90	67,93	68,96	69,99	71,02
7	72,05	73,08	74,11	75,14	76,17	77,20	78,23	79,26	80,29	81,31
8	82,34	83,37	84,40	85,43	86,46	87,49	88,52	89,55	90,58	91,61
9	92,64	93,67	94,70	95,72	96,75	97,78	98,81	99,84	100,87	101,90
10	102,93	103,96	104,99	106,02	107,05	108,08	109,11	110,14	111,16	112,19
11	113,22	114,25	115,28	116,31	117,34	118,37	119,40	120,43	121,46	122,49
12	123,52	124,55	125,57	126,60	127,63	128,66	129,69	130,72	131,75	132,78
13	133,81	134,84	135,87	136,90	137,93	138,96	139,98	141,01	142,04	143,07
14	144,10	145,13	146,16	147,19	148,22	149,25	150,28	151,31	152,34	153,37
15	154,40	155,42	156,45	157,48	158,51	159,54	160,57	161,60	162,63	163,66
16	164,69	165,72	166,75	167,78	168,81	169,83	170,86	171,89	172,92	173,95
17	174,98	176,01	177,04	178,07	179,10	180,13	181,16	182,19	183,22	184,24
18	185,27	186,30	187,33	188,36	189,39	190,42	191,45	192,48	193,51	194,54
19	195,57	196,60	197,63	198,65	199,68	200,71	201,74	202,77	203,80	204,83
20	205,86	206,89	207,92	208,95	209,98	211,01	212,04	213,07	214,09	215,12
21	216,15	217,18	218,21	219,24	220,27	221,30	222,33	223,36	224,39	225,42
22	226,45	227,48	228,50	229,53	230,56	231,59	232,62	233,65	234,68	235,71
23	236,74	237,77	238,80	239,83	240,86	241,89	242,91	243,94	244,97	246,00
24	247,03	248,06	249,09	250,12	251,15	252,18	253,21	254,24	255,27	256,30

dif.

102

1	0,10
2	0,20
3	0,31
4	0,41
5	0,51
6	0,61
7	0,71
8	0,82
9	0,92

103

1	0,10
2	0,21
3	0,31
4	0,41
5	0,52
6	0,62
7	0,72
8	0,82
9	0,93

775,50 = 10,305.

	00	10	20	30	40	50	60	70	80	90
0		1,03	2,06	3,09	4,12	5,15	6,18	7,21	8,24	9,27
1	10,31	11,34	12,37	13,40	14,43	15,46	16,49	17,52	18,55	19,58
2	20,61	21,64	22,67	23,70	24,73	25,76	26,79	27,82	28,85	29,88
3	30,92	31,95	32,98	34,01	35,04	36,07	37,10	38,13	39,16	40,19
4	41,22	42,25	43,28	44,31	45,34	46,37	47,40	48,43	49,46	50,49
5	51,53	52,56	53,59	54,62	55,65	56,68	57,71	58,74	59,77	60,80
6	61,83	62,86	63,89	64,92	65,95	66,98	68,01	69,04	70,07	71,10
7	72,14	73,17	74,20	75,23	76,26	77,29	78,32	79,35	80,38	81,41
8	82,44	83,47	84,50	85,53	86,56	87,59	88,62	89,65	90,68	91,71
9	92,75	93,78	94,81	95,84	96,87	97,90	98,93	99,96	100,99	102,02
10	103,05	104,08	105,11	106,14	107,17	108,20	109,23	110,26	111,29	112,32
11	113,36	114,39	115,42	116,45	117,48	118,51	119,54	120,57	121,60	122,63
12	123,66	124,69	125,72	126,75	127,78	128,81	129,84	130,87	131,90	132,93
13	133,97	135,00	136,03	137,06	138,09	139,12	140.15	141,18	142,21	143,24
14	144,27	145,30	146,33	147,36	148,39	149,42	150.45	151,48	152,51	153,54
15	154,58	155,61	156,64	157,67	158,70	159,73	160,76	161,79	162,82	163,85
16	164,88	165,91	166,94	167,97	169,00	170,03	171,06	172,09	173,12	174,15
17	175,19	176,22	177,25	178,28	179,31	180,34	181,37	182,40	183,43	184,46
18	185,49	186,52	187,55	188,58	189,61	190,64	191,67	192,70	193,73	194,76
19	195,80	196,83	197,86	198,89	199,92	200,95	201,98	203,01	204,04	205,07
20	206,10	207,13	208,16	209,19	210,22	211,25	212,28	213,31	214,34	215,37
21	216,41	217,44	218,47	219,50	220,53	221,56	222,59	223,62	224,65	225,68
22	226,71	227,74	228,77	229,80	230,83	231,86	232,89	233,92	234,95	235,98
23	237,02	238,05	239,08	240,11	241,14	242,17	243,20	244,23	245,26	246,29
24	247,32	248,35	249,38	250,41	251,44	252,47	253,50	254,53	255,56	256,59

dif.

103		104	
1	0,10	1	0,10
2	0,21	2	0,21
3	0,31	3	0,31
4	0,41	4	0,42
5	0,52	5	0,52
6	0,62	6	0,62
7	0,72	7	0,73
8	0,82	8	0,83
9	0,93	9	0,94

774,50 = 10,318.

	00	10	20	30	40	50	60	70	80	90	dif.
0		1,03	2,06	3,10	4,13	5,16	6,19	7,22	8,25	9,29	103
											1 0,10
1	10,32	11,35	12,38	13,41	14,45	15,48	16,51	17,54	18,57	19,60	2 0,21
2	20,64	21,67	22,70	23,73	24,76	25,80	26,83	27,86	28,89	29,92	3 0,31
3	30,95	31,99	33,02	34,05	35,08	36,11	37,14	38,18	39,21	40,24	4 0,41
											5 0,52
4	41,27	42,30	43,34	44,37	45,40	46,43	47,46	48,49	49,53	50,56	6 0,62
5	51,59	52,62	53,65	54,69	55,72	56,75	57,78	58,81	59,84	60,88	7 0,72
6	61,91	62,94	63,97	65,00	66,04	67,07	68,10	69,13	70,16	71,19	8 0,82
											9 0,93
7	72,23	73,26	74,29	75,32	76,35	77,39	78,42	79,45	80,48	81,51	
8	82,54	83,58	84,61	85,64	86,67	87,70	88,73	89,77	90,80	91,83	104
9	92,86	93,89	94,93	95,96	96,99	98,02	99,05	100,08	101,12	102,15	1 0,10
											2 0,21
10	103,18	104,21	105,24	106,28	107,31	108,34	109,37	110,40	111,43	112,47	3 0,31
11	113,50	114,53	115,56	116,59	117,63	118,66	119,69	120,72	121,75	122,78	4 0,42
12	123,82	124,85	125,88	126,91	127,94	128,98	130,01	131,04	132,07	133,10	5 0,52
											6 0,62
13	134,13	135,17	136,20	137,23	138,26	139,29	140,32	141,36	142,39	143,42	7 0,73
14	144,45	145,48	146,52	147,55	148,58	149,61	150,64	151,67	152,71	153,74	8 0,83
15	154,77	155,80	156,83	157,87	158,90	159,93	160,96	161,99	163,02	164,06	9 0,94
16	165,09	166,12	167,15	168,18	169,22	170,25	171,28	172,31	173,34	174,37	
17	175,41	176,44	177,47	178,50	179,53	180,57	181,60	182,63	183,66	184,69	
18	185,72	186,76	187,79	188,82	189,85	190,88	191,91	192,95	193,98	195,01	
19	196,04	197,07	198,11	199,14	200,17	201,20	202,23	203,26	204,30	205,33	
20	206,36	207,39	208,42	209,46	210,49	211,52	212,55	213,58	214,61	215,65	
21	216,68	217,71	218,74	219,77	220,81	221,84	222,87	223,90	224,93	225,96	
22	227,00	228,03	229,06	230,09	231,12	232,16	233,19	234,22	235,25	236,28	
23	237,31	238,35	239,38	240,41	241,44	242,47	243,50	244,54	245,57	246,60	
24	247,63	248,66	249,70	250,73	251,76	252,79	253,82	254,85	255,89	256,92	

773,50 = 10,333.

	00	10	20	30	40	50	60	70	80	90	dif.
0		1,03	2,07	3,10	4,13	5,17	6,20	7,23	8,27	9,30	103
											1 0,10
1	10,33	11,37	12,40	13,43	14,47	15,50	16,53	17,57	18,60	19,63	2 0,21
2	20,67	21,70	22,73	23,77	24,80	25,83	26,87	27,90	28,93	29,97	3 0,31
3	31,00	32,03	33,07	34,10	35,13	36,17	37,20	38,23	39,27	40,30	4 0,41
											5 0,52
4	41,33	42,37	43,40	44,43	45,47	46,50	47,53	48,57	49,60	50,63	6 0,62
5	51,67	52,70	53,73	54,76	55,80	56,83	57,86	58,90	59,93	60,96	7 0,72
6	62,00	63,03	64,06	65,10	66,13	67,16	68,20	69,23	70,26	71,30	8 0,82
											9 0,93
7	72,33	73,36	74,40	75,43	76,46	77,50	78,53	79,56	80,60	81,63	
8	82,66	83,70	84,73	85,76	86,80	87,83	88,86	89,90	90,93	91,96	104
9	93,00	94,03	95,06	96,10	97,13	98,16	99,20	100,23	101,26	102,30	1 0,10
											2 0,21
10	103,33	104,36	105,40	106,43	107,46	108,50	109,53	110,56	111,60	112,63	3 0,31
11	113,66	114,70	115,73	116,76	117,80	118,83	119,86	120,90	121,93	122,96	4 0,42
12	124,00	125,03	126,06	127,10	128,13	129,16	130,20	131,23	132,26	133,30	5 0,52
											6 0,62
13	134,33	135,36	136,40	137,43	138,46	139,50	140,53	141,56	142,60	143,63	7 0,73
14	144,66	145,70	146,73	147,76	148,80	149,83	150,86	151,90	152,93	153,96	8 0,83
15	155,00	156,03	157,06	158,09	159,13	160,16	161,19	162,23	163,26	164,29	9 0,94
16	165,33	166,36	167,39	168,43	169,46	170,49	171,53	172,56	173,59	174,63	
17	175,66	176,69	177,73	178,76	179,79	180,83	181,86	182,89	183,93	184,96	
18	185,99	187,03	188,06	189,09	190,13	191,16	192,19	193,23	194,26	195,29	
19	196,33	197,36	198,39	199,43	200,46	201,49	202,53	203,56	204,59	205,63	
20	206,66	207,69	208,73	209,76	210,79	211,83	212,86	213,89	214,93	215,96	
21	216,99	218,03	219,06	220,09	221,13	222,16	223,19	224,23	225,26	226,29	
22	227,33	228,36	229,39	230,43	231,46	232,49	233,53	234,56	235,59	236,63	
23	237,66	238,69	239,73	240,76	241,79	242,83	243,86	244,89	245,93	246,96	
24	247,99	249,03	250,06	251,09	252,13	253,16	254,19	255,23	256,26	257,29	

772,50 = 10,346.

	00	10	20	30	40	50	60	70	80	90	dif.
0		1,03	2,07	3,10	4,14	5,17	6,21	7,24	8,28	9,31	103
1	10,35	11,38	12,42	13,45	14,48	15,52	16,55	17,59	18,62	19,66	
2	20,69	21,73	22,76	23,80	24,83	25,87	26,90	27,93	28,97	30,00	
3	31,04	32,07	33,11	34,14	35,18	36,21	37,25	38,28	39,31	40,35	
4	41,38	42,42	43,45	44,49	45,52	46,56	47,59	48,63	49,66	50,70	
5	51,73	52,76	53,80	54,83	55,87	56,90	57,94	58,97	60,01	61,04	
6	62,08	63,11	64,15	65,18	66,21	67,25	68,28	69,32	70,35	71,39	
7	72,42	73,46	74,49	75,53	76,56	77,60	78,63	79,66	80,70	81,73	
8	82,77	83,80	84,84	85,87	86,91	87,94	88,98	90,01	91,04	92,08	104
9	93,11	94,15	95,18	96,22	97,25	98,29	99,32	100,36	101,39	102,43	
10	103,46	104,49	105,53	106,56	107,60	108,63	109,67	110,70	111,74	112,77	
11	113,81	114,84	115,88	116,91	117,94	118,98	120,01	121,05	122,08	123,12	
12	124,15	125,19	126,22	127,26	128,29	129,33	130,36	131,39	132,43	133,46	
13	134,50	135,53	136,57	137,60	138,64	139,67	140,71	141,74	142,77	143,81	
14	144,84	145,88	146,91	147,95	148,98	150,02	151,05	152,09	153,12	154,16	
15	155,19	156,22	157,26	158,29	159,33	160,36	161,40	162,43	163,47	164,50	
16	165,54	166,57	167,61	168,64	169,67	170,71	171,74	172,78	173,81	174,85	
17	175,88	176,92	177,95	178,99	180,02	181,06	182,09	183,12	184,16	185,19	
18	186,23	187,26	188,30	189,33	190,37	191,40	192,44	193,47	194,50	195,54	
19	196,57	197,61	198,64	199,68	200,71	201,75	202,78	203,82	204,85	205,89	
20	206,92	207,95	208,99	210,02	211,06	212,09	213,13	214,16	215,20	216,23	
21	217,27	218,30	219,34	220,37	221,40	222,44	223,47	224,51	225,54	226,58	
22	227,61	228,65	229,68	230,72	231,75	232,79	233,82	234,85	235,89	236,92	
23	237,96	238,99	240,03	241,06	242,10	243,13	244,17	245,20	246,23	247,27	
24	248,30	249,34	250,37	251,41	252,44	253,48	254,51	255,55	256,58	257,62	

Differenzen (dif.):

103:
1	0,10
2	0,21
3	0,31
4	0,41
5	0,52
6	0,62
7	0,72
8	0,82
9	0,93

104:
1	0,10
2	0,21
3	0,31
4	0,42
5	0,52
6	0,62
7	0,73
8	0,83
9	0,94

771,50 = 10,359.

	00	10	20	30	40	50	60	70	80	90
0		1,04	2,07	3,11	4,14	5,18	6,22	7,25	8,29	9,32
1	10,36	11,39	12,43	13,47	14,50	15,54	16,57	17,61	18,65	19,68
2	20,72	21,75	22,79	23,83	24,86	25,90	26,93	27,97	29,01	30,04
3	31,08	32,11	33,15	34,18	35,22	36,26	37,29	38,33	39,36	40,40
4	41,44	42,47	43,51	44,54	45,58	46,62	47,65	48,69	49,72	50,76
5	51,80	52,83	53,87	54,90	55,94	56,97	58,01	59,05	60,08	61,12
6	62,15	63,19	64,23	65,26	66,30	67,33	68,37	69,41	70,44	71,48
7	72,51	73,55	74,58	75,62	76,66	77,69	78,73	79,76	80,80	81,84
8	82,87	83,91	84,94	85,98	87,02	88,05	89,09	90,12	91,16	92,20
9	93,23	94,27	95,30	96,34	97,37	98,41	99,45	100,48	101,52	102,55
10	103,59	104,63	105,66	106,70	107,73	108,77	109,81	110,84	111,88	112,91
11	113,95	114,98	116,62	117,06	118,09	119,13	120,16	121,20	122,24	123,27
12	124,31	125,34	126,38	127,42	128,45	129,49	130,52	131,56	132,60	133,63
13	134,67	135,70	136,74	137,77	138,81	139,85	140,88	141,92	142,95	143,99
14	145,03	146,06	147,10	148,13	149,17	150,21	151,24	152,28	153,31	154,35
15	155,39	156,42	157,46	158,49	159,53	160,56	161,60	162,64	163,67	164,71
16	165,74	166,78	167,82	168,85	169,89	170,92	171,96	173,00	174,03	175,07
17	176,10	177,14	178,17	179,21	180,25	181,28	182,32	183,35	184,39	185,43
18	186,46	187,50	188,53	189,57	190,61	191,64	192,68	193,71	194,75	195,79
19	196,82	197,86	198,89	199,93	200,96	202,00	203,04	204,07	205,11	206,14
20	207,18	208,22	209,25	210,29	211,32	212,36	213,40	214,43	215,47	216,50
21	217,54	218,57	219,61	220,65	221,68	222,72	223,75	224,79	225,83	226,86
22	227,90	228,93	229,97	231,01	232,04	233,08	234,11	235,15	236,19	237,22
23	238,26	239,29	240,33	241,36	242,40	243,44	244,47	245,51	246,54	247,58
24	248,62	249,65	250,69	251,72	252,76	253,80	254,83	255,87	256,90	257,94

dif.

103		104	
1	0,10	1	0,10
2	0,21	2	0,21
3	0,31	3	0,31
4	0,41	4	0,42
5	0,52	5	0,52
6	0,62	6	0,62
7	0,72	7	0,73
8	0,82	8	0,83
9	0,93	9	0,94

770,50 = 10,374.

	00	10	20	30	40	50	60	70	80	90
0		1,04	2,07	3,11	4,15	5,19	6,22	7,26	8,30	9,34
1	10,37	11,41	12,45	13,49	14,52	15,56	16,60	17,64	18,67	19,71
2	20,75	21,79	22,82	23,86	24,90	25,94	26,97	28,01	29,05	30,08
3	31,12	32,16	33,20	34,23	35,27	36,31	37,35	38,38	39,42	40,46
4	41,50	42,53	43,57	44,61	45,65	46,68	47,72	48,76	49,80	50,83
5	51,87	52,91	53,94	54,98	56,02	57,06	58,09	59,13	60,17	61,21
6	62,24	63,28	64,32	65,36	66,39	67,43	68,47	69,51	70,54	71,58
7	72,62	73,66	74,69	75,73	76,77	77,81	78,84	79,88	80,92	81,95
8	82,99	84,03	85,07	86,10	87,14	88,18	89,22	90,25	91,29	92,33
9	93,37	94,40	95,44	96,48	97,52	98,55	99,59	100,63	101,67	102,70
10	103,74	104,78	105,81	106,85	107,89	108,93	109,96	111,00	112,04	113,08
11	114,11	115,15	116,19	117,23	118,26	119,30	120,34	121,38	122,41	123,45
12	124,49	125,53	126,56	127,60	128,64	129,68	130,71	131,75	132,79	133,82
13	134,86	135,90	136,94	137,97	139,01	140,05	141,09	142,12	143,16	144,20
14	145,24	146,27	147,31	148,35	149,39	150,42	151,46	152,50	153,54	154,57
15	155,61	156,65	157,68	158,72	159,76	160,80	161,83	162,87	163,91	164,95
16	165,98	167,02	168,06	169,10	170,13	171,17	172,21	173,25	174,28	175,32
17	176,36	177,40	178,43	179,47	180,51	181,55	182,58	183,62	184,66	185,69
18	186,73	187,77	188,81	189,84	190,88	191,92	192,96	193,99	195,03	196,07
19	197,11	198,14	199,18	200,22	201,26	202,29	203,33	204,37	205,41	206,44
20	207,48	208,52	209,55	210,59	211,63	212,67	213,70	214,74	215,78	216,82
21	217,85	218,89	219,93	220,97	222,00	223,04	224,08	225,12	226,15	227,19
22	228,23	229,27	230,30	231,34	232,38	233,42	234,45	235,49	236,53	237,56
23	238,60	239,64	240,68	241,71	242,75	243,79	244,83	245,86	246,90	247,94
24	248,98	250,01	251,05	252,09	253,13	254,16	255,20	256,24	257,28	258,31

dif.

103		104	
1	0,10	1	0,10
2	0,21	2	0,21
3	0,31	3	0,31
4	0,41	4	0,42
5	0,52	5	0,52
6	0,62	6	0,62
7	0,72	7	0,73
8	0,82	8	0,83
9	0,93	9	0,94

769,50 = 10,386.

	00	10	20	30	40	50	60	70	. 80	90	dif.
0		1,04	2,08	3,12	4,15	5,19	6,23	7,27	.8,31	9,35	103
											1 0,10
1	10,39	11,42	12,46	13,50	14,54	15,58	16,62	17,66	18,69	19,73	2 0,21
2	20,77	21,81	22,85	23,89	24,93	25,97	27,00	28,04	29,08	30,12	3 0,31
3	31,16	32,20	33,24	34,27	35,31	36,35	37,39	38,43	39,47	40,51	4 0,41
											5 0,52
4	41,54	42,58	43,62	44,66	45,70	46,74	47,78	48,81	49,85	50,89	6 0,62
5	51,93	52,97	54,01	55,05	56,08	57,12	58,16	59,20	60,24	61,28	7 0,72
6	62,32	63,35	64,39	65,43	66,47	67,51	68,55	69,59	70,62	71,66	8 0,82
											9 0,93
7	72,70	73,74	74,78	75,82	76,86	77,90	78,93	79,97	81,01	82,05	
8	83,09	84,13	85,17	86,20	87,24	88,28	89,32	90,36	91,40	92,44	104
9	93,47	94,51	95,55	96,59	97,63	98,67	99,71	100,74	101,78	102,82	1 0,10
											2 0,21
10	103,86	104,90	105,94	106,98	108,01	109,05	110,09	111,13	112,17	113,21	3 0,31
11	114,25	115,28	116,32	117,36	118,40	119,44	120,48	121,52	122,55	123,59	4 0,42
12	124,63	125,67	126,71	127,75	128,79	129,83	130,86	131,90	132,94	133,98	5 0,52
											6 0,62
13	135,02	136,06	137,10	138,13	139,17	140,21	141,25	142,29	143,33	144,37	7 0,73
14	145,40	146,44	147,48	148,52	149,56	150,60	151,64	152,67	153,71	154,75	8 0,83
15	155,79	156,83	157,87	158,91	159,94	160,98	162,02	163,06	164,10	165,14	9 0,94
16	166,18	167,21	168,25	169,29	170,33	171,37	172,41	173,45	174,48	175,52	
17	176,56	177,60	178,64	179,68	180,72	181,76	182,79	183,83	184,87	185,91	
18	186,95	187,99	189,03	190,06	191,10	192,14	193,18	194,22	195,26	196,30	
19	197,33	198,37	199,41	200,45	201,49	202,53	203,57	204,60	205,64	206,68	
20	207,72	208,76	209,80	210,84	211,87	212,91	213,95	214,99	216,03	217,07	
21	218,11	219,14	220,18	221,22	222,26	223,30	224,34	225,38	226,41	227,45	
22	228,49	229,53	230,57	231,61	232,65	233,69	234,72	235,76	236,80	237,84	
23	238,88	239,92	240,96	241,99	243,03	244,07	245,11	246,15	247,19	248,23	
24	249,26	250,30	251,34	252,38	253,42	254,46	255,50	256,53	257,57	258,61	

768,50 = 10,399.

	00	10	20	30	40	50	60	70	80	90
0		1,04	2,08	3,12	4,16	5,20	6,24	7,28	8,32	9,36
1	10,40	11,44	12,48	13,52	14,56	15,60	16,64	17,68	18,72	19,76
2	20,80	21,84	22,88	23,92	24,96	26,00	27,04	28,08	29,12	30,16
3	31,20	32,24	33,28	34,32	35,36	36,40	37,44	38,48	39,52	40,56
4	41,60	42,64	43,68	44,72	45,76	46,80	47,84	48,88	49,92	50,96
5	52,00	53,03	54,07	55,11	56,15	57,19	58,23	59,27	60,31	61,35
6	62,39	63,43	64,47	65,51	66,55	67,59	68,63	69,67	70,71	71,75
7	72,79	73,83	74,87	75,91	76,95	77,99	79,03	80,07	81,11	82,15
8	83,19	84,23	85,27	86,31	87,35	88,39	89,43	90,47	91,51	92,55
9	93,59	94,63	95,67	96,71	97,75	98,79	99,83	100,87	101,91	102,95
10	103,99	105,03	106,07	107,11	108,15	109,19	110,23	111,27	112,31	113,35
11	114,39	115,43	116,47	117,51	118,55	119,59	120,63	121,67	122,71	123,75
12	124,79	125,83	126,87	127,91	128,95	129,99	131,03	132,07	133,11	134,15
13	135,19	136,23	137,27	138,31	139,35	140,39	141,43	142,47	143,51	144,55
14	145,59	146,63	147,67	148,71	149,75	150,79	151,83	152,87	153,91	154,95
15	155,99	157,02	158,06	159,10	160,14	161,18	162,22	163,26	164,30	165,34
16	166,38	167,42	168,46	169,50	170,54	171,58	172,62	173,66	174,70	175,74
17	176,78	177,82	178,86	179,90	180,94	181,98	183,02	184,06	185,10	186,14
18	187,18	188,22	189,26	190,30	191,34	192,38	193,42	194,46	195,50	196,54
19	197,58	198,62	199,66	200,70	201,74	202,78	203,82	204,86	205,90	206,94
20	207,98	209,02	210,06	211,10	212,14	213,18	214,22	215,26	216,30	217,34
21	218,38	219,42	220,46	221,50	222,54	223,58	224,62	225,66	226,70	227,74
22	228,78	229,82	230,86	231,90	232,94	233,98	235,02	236,06	237,10	238,14
23	239,18	240,22	241,26	242,30	243,34	244,38	245,42	246,46	247,50	248,54
24	249,58	250,62	251,66	252,70	253,74	254,78	255,82	256,86	257,90	258,94

dif.

103		104	
1	0,10	1	0,10
2	0,21	2	0,21
3	0,31	3	0,31
4	0,41	4	0,42
5	0,52	5	0,52
6	0,62	6	0,62
7	0,72	7	0,73
8	0,82	8	0,83
9	0,93	9	0,94

767,50 = 10,412.

	00	10	20	30	40	50	60	70	80	90
0	.	1,04	2,08	3,12	4,16	5,21	6,25	7,29	8,33	9,37
1	10,41	11,45	12,49	13,54	14,58	15,62	16,66	17,70	18,74	19,78
2	20,82	21,87	22,91	23,95	24,99	26,03	27,07	28,11	29,15	30,19
3	31,24	32,28	33,32	34,36	35,40	36,44	37,48	38,52	39,57	40,61
4	41,65	42,69	43,73	44,77	45,81	46,85	47,90	48,94	49,98	51,02
5	52,06	53,10	54,14	55,18	56,22	57,27	58,31	59,35	60,39	61,43
6	62,47	63,51	64,55	65,60	66,64	67,68	68,72	69,76	70,80	71,84
7	72,88	73,93	74,97	76,01	77,05	78,09	79,13	80,17	81,21	82,25
8	83,30	84,34	85,38	86,42	87,46	88,50	89,54	90,58	91,63	92,67
9	93,71	94,75	95,79	96,83	97,87	98,91	99,96	101,00	102,04	103,08
10	104,12	105,16	106,20	107,24	108,28	109,33	110,37	111,41	112,45	113,49
11	114,53	115,57	116,61	117,66	118,70	119,74	120,78	121,82	122,86	123,90
12	124,94	125,99	127,03	128,07	129,11	130,15	131,19	132,23	133,27	134,31
13	135,36	136,40	137,44	138,48	139,52	140,56	141,60	142,64	143,69	144,73
14	145,77	146,81	147,85	148,89	149,93	150,97	152,02	153,06	154,10	155,14
15	156,18	157,22	158,26	159,30	160,34	161,39	162,43	163,47	164,51	165,55
16	166,59	167,63	168,67	169,72	170,76	171,80	172,84	173,88	174,92	175,96
17	177,00	178,05	179,09	180,13	181,17	182,21	183,25	184,29	185,33	186,37
18	187,42	188,46	189,50	190,54	191,58	192,62	193,66	194,70	195,75	196,79
19	197,83	198,87	199,91	200,95	201,99	203,03	204,08	205,12	206,16	207,20
20	208,24	209,28	210,32	211,36	212,40	213,45	214,49	215,53	216,57	217,61
21	218,65	219,69	220,73	221,78	222,82	223,86	224,90	225,94	226,98	228,02
22	229,06	230,11	231,15	232,19	233,23	234,27	235,31	236,35	237,39	238,43
23	239,48	240,52	241,56	242,60	243,64	244,68	245,72	246,76	247,81	248,85
24	249,89	250,93	251,97	253,01	254,05	255,09	256,14	257,18	258,22	259,26

dif.

104		105	
1	0,10	1	0,11
2	0,21	2	0,21
3	0,31	3	0,32
4	0,42	4	0,42
5	0,52	5	0,53
6	0,62	6	0,63
7	0,73	7	0,74
8	0,83	8	0,84
9	0,94	9	0,95

766,50 = 10,427.

	00	10	20	30	40	50	60	70	80	90	dif.
0		1,04	2,09	3,13	4,17	5,21	6,26	7,30	8,34	9,38	104
											1 0,10
1	10,43	11,47	12,51	13,56	14,60	15,64	16,68	17,73	18,77	19,81	2 0,21
2	20,85	21,90	22,94	23,98	25,02	26,07	27,11	28,15	29,20	30,24	3 0,31
3	31,28	32,32	33,37	34,41	35,45	36,49	37,54	38,58	39,62	40,67	4 0,42
											5 0,52
4	41,71	42,75	43,79	44,84	45,88	46,92	47,96	49,01	50,05	51,09	6 0,62
5	52,14	53,18	54,22	55,26	56,31	57,35	58,39	59,43	60,48	61,52	7 0,73
6	62,56	63,60	64,65	65,69	66,73	67,78	68,82	69,86	70,90	71,95	8 0,83
											9 0,94
7	72,99	74,03	75,07	76,12	77,16	78,20	79,25	80,29	81,33	82,37	
8	83,42	84,46	85,50	86,54	87,59	88,63	89,67	90,71	91,76	92,80	105
9	93,84	94,89	95,93	96,97	98,01	99,06	100,10	101,14	102,18	103,23	1 0,11
											2 0,21
10	104,27	105,31	106,36	107,40	108,44	109,48	110,53	111,57	112,61	113,65	3 0,32
11	114,70	115,74	116,78	117,83	118,87	119,91	120,95	122,00	123,04	124,08	4 0,42
12	125,12	126,17	127,21	128,25	129,29	130,34	131,38	132,42	133,47	134,51	5 0,53
											6 0,63
13	135,55	136,59	137,64	138,68	139,72	140,76	141,81	142,85	143,89	144,94	7 0,74
14	145,98	147,02	148,06	149,11	150,15	151,19	152,23	153,28	154,32	155,36	8 0,84
15	156,41	157,45	158,49	159,53	160,58	161,62	162,66	163,70	164,75	165,79	9 0,95
16	166,83	167,87	168,92	169,96	171,00	172,05	173,09	174,13	175,17	176,22	
17	177,26	178,30	179,34	180,39	181,43	182,47	183,52	184,56	185,60	186,64	
18	187,69	188,73	189,77	190,81	191,86	192,90	193,94	194,98	196,03	197,07	
19	198,11	199,16	200,20	201,24	202,28	203,33	204,37	205,41	206,45	207,50	
20	208,54	209,58	210,63	211,67	212,71	213,75	214,80	215,84	216,88	217,92	
21	218,97	220,01	221,05	222,10	223,14	224,18	225,22	226,27	227,31	228,35	
22	229,39	230,44	231,48	232,52	233,56	234,61	235,65	236,69	237,74	238,78	
23	239,82	240,86	241,91	242,95	243,99	245,03	246,08	247,12	248,16	249,21	
24	250,25	251,29	252,33	253,38	254,42	255,46	256,50	257,55	258,59	259,63	

765,50 = 10,440.

	00	10	20	30	40	50	60	70	80	90	dif.	
0		1,04	2,09	3,13	4,18	5,22	6,26	7,31	8,35	9,40	104	
											1	0,10
1	10,44	11,48	12,53	13,57	14,62	15,66	16,70	17,75	18,79	19,84	2	0,21
2	20,88	21,92	22,97	24,01	25,06	26,10	27,14	28,19	29,23	30,28	3	0,31
3	31,32	32,36	33,41	34,45	35,50	36,54	37,58	38,63	39,67	40,72	4	0,42
											5	0,52
4	41,76	42,80	43,85	44,89	45,94	46,98	48,02	49,07	50,11	51,16	6	0,62
5	52,20	53,24	54,29	55,33	56,38	57,42	58,46	59,51	60,55	61,60	7	0,73
6	62,64	63,68	64,73	65,77	66,82	67,86	68,90	69,95	70,99	72,04	8	0,83
											9	0,94
7	73,08	74,12	75,17	76,21	77,26	78,30	79,34	80,39	81,43	82,48		
8	83,52	84,56	85,61	86,65	87,70	88,74	89,78	90,83	91,87	92,92	105	
9	93,96	95,00	96,05	97,09	98,14	99,18	100,22	101,27	102,31	103,36	1	0,11
											2	0,21
10	104,40	105,44	106,49	107,53	108,58	109,62	110,66	111,71	112,75	113,80	3	0,32
11	114,84	115,88	116,93	117,97	119,02	120,06	121,10	122,15	123,19	124,24	4	0,42
12	125,28	126,32	127,37	128,41	129,46	130,50	131,54	132,59	133,63	134,68	5	0,53
											6	0,63
13	135,72	136,76	137,81	138,85	139,90	140,94	141,98	143,03	144,07	145,12	7	0,74
14	146,16	147,20	148,25	149,29	150,34	151,38	152,42	153,47	154,51	155,56	8	0,84
15	156,60	157,64	158,69	159,73	160,78	161,82	162,86	163,91	164,95	166,00	9	0,95
16	167,04	168,08	169,13	170,17	171,22	172,26	173,30	174,35	175,39	176,44		
17	177,48	178,52	179,57	180,61	181,66	182,70	183,74	184,79	185,83	186,88		
18	187,92	188,96	190,01	191,05	192,10	193,14	194,18	195,23	196,27	197,32		
19	198,36	199,40	200,45	201,49	202,54	203,58	204,62	205,67	206,71	207,76		
20	208,80	209,84	210,89	211,93	212,98	214,02	215,06	216,11	217,15	218,20		
21	219,24	220,28	221,33	222,37	223,42	224,46	225,50	226,55	227,59	228,64		
22	229,68	230,72	231,77	232,81	233,86	234,90	235,94	236,99	238,03	239,08		
23	240,12	241,16	242,21	243,25	244,30	245,34	246,38	247,43	248,47	249,52		
24	250,56	251,60	252,65	253,69	254,74	255,78	256,82	257,87	258,91	259,96		

764,50 = 10,453.

	00	10	20	30	40	50	60	70	80	90	dif.	
0		1,05	2,09	3,14	4,18	5,23	6,27	7,32	8,36	9,41	104	
											1	0,10
1	10,45	11,50	12,54	13,59	14,63	15,68	16,72	17,77	18,82	19,86	2	0,21
2	20,91	21,95	23,00	24,04	25,09	26,13	27,18	28,22	29,27	30,31	3	0,31
3	31,36	32,40	33,45	34,49	35,54	36,59	37,63	38,68	39,72	40,77	4	0,42
											5	0,52
4	41,81	42,86	43,90	44,95	45,99	47,04	48,08	49,13	50,17	51,22	6	0,62
5	52,27	53,31	54,36	55,40	56,45	57,49	58,54	59,58	60,63	61,67	7	0,73
6	62,72	63,76	64,81	65,85	66,90	67,94	68,99	70,04	71,08	72,13	8	0,83
											9	0,94
7	73,17	74,22	75,26	76,31	77,35	78,40	79,44	80,49	81,53	82,58		
8	83,62	84,67	85,71	86,76	87,81	88,85	89,90	90,94	91,99	93,03	105	
9	94,08	95,12	96,17	97,21	98,26	99,30	100,35	101,39	102,44	103,48	1	0,11
											2	0,21
10	104,53	105,58	106,62	107,67	108,71	109,76	110,80	111,85	112,89	113,94	3	0,32
11	114,98	116,03	117,07	118,12	119,16	120,21	121,25	122,30	123,35	124,39	4	0,42
12	125,44	126,48	127,53	128,57	129,62	130,66	131,71	132,75	133,80	134,84	5	0,53
											6	0,63
13	135,89	136,93	137,98	139,02	140,07	141,12	142,16	143,21	144,25	145,30	7	0,74
14	146,34	147,39	148,43	149,48	150,52	151,57	152,61	153,66	154,70	155,75	8	0,84
15	156,80	157,84	158,89	159,93	160,98	162,02	163,07	164,11	165,16	166,20	9	0,95
16	167,25	168,29	169,34	170,38	171,43	172,47	173,52	174,57	175,61	176,66		
17	177,70	178,75	179,79	180,84	181,88	182,93	183,97	185,02	186,06	187,11		
18	188,15	189,20	190,24	191,29	192,34	193,38	194,43	195,47	196,52	197,56		
19	198,61	199,65	200,70	201,74	202,79	203,83	204,88	205,92	206,97	208,01		
20	209,06	210,11	211,15	212,20	213,24	214,29	215,33	216,38	217,42	218,47		
21	219,51	220,56	221,60	222,65	223,69	224,74	225,78	226,83	227,88	228,92		
22	229,97	231,01	232,06	233,10	234,15	235,19	236,24	237,28	238,33	239,37		
23	240,42	241,46	242,51	243,55	244,60	245,65	246,69	247,74	248,78	249,83		
24	250,87	251,92	252,96	254,01	255,05	256,10	257,14	258,19	259,23	260,28		

763,50 = 10,469.

	00	10°	20	30	40	50	60	70	80	90	dif.
0		1,05	2,09	3,14	4,19	5,23	6,28	7,33	8,38	9,42	104
											1 0,10
1	10,47	11,52	12,56	13,61	14,66	15,70	16,75	17,80	18,84	19,89	2 0,21
2	20,94	21,98	23,03	24,08	25,13	26,17	27,22	28,27	29,31	30,36	3 0,31
3	31,41	32,45	33,50	34,55	35,59	36,64	37,69	38,74	39,78	40,83	4 0,42
											5 0,52
4	41,88	42,92	43,97	45,02	46,06	47,11	48,16	49,20	50,25	51,30	6 0,62
5	52,35	53,39	54,44	55,49	56,53	57,58	58,63	59,67	60,72	61,77	7 0,73
6	62,81	63,86	64,91	65,95	67,00	68,05	69,10	70,14	71,19	72,24	8 0,83
											9 0,94
7	73,28	74,33	75,38	76,42	77,47	78,52	79,56	80,61	81,66	82,71	
8	83,75	84,80	85,85	86,89	87,94	88,99	90,03	91,08	92,13	93,17	105
9	94,22	95,27	96,31	97,36	98,41	99,46	100,50	101,55	102,60	103,64	1 0,11
											2 0,21
10	104,69	105,74	106,78	107,83	108,88	109,92	110,97	112,02	113,07	114,11	3 0,32
11	115,16	116,21	117,25	118,30	119,35	120,39	121,44	122,49	123,53	124,58	4 0,42
12	125,63	126,67	127,72	128,77	129,82	130,86	131,91	132,96	134,00	135,05	5 0,53
											6 0,63
13	136,10	137,14	138,19	139,24	140,28	141,33	142,38	143,43	144,47	145,52	7 0,74
14	146,57	147,61	148,66	149,71	150,75	151,80	152,85	153,89	154,94	155,99	8 0,84
15	157,04	158,08	159,13	160,18	161,22	162,27	163,32	164,36	165,41	166,46	9 0,95
16	167,50	168,55	169,60	170,64	171,69	172,74	173,79	174,83	175,88	176,93	
17	177,97	179,02	180,07	181,11	182,16	183,21	184,25	185,30	186,35	187,40	
18	188,44	189,49	190,54	191,58	192,63	193,68	194,72	195,77	196,82	197,86	
19	198,91	199,96	201,00	202,05	203,10	204,15	205,19	206,24	207,29	208,33	
20	209,38	210,43	211,47	212,52	213,57	214,61	215,66	216,71	217,76	218,80	
21	219,85	220,90	221,94	222,99	224,04	225,08	226,13	227,18	228,22	229,27	
22	230,32	231,36	232,41	233,46	234,51	235,55	236,60	237,65	238,69	239,74	
23	240,79	241,83	242,88	243,93	244,97	246,02	247,07	248,12	249,16	250,21	
24	251,26	252,30	253,35	254,40	255,44	256,49	257,54	258,58	259,63	260,68	

762,50 = 10,480.

	00	10	20	30	40	50	60	70	80	90	dif.
0		1,05	2,10	3,14	4,19	5,24	6,29	7,34	8,38	9,43	104
											1 | 0,10
1	10,48	11,53	12,58	13,62	14,67	15,72	16,77	17,82	18,86	19,91	2 | 0,21
2	20,96	22,01	23,06	24,10	25,15	26,20	27,25	28,30	29,34	30,39	3 | 0,31
3	31,44	32,49	33,54	34,58	35,63	36,68	37,73	38,78	39,82	40,87	4 | 0,42
											5 | 0,52
4	41,92	42,97	44,02	45,06	46,11	47,16	48,21	49,26	50,30	51,35	6 | 0,62
5	52,40	53,45	54,50	55,54	56,59	57,64	58,69	59,74	60,78	61,83	7 | 0,73
6	62,88	63,93	64,98	66,02	67,07	68,12	69,17	70,22	71,26	72,31	8 | 0,83
											9 | 0,94
7	73,36	74,41	75,46	76,50	77,55	78,60	79,65	80,70	81,74	82,79	
8	83,84	84,89	85,94	86,98	88,03	89,08	90,13	91,18	92,22	93,27	105
9	94,32	95,37	96,42	97,46	98,51	99,56	100,61	101,66	102,70	103,75	1 | 0,11
											2 | 0,21
10	104,80	105,85	106,90	107,94	108,99	110,04	111,09	112,14	113,18	114,23	3 | 0,32
11	115,28	116,33	117,38	118,42	119,47	120,52	121,57	122,62	123,66	124,71	4 | 0,42
12	125,76	126,81	127,86	128,90	129,95	131,00	132,05	133,10	134,14	135,19	5 | 0,53
											6 | 0,63
13	136,24	137,29	138,34	139,38	140,43	141,48	142,53	143,58	144,62	145,67	7 | 0,74
14	146,72	147,77	148,82	149,86	150,91	151,96	153,01	154,06	155,10	156,15	8 | 0,84
15	157,20	158,25	159,30	160,34	161,39	162,44	163,49	164,54	165,58	166,63	9 | 0,95
16	167,68	168,73	169,78	170,82	171,87	172,92	173,97	175,02	176,06	177,11	
17	178,16	179,21	180,26	181,30	182,35	183,40	184,45	185,50	186,54	187,59	
18	188,64	189,69	190,74	191,78	192,83	193,88	194,93	195,98	197,02	198,07	
19	199,12	200,17	201,22	202,26	203,31	204,36	205,41	206,46	207,50	208,55	
20	209,60	210,65	211,70	212,74	213,79	214,84	215,89	216,94	217,98	219,03	
21	220,08	221,13	222,18	223,22	224,27	225,32	226,37	227,42	228,46	229,51	
22	230,56	231,61	232,66	233,70	234,75	235,80	236,85	237,90	238,94	239,99	
23	241,04	242,09	243,14	244,18	245,23	246,28	247,33	248,38	249,42	250,47	
24	251,52	252,57	253,62	254,66	255,71	256,76	257,81	258,86	259,90	260,95	

761,50 = 10,495.

	00	10	20	30	40	50	60	70	80	90	dif.	
0		1,05	2,10	3,15	4,20	5,25	6,30	7,35	8,40	9,45	104	
											1	0,10
1	10,50	11,54	12,59	13,64	14,69	15,74	16,79	17,84	18,89	19,94	2	0,21
2	20,99	22,04	23,09	24,14	25,19	26,24	27,29	28,34	29,39	30,44	3	0,31
3	31,49	32,53	33,58	34,63	35,68	36,73	37,78	38,83	39,88	40,93	4	0,42
											5	0,52
4	41,98	43,03	44,08	45,13	46,18	47,23	48,28	49,33	50,38	51,43	6	0,62
5	52,48	53,52	54,57	55,62	56,67	57,72	58,77	59,82	60,87	61,92	7	0,73
6	62,97	64,02	65,07	66,12	67,17	68,22	69,27	70,32	71,37	72,42	8	0,83
											9	0,94
7	73,47	74,51	75,56	76,61	77,66	78,71	79,76	80,81	81,86	82,91		
8	83,96	85,01	86,06	87,11	88,16	89,21	90,26	91,31	92,36	93,41	105	
9	94,46	95,50	96,55	97,60	98,65	99,70	100,75	101,80	102,85	103,90	1	0,11
											2	0,21
10	104,95	106,00	107,05	108,10	109,15	110,20	111,25	112,30	113,35	114,40	3	0,32
11	115,45	116,49	117,54	118,59	119,64	120,69	121,74	122,79	123,84	124,89	4	0,42
12	125,94	126,99	128,04	129,09	130,14	131,19	132,24	133,29	134,84	135,39	5	0,53
											6	0,63
13	136,44	137,48	138,53	139,58	140,63	141,68	142,73	143,78	144,83	145,88	7	0,74
14	146,93	147,98	149,03	150,08	151,13	152,18	153,23	154,28	155,33	156,38	8	0,84
15	157,43	158,47	159,52	160,57	161,62	162,67	163,72	164,77	165,82	166,87	9	0,95
16	167,92	168,97	170,02	171,07	172,12	173,17	174,22	175,27	176,32	177,37		
17	178,42	179,46	180,51	181,56	182,61	183,66	184,71	185,76	186,81	187,86		
18	188,91	189,96	191,01	192,06	193,11	194,16	195,21	196,26	197,31	198,36		
19	199,41	200,45	201,50	202,55	203,60	204,65	205,70	206,75	207,80	208,85		
20	209,90	210,95	212,00	213,05	214,10	215,15	216,20	217,25	218,30	219,35		
21	220,40	221,44	222,49	223,54	224,59	225,64	226,69	227,74	228,79	229,84		
22	230,89	231,94	232,99	234,04	235,09	236,14	237,19	238,24	239,29	240,34		
23	241,39	242,43	243,48	244,53	245,58	246,63	247,68	248,73	249,78	250,83		
24	251,88	252,93	253,98	255,03	256,08	257,13	258,18	259,23	260,28	261,33		

2*

760,50 = 10,510.

	00	10	20	30	40	50	60	70	80	90
0		1,05	2,10	3,15	4,20	5,26	6,31	7,36	8,41	9,46
1	10,51	11,56	12,61	13,66	14,71	15,77	16,82	17,87	18,92	19,97
2	21,02	22,07	23,12	24,17	25,22	26,28	27,33	28,38	29,43	30,48
3	31,53	32,58	33,63	34,68	35,73	36,79	37,84	38,89	39,94	40,99
4	42,04	43,09	44,14	45,19	46,24	47,30	48,35	49,40	50,45	51,50
5	52,55	53,60	54,65	55,70	56,75	57,81	58,86	59,91	60,96	62,01
6	63,06	64,11	65,16	66,21	67,26	68,32	69,37	70,42	71,47	72,52
7	73,57	74,62	75,67	76,72	77,77	78,83	79,88	80,93	81,98	83,03
8	84,08	85,13	86,18	87,23	88,28	89,34	90,39	91,44	92,49	93,54
9	94,59	95,64	96,69	97,74	98,79	99,85	100,90	101,95	103,00	104,05
10	105,10	106,15	107,20	108,25	109,30	110,36	111,41	112,46	113,51	114,56
11	115,61	116,66	117,71	118,76	119,81	120,87	121,92	122,97	124,02	125,07
12	126,12	127,17	128,22	129,27	130,32	131,38	132,43	133,48	134,53	135,58
13	136,63	137,68	138,73	139,78	140,83	141,89	142,94	143,99	145,04	146,09
14	147,14	148,19	149,24	150,29	151,34	152,40	153,45	154,50	155,55	156,60
15	157,65	158,70	159,75	160,80	161,85	162,91	163,96	165,01	166,06	167,11
16	168,16	169,21	170,26	171,31	172,36	173,42	174,47	175,52	176,57	177,62
17	178,67	179,72	180,77	181,82	182,87	183,93	184,98	186,03	187,08	188,13
18	189,18	190,23	191,28	192,33	193,38	194,44	195,49	196,54	197,59	198,64
19	199,69	200,74	201,79	202,84	203,89	204,95	206,00	207,05	208,10	209,15
20	210,20	211,25	212,30	213,35	214,40	215,46	216,51	217,56	218,61	219,66
21	220,71	221,76	222,81	223,86	224,91	225,97	227,02	228,07	229,12	230,17
22	231,22	232,27	233,32	234,37	235,42	236,48	237,53	238,58	239,63	240,68
23	241,73	242,78	243,83	244,88	245,93	246,99	248,04	249,09	250,14	251,19
24	252,24	253,29	254,34	255,39	256,44	257,50	258,55	259,60	260,65	261,70

dif.

105
1	0,11
2	0,21
3	0,32
4	0,42
5	0,53
6	0,63
7	0,74
8	0,84
9	0,95

106
1	0,11
2	0,21
3	0,32
4	0,42
5	0,53
6	0,64
7	0,74
8	0,85
9	0,95

759,50 = 10,523.

	00	10	20	30	40	50	60	70	80	90	dif.
0		1,05	2,10	3,16	4,21	5,26	6,31	7,37	8,42	9,47	105
											1 0,11
1	10,52	11,58	12,63	13,68	14,73	15,78	16,84	17,89	18,94	19,99	2 0,21
2	21,05	22,10	23,15	24,20	25,26	26,31	27,36	28,41	29,46	30,52	3 0,32
3	31,57	32,62	33,67	34,73	35,78	36,83	37,88	38,94	39,99	41,04	4 0,42
											5 0,53
4	42,09	43,14	44,20	45,25	46,30	47,35	48,41	49,46	50,51	51,56	6 0,63
5	52,62	53,67	54,72	55,77	56,82	57,88	58,93	59,98	61,03	62,09	7 0,74
6	63,14	64,19	65,24	66,29	67,35	68,40	69,45	70,50	71,56	72,61	8 0,84
											9 0,95
7	73,66	74,71	75,77	76,82	77,87	78,92	79,97	81,03	82,08	83,13	
8	84,18	85,24	86,29	87,34	88,39	89,45	90,50	91,55	92,60	93,65	106
9	94,71	95,76	96,81	97,86	98,92	99,97	101,02	102,07	103,13	104,18	1 0,11
											2 0,21
10	105,23	106,28	107,33	108,39	109,44	110,49	111,54	112,60	113,65	114,70	3 0,32
11	115,75	116,81	117,86	118,91	119,96	121,01	122,07	123,12	124,17	125,22	4 0,42
12	126,28	127,33	128,38	129,43	130,49	131,54	132,59	133,64	134,69	135,75	5 0,53
											6 0,64
13	136,80	137,85	138,90	139,96	141,01	142,06	143,11	144,17	145,22	146,27	7 0,74
14	147,32	148,37	149,43	150,48	151,53	152,58	153,64	154,69	155,74	156,79	8 0,85
15	157,85	158,90	159,95	161,00	162,05	163,11	164,16	165,21	166,26	167,32	9 0,95
16	168,37	169,42	170,47	171,52	172,58	173,63	174,68	175,73	176,79	177,84	
17	178,89	179,94	181,00	182,05	183,10	184,15	185,20	186,26	187,31	188,36	
18	189,41	190,47	191,52	192,57	193,62	194,68	195,73	196,78	197,83	198,88	
19	199,94	200,99	202,04	203,09	204,15	205,20	206,25	207,30	208,36	209,41	
20	210,46	211,51	212,56	213,62	214,67	215,72	216,77	217,83	218,88	219,93	
21	220,98	222,04	223,09	224,14	225,19	226,24	227,30	228,35	229,40	230,45	
22	231,51	232,56	233,61	234,66	235,72	236,77	237,82	238,87	239,92	240,98	
23	242,03	243,08	244,13	245,19	246,24	247,29	248,34	249,40	250,45	251,50	
24	252,55	253,60	254,66	255,71	256,76	257,81	258,87	259,92	260,97	262,02	

758,50 = 10,537.

	00	10	20	30	40	50	60	70	80	90	dif.
0		1,05	2,11	3,16	4,21	5,27	6,32	7,38	8,43	9,48	105
											1 | 0,11
1	10,54	11,59	12,64	13,70	14,75	15,81	16,86	17,91	18,97	20,02	2 | 0,21
2	21,07	22,13	23,18	24,24	25,29	26,34	27,40	28,45	29,50	30,56	3 | 0,32
3	31,61	32,66	33,72	34,77	35,83	36,88	37,93	38,99	40,04	4 ,09	4 | 0,42
											5 | 0,53
4	42,15	43,20	44,26	45,31	46,36	47,42	48,47	49,52	50,58	51,63	6 | 0,63
5	52,69	53,74	54,79	55,85	56,90	57,95	59,01	60,06	61,11	62,17	7 | 0,74
6	63,22	64,28	65,33	66,38	67,44	68,49	69,54	70,60	71,65	72,71	8 | 0,84
											9 | 0,95
7	73,76	74,81	75,87	76,92	77,97	79,03	80,08	81,13	82,19	83,24	
8	84,30	85,35	86,40	87,46	88,51	89,56	90,62	91,67	92,73	93,78	106
9	94,83	95,89	96,94	97,99	99,05	100,10	101,16	102,21	103,26	104,32	1 | 0,11
											2 | 0,21
10	105,37	106,42	107,48	108,53	109,58	110,64	111,69	112,75	113,80	114,85	3 | 0,32
11	115,91	116,96	118,01	119,07	120,12	121,18	122,23	123,28	124,34	125,39	4 | 0,42
12	126,44	127,50	128,55	129,61	130,66	131,71	132,77	133,82	134,87	135,93	5 | 0,53
											6 | 0,64
13	136,98	138,03	139,09	140,14	141,20	142,25	143,30	144,36	145,41	146,46	7 | 0,74
14	147,52	148,57	149,63	150,68	151,73	152,79	153,84	154,89	155,95	157,00	8 | 0,85
15	158,06	159,11	160,16	161,22	162,27	163,32	164,38	165,43	166,48	167,54	9 | 0,95
16	168,59	169,65	170,70	171,75	172,81	173,86	174,91	175,97	177,02	178,08	
17	179,13	180,18	181,24	182,29	183,34	184,40	185,45	186,50	187,56	188,61	
18	189,67	190,72	191,77	192,83	193,88	194,93	195,99	197,04	198,10	199,15	
19	200,20	201,26	202,31	203,36	204,42	205,47	206,53	207,58	208,63	209,69	
20	210,74	211,79	212,85	213,90	214,95	216,01	217,06	218,12	219,17	220,22	
21	221,28	222,33	223,38	224,44	225,49	226,55	227,60	228,65	229,71	230,76	
22	231,81	232,87	233,92	234,98	236,03	237,08	238,14	239,19	240,24	241,30	
23	242,35	243,40	244,46	245,51	246,57	247,62	248,67	249,73	250,78	251,83	
24	252,89	253,94	255,00	256,05	257,10	258,16	259,21	260,26	261,32	262,37	

757,50 = 10,550.

	00	10	20	30	40	50	60	70	80	90
0		1,06	2,11	3,17	4,22	5,28	6,33	7,39	8,44	9,50
1	10,55	11,61	12,66	13,72	14,77	15,83	16,88	17,94	18,99	20,05
2	21,10	22,16	23,21	24,27	25,32	26,38	27,43	28,49	29,54	30,60
3	31,65	32,71	33,76	34,82	35,87	36,93	37,98	39,04	40,09	41,15
4	42,20	43,26	44,31	45,37	46,42	47,48	48,53	49,59	50,64	51,70
5	52,75	53,81	54,86	55,92	56,97	58,03	59,08	60,14	61,19	62,25
6	63,30	64,36	65,41	66,47	67,52	68,58	69,63	70,69	71,74	72,80
7	73,85	74,91	75,96	77,02	78,07	79,13	80,18	81,24	82,29	83,35
8	84,40	85,46	86,51	87,57	88,62	89,68	90,73	91,79	92,84	93,90
9	94,95	96,01	97,06	98,12	99,17	100,23	101,28	102,34	103,39	104,45
10	105,50	106,56	107,61	108,67	109,72	110,78	111,83	112,89	113,94	115,00
11	116,05	117,11	118,16	119,22	120,27	121,33	122,38	123,44	124,49	125,55
12	126,60	127,66	128,71	129,77	130,82	131,88	132,93	133,99	135,04	136,10
13	137,15	138,21	139,26	140,32	141,37	142,43	143,48	144,54	145,59	146,65
14	147,70	148,76	149,81	150,87	151,92	152,98	154,03	155,09	156,14	157,20
15	158,25	159,31	160,36	161,42	162,47	163,53	164,58	165,64	166,69	167,75
16	168,80	169,86	170,91	171,97	173,02	174,08	175,13	176,19	177,24	178,30
17	179,35	180,41	181,46	182,52	183,57	184,63	185,68	186,74	187,79	188,85
18	189,90	190,96	192,01	193,07	194,12	195,18	196,23	197,29	198,34	199,40
19	200,45	201,51	202,56	203,62	204,67	205,73	206,78	207,84	208,89	209,95
20	211,00	212,06	213,11	214,17	215,22	216,28	217,33	218,39	219,44	220,50
21	221,55	222,61	223,66	224,72	225,77	226,83	227,88	228,94	229,99	231,05
22	232,10	233,16	234,21	235,27	236,32	237,38	238,43	239,49	240,54	241,60
23	242,65	243,71	244,76	245,82	246,87	247,93	248,98	250,04	251,09	252,15
24	253,20	254,26	255,31	256,37	257,42	258,48	259,53	260,59	261,64	262,70

dif.

105		106	
1	0,11	1	0,11
2	0,21	2	0,21
3	0,32	3	0,32
4	0,42	4	0,42
5	0,53	5	0,53
6	0,63	6	0,64
7	0,74	7	0,74
8	0,84	8	0,85
9	0,95	9	0,95

756,50 = 10,565.

	00	10	20	30	40	50	60	70	80	90	dif.	
0		1,06	2,11	3,17	4,23	5,28	6,34	7,40	8,45	9,51	105	
											1	0,11
1	10,57	11,62	12,68	13,73	14,79	15,85	16,90	17,96	19,02	20,07	2	0,21
2	21,13	22,19	23,24	24,30	25,36	26,41	27,47	28,53	29,58	30,64	3	0,32
3	31,70	32,75	33,81	34,86	35,92	36,98	38,03	39,09	40,15	41,20	4	0,42
											5	0,53
4	42,26	43,32	44,37	45,43	46,49	47,54	48,60	49,66	50,71	51,77	6	0,63
5	52,83	53,88	54,94	55,99	57,05	58,11	59,16	60,22	61,28	62,33	7	0,74
6	63,39	64,45	65,50	66,56	67,62	68,67	69,73	70,79	71,84	72,90	8	0,84
											9	0,95
7	73,96	75,01	76,07	77,12	78,18	79,24	80,29	81,35	82,41	83,46		
8	84,52	85,58	86,63	87,69	88,75	89,80	90,86	91,92	92,97	94,03	106	
9	95,09	96,14	97,20	98,25	99,31	100,37	101,42	102,48	103,54	104,59	1	0,11
											2	0,21
10	105,65	106,71	107,76	108,82	109,88	110,93	111,99	113,05	114,10	115,16	3	0,32
11	116,22	117,27	118,33	119,38	120,44	121,50	122,55	123,61	124,67	125,72	4	0,42
12	126,78	127,84	128,89	129,95	131,01	132,06	133,12	134,18	135,23	136,29	5	0,53
											6	0,64
13	137,35	138,40	139,46	140,51	141,57	142,63	143,68	144,74	145,80	146,85	7	0,74
14	147,91	148,97	150,02	151,08	152,14	153,19	154,25	155,31	156,36	157,42	8	0,85
15	158,48	159,53	160,59	161,64	162,70	163,76	164,81	165,87	166,93	167,98	9	0,95
16	169,04	170,10	171,15	172,21	173,27	174,32	175,38	176,44	177,49	178,55		
17	179,61	180,66	181,72	182,77	183,83	184,89	185,94	187,00	188,06	189,11		
18	190,17	191,23	192,28	193,34	194,40	195,45	196,51	197,57	198,62	199,68		
19	200,74	201,79	202,85	203,90	204,96	206,02	207,07	208,13	209,19	210,24		
20	211,30	212,36	213,41	214,47	215,53	216,58	217,64	218,70	219,75	220,81		
21	221,87	222,92	223,98	225,03	226,09	227,15	228,20	229,26	230,32	231,37		
22	232,43	233,49	234,54	235,60	236,66	237,71	238,77	239,83	240,88	241,94		
23	243,00	244,05	245,11	246,16	247,22	248,28	249,33	250,39	251,45	252,50		
24	253,56	254,62	255,67	256,73	257,79	258,84	259,90	260,96	262,01	263,07		

755,50 = 10,580.

	00	10	20	30	40	50	60	70	80	90	dif.
0		1,06	2,12	3,17	4,23	5,29	6,35	7,41	8,46	9,52	105
1	10,58	11,64	12,70	13,75	14,81	15,87	16,93	17,99	19,04	20,10	
2	21,16	22,22	23,28	24,33	25,39	26,45	27,51	28,57	29,62	30,68	
3	31,74	32,80	33,86	34,91	35,97	37,03	38,09	39,15	40,20	41,26	
4	42,32	43,38	44,44	45,49	46,55	47,61	48,67	49,73	50,78	51,84	
5	52,90	53,96	55,02	56,07	57,13	58,19	59,25	60,31	61,36	62,42	
6	63,48	64,54	65,60	66,65	67,71	68,77	69,83	70,89	71,94	73,00	
7	74,06	75,12	76,18	77,23	78,29	79,35	80,41	81,47	82,52	83,58	
8	84,64	85,70	86,76	87,81	88,87	89,93	90,99	92,05	93,10	94,16	
9	95,22	96,28	97,34	98,39	99,45	100,51	101,57	102,63	103,68	104,74	
10	105,80	106,86	107,92	108,97	110,03	111,09	112,15	113,21	114,26	115,32	
11	116,38	117,44	118,50	119,55	120,61	121,67	122,73	123,79	124,84	125,90	
12	126,96	128,02	129,08	130,13	131,19	132,25	133,31	134,37	135,42	136,48	
13	137,54	138,60	139,66	140,71	141,77	142,83	143,89	144,95	146,00	147,06	
14	148,12	149,18	150,24	151,29	152,35	153,41	154,47	155,53	156,58	157,64	
15	158,70	159,76	160,82	161,87	162,93	163,99	165,05	166,11	167,16	168,22	
16	169,28	170,34	171,40	172,45	173,51	174,57	175,63	176,69	177,74	178,80	
17	179,86	180,92	181,98	183,03	184,09	185,15	186,21	187,27	188,32	189,38	
18	190,44	191,50	192,56	193,61	194,67	195,73	196,79	197,85	198,90	199,96	
19	201,02	202,08	203,14	204,19	205,25	206,31	207,37	208,43	209,48	210,54	
20	211,60	212,66	213,72	214,77	215,83	216,89	217,95	219,01	220,06	221,12	
21	222,18	223,24	224,30	225,35	226,41	227,47	228,53	229,59	230,64	231,70	
22	232,76	233,82	234,88	235,93	236,99	238,05	239,11	240,17	241,22	242,28	
23	243,34	244,40	245,46	246,51	247,57	248,63	249,69	250,75	251,80	252,86	
24	253,92	254,98	256,04	257,09	258,15	259,21	260.27	261,33	262,38	263,44	

dif.

105		106	
1	0,11	1	0,11
2	0,21	2	0,21
3	0,32	3	0,32
4	0,42	4	0,42
5	0,53	5	0,53
6	0,63	6	0,64
7	0,74	7	0,74
8	0,84	8	0,85
9	0,95	9	0,95

754,50 = 10,593.

	00	10	20	30	40	50	60	70	80	90	dif.
0		1,06	2,12	3,18	4,24	5,30	6,36	7,42	8,47	9,53	105
											1 | 0,11
1	10,59	11,65	12,71	13,77	14,83	15,89	16,95	18,01	19,07	20,13	2 | 0,21
2	21,19	22,25	23,30	24,36	25,42	26,48	27,54	28,60	29,66	30,72	3 | 0,32
3	31,78	32,84	33,90	34,96	36,02	37,08	38,13	39,19	40,25	41,31	4 | 0,42
											5 | 0,53
4	42,37	43,43	44,49	45,55	46,61	47,67	48,73	49,79	50,85	51,91	6 | 0,63
5	52,97	54,02	55,08	56,14	57,20	58,26	59,32	60,38	61,44	62,50	7 | 0,74
6	63,56	64,62	65,68	66,74	67,80	68,85	69,91	70,97	72,03	73,09	8 | 0,84
											9 | 0,95
7	74,15	75,21	76,27	77,33	78,39	79,45	80,51	81,57	82,63	83,68	
8	84,74	85,80	86,86	87,92	88,98	90,04	91,10	92,16	93,22	94,28	106
9	95,34	96,40	97,46	98,51	99,57	100,63	101,69	102,75	103,81	104,87	1 | 0,11
											2 | 0,21
10	105,93	106,99	108,05	109,11	110,17	111,23	112,29	113,35	114,40	115,46	3 | 0,32
11	116,52	117,58	118,64	119,70	120,76	121,82	122,88	123,94	125,00	126,06	4 | 0,42
12	127,12	128,18	129,23	130,29	131,35	132,41	133,47	134,53	135,59	136,65	5 | 0,53
											6 | 0,64
13	137,71	138,77	139,83	140,89	141,95	143,01	144,06	145,12	146,18	147,24	7 | 0,74
14	148,30	149,36	150,42	151,48	152,54	153,60	154,66	155,72	156,78	157,84	8 | 0,85
15	158,90	159,95	161,01	162,07	163,13	164,19	165,25	166,31	167,37	168,43	9 | 0,95
16	169,49	170,55	171,61	172,67	173,73	174,78	175,84	176,90	177,96	179,02	
17	180,08	181,14	182,20	183,26	184 32	185,38	186,44	187,50	188,56	189,61	
18	190,67	191,73	192,79	193,85	194,91	195,97	197,03	198,09	199,15	200,21	
19	201,27	202,33	203,39	204,44	205,50	206,56	207,62	208,68	209,74	210,80	
20	211,86	212,92	213,98	215,04	216,10	217,16	218,22	219,28	220,33	221,39	
21	222,45	223,51	224,57	225,63	226,69	227,75	228,81	229,87	230,93	231,99	
22	233,05	234,11	235,16	236,22	237,28	238,34	239,40	240,46	241,52	242,58	
23	243,64	244,70	245,76	246,82	247,88	248,94	249,99	251,05	252,11	253,17	
24	254,23	255,29	256,35	257,41	258,47	259,53	260,59	261,65	262,71	263,77	

753,50 = 10,607.

	00	10	20	30	40	50	60	70	80	90	dif.
0		1,06	2,12	3,18	4,24	5,30	6,36	7,42	8,49	9,55	106
1	10,61	11,67	12,73	13,79	14,85	15,91	16,97	18,03	19,09	20,15	
2	21,21	22,27	23,34	24,40	25,46	26,52	27,58	28,64	29,70	30,76	
3	31,82	32,88	33,94	35,00	36,06	37,12	38,19	39,25	40,31	41,37	
4	42,43	43,49	44,55	45,61	46,67	47,73	48,79	49,85	50,91	51,97	
5	53,04	54,10	55,16	56,22	57,28	58,34	59,40	60,46	61,52	62,58	
6	63,64	64,70	65,76	66,82	67,88	68,95	70,01	71,07	72,13	73,19	
7	74,25	75,31	76,37	77,43	78,49	79,55	80,61	81,67	82,73	83,80	
8	84,86	85,92	86,98	88,04	89,10	90,16	91,22	92,28	93,34	94,40	107
9	95,46	96,52	97,58	98,65	99,71	100,77	101,83	102,89	103,95	105,01	
10	106,07	107,13	108,19	109,25	110,31	111,37	112,43	113,49	114,56	115,62	
11	116,68	117,74	118,80	119,86	120,92	121,98	123,04	124,10	125,16	126,22	
12	127,28	128,34	129,41	130,47	131,53	132,59	133,65	134,71	135,77	136,83	
13	137,89	138,95	140,01	141,07	142,13	143,19	144,26	145,32	146,38	147,44	
14	148,50	149,56	150,62	151,68	152,74	153,80	154,86	155,92	156,98	158,04	
15	159,11	160,17	161,23	162,29	163,35	164,41	165,47	166,53	167,59	168,65	
16	169,71	170,77	171,83	172,89	173,95	175,02	176,08	177,14	178,20	179,26	
17	180,32	181,38	182,44	183,50	184,56	185,62	186,68	187,74	188,80	189,87	
18	190,93	191,99	193,05	194,11	195,17	196,23	197,29	198,35	199,41	200,47	
19	201,53	202,59	203,65	204,72	205,78	206,84	207,90	208,96	210,02	211,08	
20	212,14	213,20	214,26	215,32	216,38	217,44	218,50	219,56	220,63	221,69	
21	222,75	223,81	224,87	225,93	226,99	228,05	229,11	230,17	231,23	232,29	
22	233,35	234,41	235,48	236,54	237,60	238,66	239,72	240,78	241,84	242,90	
23	243,96	245,02	246,08	247,14	248,20	249,26	250,33	251,39	252,45	253,51	
24	254,57	255,63	256,69	257,75	258,81	259,87	260,93	261,99	263,05	264,11	

dif.

106
1	0,11
2	0,21
3	0,32
4	0,42
5	0,53
6	0,64
7	0,74
8	0,85
9	0,95

107
1	0,11
2	0,21
3	0,32
4	0,43
5	0,54
6	0,64
7	0,75
8	0,86
9	0,96

752,50 = 10,620.

	00	10	20	30	40	50	60	70	80	90	dif.
0		1,06	2,12	3,19	4,25	5,31	6,37	7,43	8,50	9,56	106
1	10,62	11,68	12,74	13,81	14,87	15,93	16,99	18,05	19,12	20,18	
2	21,24	22,30	23,36	24,43	25,49	26,55	27,61	28,67	29,74	30,80	
3	31,86	32,92	33,98	35,05	36,11	37,17	38,23	39,29	40,36	41,42	
4	42,48	43,54	44,60	45,67	46,73	47,79	48,85	49,91	50,98	52,04	
5	53,10	54,16	55,22	56,29	57,35	58,41	59,47	60,53	61,60	62,66	
6	63,72	64,78	65,84	66,91	67,97	69,03	70,09	71,15	72,22	73,28	
7	74,34	75,40	76,46	77,53	78,59	79,65	80,71	81,77	82,84	83,90	
8	84,96	86,02	87,08	88,15	89,21	90,27	91,33	92,39	93,46	94,52	107
9	95,58	96,64	97,70	98,77	99,83	100,89	101,95	103,01	104,08	105,14	
10	106,20	107,26	108,32	109,39	110,45	111,51	112,57	113,63	114,70	115,76	
11	116,82	117,88	118,94	120,01	121,07	122,13	123,19	124,25	125,32	126,38	
12	127,44	128,50	129,56	130,63	131,69	132,75	133,81	134,87	135,94	137,00	
13	138,06	139,12	140,18	141,25	142,31	143,37	144,43	145,49	146,56	147,62	
14	148,68	149,74	150,80	151,87	152,93	153,99	155,05	156,11	157,18	158,24	
15	159,30	160,36	161,42	162,49	163,55	164,61	165,67	166,73	167,80	168,86	
16	169,92	170,98	172,04	173,11	174,17	175,23	176,29	177,35	178,42	179,48	
17	180,54	181,60	182,66	183,73	184,79	185,85	186,91	187,97	189,04	190,10	
18	191,16	192,22	193,28	194,35	195,41	196,47	197,53	198,59	199,66	200,72	
19	201,78	202,84	203,90	204,97	206,03	207,09	208,15	209,21	210,28	211,34	
20	212,40	213,46	214,52	215,59	216,65	217,71	218,77	219,83	220,90	221,96	
21	223,02	224,08	225,14	226,21	227,27	228,33	229,39	230,45	231,52	232,58	
22	233,64	234,70	235,76	236,83	237,89	238,95	240,01	241,07	242,14	243,20	
23	244,26	245,32	246,38	247,45	248,51	249,57	250,63	251,69	252,76	253,82	
24	254,88	255,94	257,00	258,07	259,13	260,19	261,25	262,31	263,38	264,44	

dif.

106
1	0,11
2	0,21
3	0,32
4	0,42
5	0,53
6	0,64
7	0,74
8	0,85
9	0,95

107
1	0,11
2	0,21
3	0,32
4	0,43
5	0,54
6	0,64
7	0,75
8	0,86
9	0,96

751,50 = 10,635.

	00	10	20	30	40	50	60	70	80	90	dif.	
0		1,06	2,13	3,19	4,25	5,32	6,38	7,44	8,51	9,57	106	
											1	0,11
1	10,64	11,70	12,76	13,83	14,89	15,95	17,02	18,08	19,14	20,21	2	0,21
2	21,27	22,33	23,40	24,46	25,52	26,59	27,65	28,71	29,78	30,84	3	0,32
3	31,91	32,97	34,03	35,10	36,16	37,22	38,29	39,35	40,41	41,48	4	0,42
											5	0,53
4	42,54	43,60	44,67	45,73	46,79	47,86	48,92	49,98	51,05	52,11	6	0,64
5	53,18	54,24	55,30	56,37	57,43	58,49	59,56	60,62	61,68	62,75	7	0,74
6	63,81	64,87	65,94	67,00	68,06	69,13	70,19	71,25	72,32	73,38	8	0,85
											9	0,95
7	74,45	75,51	76,57	77,64	78,70	79,76	80,83	81,89	82,95	84,02		
8	85,08	86,14	87,21	88,27	89,33	90,40	91,46	92,52	93,59	94,65	107	
9	95,72	96,78	97,84	98,91	99,97	101,03	102,10	103,16	104,22	105,29	1	0,11
											2	0,21
10	106,35	107,41	108,48	109,54	110,60	111,67	112,73	113,79	114,86	115,92	3	0,32
11	116,99	118,05	119,11	120,18	121,24	122,30	123,37	124,43	125,49	126,56	4	0,43
12	127,62	128,68	129,75	130,81	131,87	132,94	134,00	135,06	136,13	137,19	5	0,54
											6	0,64
13	138,26	139,32	140,38	141,45	142,51	143,57	144,64	145,70	146,76	147,83	7	0,75
14	148,89	149,95	151,02	152,08	153,14	154,21	155,27	156,33	157,40	158,46	8	0,86
15	159,53	160,59	161,65	162,72	163,78	164,84	165,91	166,97	168,03	169,10	9	0,96
16	170,16	171,22	172,29	173,35	174,41	175,48	176,54	177,60	178,67	179,73		
17	180,80	181,86	182,92	183,99	185,05	186,11	187,18	188,24	189,30	190,37		
18	191,43	192,49	193,56	194,62	195,68	196,75	197,81	198,87	199,94	201,00		
19	202,07	203,13	204,19	205,26	206,32	207,38	208,45	209,51	210,57	211,64		
20	212,70	213,76	214,83	215,89	216,95	218,02	219,08	220,14	221,21	222,27		
21	223,34	224,40	225,46	226,53	227,59	228,65	229,72	230,78	231,84	232,91		
22	233,97	235,03	236,10	237,16	238,22	239,29	240,35	241,41	242,48	243,54		
23	244,61	245,67	246,73	247,80	248,86	249,92	250,99	252,05	253,11	254,18		
24	255,24	256,30	257,37	258,43	259,49	260,56	261,62	262,68	263,75	264,81		

750,50 = 10,650.

	00	10	20	30	40	50	60	70	80	90	dif.
0		1,07	2,13	3,20	4,26	5,33	6,39	7,46	8,52	9,59	106
1	10,65	11,72	12,78	13,85	14,91	15,98	17,04	18,11	19,17	20,24	
2	21,30	22,37	23,43	24,50	25,56	26,63	27,69	28,76	29,82	30,89	
3	31,95	33,02	34,08	35,15	36,21	37,28	38,34	39,41	40,47	41,54	
4	42,60	43,67	44,73	45,80	46,86	47,93	48,99	50,06	51,12	52,19	
5	53,25	54,32	55,38	56,45	57,51	58,58	59,64	60,71	61,77	62,84	
6	63,90	64,97	66,03	67,10	68,16	69,23	70,29	71,36	72,42	73,49	
7	74,55	75,62	76,68	77,75	78,81	79,88	80,94	82,01	83,07	84,14	
8	85,20	86,27	87,33	88,40	89,46	90,53	91,59	92,66	93,72	94,79	
9	95,85	96,92	97,98	99,05	100,11	101,18	102,24	103,31	104,37	105,44	
10	106,50	107,57	108,63	109,70	110,76	111,83	112,89	113,96	115,02	116,09	
11	117,15	118,22	119,28	120,35	121,41	122,48	123,54	124,61	125,67	126,74	
12	127,80	128,87	129,93	131,00	132,06	133,13	134,19	135,26	136,32	137,39	
13	138,45	139,52	140,58	141,65	142,71	143,78	144,84	145,91	146,97	148,04	
14	149,10	150,17	151,23	152,30	153,36	154,43	155,49	156,56	157,62	158,69	
15	159,75	160,82	161,88	162,95	164,01	165,08	166,14	167,21	168,27	169,34	
16	170,40	171,47	172,53	173,60	174,66	175,73	176,79	177,86	178,92	179,99	
17	181,05	182,12	183,18	184,25	185,31	186,38	187,44	188,51	189,57	190,64	
18	191,70	192,77	193,83	194,90	195,96	197,03	198,09	199,16	200,22	201,29	
19	202,35	203,42	204,48	205,55	206,61	207,68	208,74	209,81	210,87	211,94	
20	213,00	214,07	215,13	216,20	217,26	218,33	219,39	220,46	221,52	222,59	
21	223,65	224,72	225,78	226,85	227,91	228,98	230,04	231,11	232,17	233,24	
22	234,30	235,37	236,43	237,50	238,56	239,63	240,69	241,76	242,82	243,89	
23	244,95	246,02	247,08	248,15	249,21	250,28	251,34	252,41	253,47	254,54	
24	255,60	256,67	257,73	258,80	259,86	260,93	261,99	263,06	264,12	265,19	

dif.

106
1	0,11
2	0,21
3	0,32
4	0,42
5	0,53
6	0,64
7	0,74
8	0,85
9	0,95

107
1	0,11
2	0,21
3	0,32
4	0,43
5	0,54
6	0,64
7	0,75
8	0,86
9	0,96

749,50 = 10,663.

	00	10	20	30	40	50	60	70	80	90	dif.
0		1,07	2,13	3,20	4,27	5,33	6,40	7,46	8,53	9,60	106
1	10,66	11,73	12,80	13,86	14,93	15,99	17,06	18,13	19,19	20,26	
2	21,33	22,39	23,46	24,52	25,59	26,66	27,72	28,79	29,86	30,92	
3	31,99	33,06	34,12	35,19	36,25	37,32	38,39	39,45	40,52	41,59	
4	42,65	43,72	44,78	45,85	46,92	47,98	49,05	50,12	51,18	52,25	
5	53,32	54,38	55,45	56,51	57,58	58,65	59,71	60,78	61,85	62,91	
6	63,98	65,04	66,11	67,18	68,24	69,31	70,38	71,44	72,51	73,57	
7	74,64	75,71	76,77	77,84	78,91	79,97	81,04	82,11	83,17	84,24	
8	85,30	86,37	87,44	88,50	89,57	90,64	91,70	92,77	93,83	94,90	
9	95,97	97,03	98,10	99,17	100,23	101,30	102,36	103,43	104,50	105,56	
10	106,63	107,70	108,76	109,83	110,90	111,96	113,03	114,09	115,16	116,23	
11	117,29	118,36	119,43	120,49	121,56	122,62	123,69	124,76	125,82	126,89	
12	127,96	129,02	130,09	131,15	132,22	133,29	134,35	135,42	136,49	137,55	
13	138,62	139,69	140,75	141,82	142,88	143,95	145,02	146,08	147,15	148,22	
14	149,28	150,35	151,41	152,48	153,55	154,61	155,68	156,75	157,81	158,88	
15	159,95	161,01	162,08	163,14	164,21	165,28	166,34	167,41	168,48	169,54	
16	170,61	171,67	172,74	173,81	174,87	175,94	177,01	178,07	179,14	180,20	
17	181,27	182,34	183,40	184,47	185,54	186,60	187,67	188,74	189,80	190,87	
18	191,93	193,00	194,07	195,13	196,20	197,27	198,33	199,40	200,46	201,53	
19	202,60	203,66	204,73	205,80	206,86	207,93	208,99	210,06	211,13	212,19	
20	213,26	214,33	215,39	216,46	217,53	218,59	219,66	220,72	221,79	222,86	
21	223,92	224,99	226,06	227,12	228,19	229,25	230,32	231,39	232,45	233,52	
22	234,59	235,65	236,72	237,78	238,85	239,92	240,98	242,05	243,12	244,18	
23	245,25	246,32	247,38	248,45	249,51	250,58	251,65	252,71	253,78	254,85	
24	255,91	256,98	258,04	259,11	260,18	261,24	262,31	263,38	264,44	265,51	

dif.:

106		107	
1	0,11	1	0,11
2	0,21	2	0,21
3	0,32	3	0,32
4	0,42	4	0,43
5	0,53	5	0,54
6	0,64	6	0,64
7	0,74	7	0,75
8	0,85	8	0,86
9	0,95	9	0,96

748,50 = 10,677.

	00	10	20	30	40	50	60	70	80	90	dif.	
0		1,07	2,14	3,20	4,27	5,34	6,41	7,47	8,54	9,61	106	
											1	0,11
1	10,68	11,74	12,81	13,88	14,95	16,02	17,08	18,15	19,22	20,29	2	0,21
2	21,35	22,42	23,49	24,56	25,62	26,69	27,76	28,83	29,90	30,96	3	0,32
3	32,03	33,10	34,17	35,23	36,30	37,37	38,44	39,50	40,57	41,64	4	0,42
											5	0,53
4	42,71	43,78	44,84	45,91	46,98	48,05	49,11	50,18	51,25	52,32	6	0,64
5	53,39	54,45	55,52	56,59	57,66	58,72	59,79	60,86	61,93	62,99	7	0,74
6	64,06	65,13	66,20	67,27	68,33	69,40	70,47	71,54	72,60	73,67	8	0,85
											9	0,95
7	74,74	75,81	76,87	77,94	79,01	80,08	81,15	82,21	83,28	84,35		
8	85,42	86,48	87,55	88,62	89,69	90,75	91,82	92,89	93,96	95,03	107	
9	96,09	97,16	98,23	99,30	100,36	101,43	102,50	103,57	104,63	105,70	1	0,11
											2	0,21
10	106,77	107,84	108,91	109,97	111,04	112,11	113,18	114,24	115,31	116,38	3	0,32
11	117,45	118,51	119,58	120,65	121,72	122,79	123,85	124,92	125,99	127,06	4	0,43
12	128,12	129,19	130,26	131,33	132,39	133,46	134,53	135,60	136,67	137,73	5	0,54
											6	0,64
13	138,80	139,87	140,94	142,00	143,07	144,14	145,21	146,27	147,34	148,41	7	0,75
14	149,48	150,55	151,61	152,68	153,75	154,82	155,88	156,95	158,02	159,09	8	0,86
15	160,16	161,22	162,29	163,36	164,43	165,49	166,56	167,63	168,70	169,76	9	0,96
16	170,83	171,90	172,97	174,04	175,10	176,17	177,24	178,31	179,37	180,44		
17	181,51	182,58	183,64	184,71	185,78	186,85	187,92	188,98	190,05	191,12		
18	192,19	193,25	194,32	195,39	196,46	197,52	198,59	199,66	200,73	201,80		
19	202,86	203,93	205,00	206,07	207,13	208,20	209,27	210,34	211,40	212,47		
20	213,54	214,61	215,68	216,74	217,81	218,88	219,95	221,01	222,08	223,15		
21	224,22	225,28	226,35	227,42	228,49	229,56	230,62	231,69	232,76	233,83		
22	234,89	235,96	237,03	238,10	239,16	240,23	241,30	242,37	243,44	244,50		
23	245,57	246,64	247,71	248,77	249,84	250,91	251,98	253,04	254,11	255,18		
24	256,25	257,32	258,38	259,45	260,52	261,59	262,65	263,72	264,79	265,86		

747,50 = 10,692.

	00	10	20	30	40	50	60	70	80	90	dif.	
0		1,07	2,14	3,21	4,28	5,35	6,42	7,48	8,55	9,62	106	
											1	0,11
1	10,69	11,76	12,83	13,90	14,97	16,04	17,11	18,18	19,25	20,31	2	0,21
2	21,38	22,45	23,52	24,59	25,66	26,73	27,80	28,87	29,94	31,01	3	0,32
3	32,08	33,15	34,21	35,28	36,35	37,42	38,49	39,56	40,63	41,70	4	0,42
											5	0,53
4	42,77	43,84	44,91	45,98	47,04	48,11	49,18	50,25	51,32	52,39	6	0,64
5	53,46	54,53	55,60	56,67	57,74	58,81	59,88	60,94	62,01	63,08	7	0,74
6	64,15	65,22	66,29	67,36	68,43	69,50	70,57	71,64	72,71	73,77	8	0,85
											9	0,95
7	74,84	75,91	76,98	78,05	79,12	80,19	81,26	82,33	83,40	84,47		
8	85,54	86,61	87,67	88,74	89,81	90,88	91,95	93,02	94,09	95,16	107	
9	96,23	97,30	98,37	99,44	100,50	101,57	102,64	103,71	104,78	105,85	1	0,11
											2	0,21
10	106,92	107,99	109,06	110,13	111,20	112,27	113,34	114,40	115,47	116,54	3	0,32
11	117,61	118,68	119,75	120,82	121,89	122,96	124,03	125,10	126,17	127,23	4	0,43
12	128,30	129,37	130,44	131,51	132,58	133,65	134,72	135,79	136,86	137,93	5	0,54
											6	0,64
13	139,00	140,07	141,13	142,20	143,27	144,34	145,41	146,48	147,55	148,62	7	0,75
14	149,69	150,76	151,83	152,90	153,96	155,03	156,10	157,17	158,24	159,31	8	0,86
15	160,38	161,45	162,52	163,59	164,66	165,73	166,80	167,86	168,93	170,00	9	0,96
16	171,07	172,14	173,21	174,28	175,35	176,42	177,49	178,56	179,63	180,69		
17	181,76	182,83	183,90	184,97	186,04	187,11	188,18	189,25	190,32	191,39		
18	192,46	193,53	194,59	195,66	196,73	197,80	198,87	199,94	201,01	202,08		
19	203,15	204,22	205,29	206,36	207,42	208,49	209,56	210,63	211,70	212,77		
20	213,84	214,91	215,98	217,05	218,12	219,19	220,26	221,32	222,39	223,46		
21	224,53	225,60	226,67	227,74	228,81	229,88	230,95	232,02	233,09	234,15		
22	235,22	236,29	237,36	238,43	239,50	240,57	241,64	242,71	243,78	244,85		
23	245,92	246,99	248,05	249,12	250,19	251,26	252,33	253,40	254,47	255,54		
24	256,61	257,68	258,75	259,82	260,88	261,95	263,02	264,09	265,16	266,23		

746,50 = 10,707.

	00	10	20	30	40	50	60	70	80	90	dif.	
0		1,07	2,14	3,21	4,28	5,35	6,42	7,49	8,57	9,64	107	
											1	0,11
1	10,71	11,78	12,85	13,92	14,99	16,06	17,13	18,20	19,27	20,34	2	0,21
2	21,41	22,48	23,56	24,63	25,70	26,77	27,84	28,91	29,98	31,05	3	0,32
3	32,12	33,19	34,26	35,33	36,40	37,47	38,55	39,62	40,69	41,76	4	0,43
											5	0,54
4	42,83	43,90	44,97	46,04	47,11	48,18	49,25	50,32	51,39	52,46	6	0,64
5	53,54	54,61	55,68	56,75	57,82	58,89	59,96	61,03	62,10	63,17	7	0,75
6	64,24	65,31	66,38	67,45	68,52	69,60	70,67	71,74	72,81	73,88	8	0,86
											9	0,96
7	74,95	76,02	77,09	78,16	79,23	80,30	81,37	82,44	83,51	84,59		
8	85,66	86,73	87,80	88,87	89,94	91,01	92,08	93,15	94,22	95,29	108	
9	96,36	97,43	98,50	99,58	100,65	101,72	102,79	103,86	104,93	106,00	1	0,11
											2	0,22
10	107,07	108,14	109,21	110,28	111,35	112,42	113,49	114,56	115,64	116,71	3	0,32
11	117,78	118,85	119,92	120,99	122,06	123,13	124,20	125,27	126,34	127,41	4	0,43
12	128,48	129,55	130,63	131,70	132,77	133,84	134,91	135,98	137,05	138,12	5	0,54
											6	0,65
13	139,19	140,26	141,33	142,40	143,47	144,54	145,62	146,69	147,76	148,83	7	0,76
14	149,90	150,97	152,04	153,11	154,18	155,25	156,32	157,39	158,46	159,53	8	0,86
15	160,61	161,68	162,75	163,82	164,89	165,96	167,03	168,10	169,17	170,24	9	0,97
16	171,31	172,38	173,45	174,52	175,59	176,67	177,74	178,81	179,88	180,95		
17	182,02	183,09	184,16	185,23	186,30	187,37	188,44	189,51	190,58	191,66		
18	192,73	193,80	194,87	195,94	197,01	198,08	199,15	200,22	201,29	202,36		
19	203,43	204,50	205,57	206,65	207,72	208,79	209,86	210,93	212,00	213,07		
20	214,14	215,21	216,28	217,35	218,42	219,49	220,56	221,63	222,71	223,78		
21	224,85	225,92	226,99	228,06	229,13	230,20	231,27	232,34	233,41	234,48		
22	235,55	236,62	237,70	238,77	239,84	240,91	241,98	243,05	244,12	245,19		
23	246,26	247,33	248,40	249,47	250,54	251,61	252,69	253,76	254,83	255,90		
24	256,97	258,04	259,11	260,18	261,25	262,32	263,39	264,46	265,53	266,60		

745,50 = 10,720.

	00	10	20	30	40	50	60	70	80	90	dif.
0		1,07	2,14	3,22	4,29	5,36	6,43	7,50	8,58	9,65	107
1	10,72	11,79	12,86	13,94	15,01	16,08	17,15	18,22	19,30	20,37	
2	21,44	22,51	23,58	24,66	25,73	26,80	27,87	28,94	30,02	31,09	
3	32,16	33,23	34,30	35,38	36,45	37,52	38,59	39,66	40,74	41,81	
4	42,88	43,95	45,02	46,10	47,17	48,24	49,31	50,38	51,46	52,53	
5	53,60	54,67	55,74	56,82	57,89	58,96	60,03	61,10	62,18	63,25	
6	64,32	65,39	66,46	67,54	68,61	69,68	70,75	71,82	72,90	73,97	
7	75,04	76,11	77,18	78,26	79,33	80,40	81,47	82,54	83,62	84,69	
8	85,76	86,83	87,90	88,98	90,05	91,12	92,19	93,26	94,34	95,41	108
9	96,48	97,55	98,62	99,70	100,77	101,84	102,91	103,98	105,06	106,13	
10	107,20	108,27	109,34	110,42	111,49	112,56	113,63	114,70	115,78	116,85	
11	117,92	118,99	120,06	121,14	122,21	123,28	124,35	125,42	126,50	127,57	
12	128,64	129,71	130,78	131,86	132,93	134,00	135,07	136,14	137,22	138,29	
13	139,36	140,43	141,50	142,58	143,65	144,72	145,79	146,86	147,94	149,01	
14	150,08	151,15	152,22	153,30	154,37	155,44	156,51	157,58	158,66	159,73	
15	160,80	161,87	162,94	164,02	165,09	166,16	167,23	168,30	169,38	170,45	
16	171,52	172,59	173,66	174,74	175,81	176,88	177,95	179,02	180,10	181,17	
17	182,24	183,31	184,38	185,46	186,53	187,60	188,67	189,74	190,82	191,89	
18	192,96	194,03	195,10	196,18	197,25	198,32	199,39	200,46	201,54	202,61	
19	203,68	204,75	205,82	206,90	207,97	209,04	210,11	211,18	212,26	213,33	
20	214,40	215,47	216,54	217,62	218,69	219,76	220,83	221,90	222,98	224,05	
21	225,12	226,19	227,26	228,34	229,41	230,48	231,55	232,62	233,70	234,77	
22	235,84	236,91	237,98	239,06	240,13	241,20	242,27	243,34	244,42	245,49	
23	246,56	247,63	248,70	249,78	250,85	251,92	252,99	254,06	255,14	256,21	
24	257,28	258,35	259,42	260,50	261,57	262,64	263,71	264,78	265,86	266,93	

dif. 107:

1	0,11
2	0,21
3	0,32
4	0,43
5	0,54
6	0,64
7	0,75
8	0,86
9	0,96

dif. 108:

1	0,11
2	0,22
3	0,32
4	0,43
5	0,54
6	0,65
7	0,76
8	0,86
9	0,97

744,50 = 10,734.

	00	10	20	30	40	50	60	.70	80	90
0		1,07	2,15	3,22	4,29	5,37	6,44	7,51	8,59	9,66
1	10,73	11,81	12,88	13,95	15,03	16,10	17,17	18,25	19,32	20,39
2	21,47	22,54	23,61	24,69	25,76	26,84	27,91	28,98	30,06	31,13
3	32,20	33,28	34,35	35,42	36,50	37,57	38,64	39,72	40,79	41,86
4	42,94	44,01	45,08	46,16	47,23	48,30	49,38	50,45	51,52	52,60
5	53,67	54,74	55,82	56,89	57,96	59,04	60,11	61,18	62,26	63,33
6	64,40	65,48	66,55	67,62	68,70	69,77	70,84	71,92	72,99	74,06
7	75,14	76,21	77,28	78,36	79,43	80,51	81,58	82,65	83,73	84,80
8	85,87	86,95	88,02	89,09	90,17	91,24	92,31	93,39	94,46	95,53
9	96,61	97,68	98,75	99,83	100,90	101,97	103,05	104,12	105,19	106,27
10	107,34	108,41	109,49	110,56	111,63	112,71	113,78	114,85	115,93	117,00
11	118,07	119,15	120,22	121,29	122,37	123,44	124,51	125,59	126,66	127,73
12	128,81	129,88	130,95	132,03	133,10	134,18	135,25	136,32	137,40	138,47
13	139,54	140,62	141,69	142,76	143,84	144,91	145,98	147,06	148,13	149,20
14	150,28	151,35	152,42	153,50	154,57	155,64	156,72	157,79	158,86	159,94
15	161,01	162,08	163,16	164,23	165,30	166,38	167,45	168,52	169,60	170,67
16	171,74	172,82	173,89	174,96	176,04	177,11	178,18	179,26	180,33	181,40
17	182,48	183,55	184,62	185,70	186,77	187,85	188,92	189,99	191,07	192,14
18	193,21	194,29	195,36	196,43	197,51	198,58	199,65	200,73	201,80	202,87
19	203,95	205,02	206,09	207,17	208,24	209,31	210,39	211,46	212,53	213,61
20	214,68	215,75	216,83	217,90	218,97	220,05	221,12	222,19	223,27	224,34
21	225,41	226,49	227,56	228,63	229,71	230,78	231,85	232,93	234,00	235,07
22	236,15	237,22	238,29	239,37	240,44	241,52	242,59	243,66	244,74	245,81
23	246,88	247,96	249,03	250,10	251,18	252,25	253,32	254,40	255,47	256,54
24	257,62	258,69	259,76	260,84	261,91	262,98	264,06	265,13	266,20	267,28

dif.

107

1	0,11
2	0,21
3	0,32
4	0,43
5	0,54
6	0,64
7	0,75
8	0,86
9	0,96

108

1	0,11
2	0,22
3	0,32
4	0,43
5	0,54
6	0,65
7	0,76
8	0,86
9	0,97

743,50 = 10,749.

	00	10	20	30	40	50	60	70	80	90	dif.
0		1,07	2,15	3,22	4,30	5,37	6,45	7,52	8,60	9,67	107
											1 | 0,11
1	10,75	11,82	12,90	13,97	15,05	16,12	17,20	18,27	19,35	20,42	2 | 0,21
2	21,50	22,57	23,65	24,72	25,80	26,87	27,95	29,02	30,10	31,17	3 | 0,32
3	32,25	33,32	34,40	35,47	36,55	37,62	38,70	39,77	40,85	41,92	4 | 0,43
											5 | 0,54
4	43,00	44,07	45,15	46,22	47,30	48,37	49,45	50,52	51,60	52,67	6 | 0,64
5	53,75	54,82	55,89	56,97	58,04	59,12	60,19	61,27	62,34	63,42	7 | 0,75
6	64,49	65,57	66,64	67,72	68,79	69,87	70,94	72,02	73,09	74,17	8 | 0,86
											9 | 0,96
7	75,24	76,32	77,39	78,47	79,54	80,62	81,69	82,77	83,84	84,92	
8	85,99	87,07	88,14	89,22	90,29	91,37	92,44	93,52	94,59	95,67	108
9	96,74	97,82	98,89	99,97	101,04	102,12	103,19	104,27	105,34	106,42	1 | 0,11
											2 | 0,22
10	107,49	108,56	109,64	110,71	111,79	112,86	113,94	115,01	116,09	117,16	3 | 0,32
11	118,24	119,31	120,39	121,46	122,54	123,61	124,69	125,76	126,84	127,91	4 | 0,43
12	128,99	130,06	131,14	132,21	133,29	134,36	135,44	136,51	137,59	138,66	5 | 0,54
											6 | 0,65
13	139,74	140,81	141,89	142,96	144,04	145,11	146,19	147,26	148,34	149,41	7 | 0,76
14	150,49	151,56	152,64	153,71	154,79	155,86	156,94	158,01	159,09	160,16	8 | 0,86
15	161,24	162,31	163,38	164,46	165,53	166,61	167,68	168,76	169,83	170,91	9 | 0,97
16	171,98	173,06	174,13	175,21	176,28	177,36	178,43	179,51	180,58	181,66	
17	182,73	183,81	184,88	185,96	187,03	188,11	189,18	190,26	191,33	192,41	
18	193,48	194,56	195,63	196,71	197,78	198,86	199,93	201,01	202,08	203,16	
19	204,23	205,31	206,38	207,46	208,53	209,61	210,68	211,76	212,83	213,91	
20	214,98	216,05	217,13	218,20	219,28	220,35	221,43	222,50	223,58	224,65	
21	225,73	226,80	227,88	228,95	230,03	231,10	232,18	233,25	234,33	235,40	
22	236,48	237,55	238,63	239,70	240,78	241,85	242,93	244,00	245,08	246,15	
23	247,23	248,30	249,38	250,45	251,53	252,60	253,68	254,75	255,83	256,90	
24	257,98	259,05	260,13	261,20	262,28	263,35	264,43	265,50	266,58	267,65	

742,50 = 10,764.

	00	10	20	30	40	50	60	70	80	90		dif.
0		1,08	2,15	3,23	4,31	5,38	6,46	7,53	8,61	9,69		107
											1	0,11
1	10,76	11,84	12,92	13,99	15,07	16,15	17,22	18,30	19,38	20,45	2	0,21
2	21,53	22,60	23,68	24,76	25,83	26,91	27,99	29,06	30,14	31,22	3	0,32
3	32,29	33,37	34,44	35,52	36,60	37,67	38,75	39,83	40,90	41,98	4	0,43
											5	0,54
4	43,06	44,13	45,21	46,29	47,36	48,44	49,51	50,59	51,67	52,74	6	0,64
5	53,82	54,90	55,97	57,05	58,13	59,20	60,28	61,35	62,43	63,51	7	0,75
6	64,58	65,66	66,74	67,81	68,89	69,97	71,04	72,12	73,20	74,27	8	0,86
											9	0,96
7	75,35	76,42	77,50	78,58	79,65	80,73	81,81	82,88	83,96	85,04		
8	86,11	87,19	88,26	89,34	90,42	91,49	92,57	93,65	94,72	95,80		108
9	96,88	97,95	99,03	100,11	101,18	102,26	103,33	104,41	105,49	106,56	1	0,11
											2	0,22
10	107,64	108,72	109,79	110,87	111,95	113,02	114,10	115,17	116,25	117,33	3	0,32
11	118,40	119,48	120,56	121,63	122,71	123,79	124,86	125,94	127,02	128,09	4	0,43
12	129,17	130,24	131,32	132,40	133,47	134,55	135,63	136,70	137,78	138,86	5	0,54
											6	0,65
13	139,93	141,01	142,08	143,16	144,24	145,31	146,39	147,47	148,54	149,62	7	0,76
14	150,70	151,77	152,85	153,93	155,00	156,08	157,15	158,23	159,31	160,38	8	0,86
15	161,46	162,54	163,61	164,69	165,77	166,84	167,92	168,99	170,07	171,15	9	0,97
16	172,22	173,30	174,38	175,45	176,53	177,61	178,68	179,76	180,84	181,91		
17	182,99	184,06	185,14	186,22	187,29	188,37	189,45	190,52	191,60	192,68		
18	193,75	194,83	195,90	196,98	198,06	199,13	200,21	201,29	202,36	203,44		
19	204,52	205,59	206,67	207,75	208,82	209,90	210,97	212,05	213,13	214,20		
20	215,28	216,36	217,43	218,51	219,59	220,66	221,74	222,81	223,89	224,97		
21	226,04	227,12	228,20	229,27	230,35	231,43	232,50	233,58	234,66	235,73		
22	236,81	237,88	238,96	240,04	241,11	242,19	243,27	244,34	245,42	246,50		
23	247,57	248,65	249,72	250,80	251,88	252,95	254,03	255,11	256,18	257,26		
24	258,34	259,41	260,49	261,57	262,64	263,72	264,79	265,87	266,95	268,02		

741,50 = 10,778.

	00	10	20	30	40	50	60	70	80	90
0		1,08	2,16	3,23	4,31	5,39	6,47	7,54	8,62	9,70
1	10,78	11,86	12,93	14,01	15,09	16,17	17,24	18,32	19,40	20,48
2	21,56	22,63	23,71	24,79	25,87	26,95	28,02	29,10	30,18	31,26
3	32,33	33,41	34,49	35,57	36,65	37,72	38,80	39,88	40,96	42,03
4	43,11	44,19	45,27	46,35	47,42	48,50	49,58	50,66	51,73	52,81
5	53,89	54,97	56,05	57,12	58,20	59,28	60,36	61,43	62,51	63,59
6	64,67	65,75	66,82	67,90	68,98	70,06	71,13	72,21	73,29	74,37
7	75,45	76,52	77,60	78,68	79,76	80,84	81,91	82,99	84,07	85,15
8	86,22	87,30	88,38	89,46	90,54	91,61	92,69	93,77	94,85	95,92
9	97,00	98,08	99,16	100,24	101,31	102,39	103,47	104,55	105,62	106,70
10	107,78	108,86	109,94	111,01	112,09	113,17	114,25	115,32	116,40	117,48
11	118,56	119,64	120,71	121,79	122,87	123,95	125,02	126,10	127,18	128,26
12	129,34	130,41	131,49	132,57	133,65	134,73	135,80	136,88	137,96	139,04
13	140,11	141,19	142,27	143,35	144,43	145,50	146,58	147,66	148,74	149,81
14	150,89	151,97	153,05	154,13	155,20	156,28	157,36	158,44	159,51	160,59
15	161,67	162,75	163,83	164,90	165,98	167,06	168,14	169,21	170,29	171,37
16	172,45	173,53	174,60	175,68	176,76	177,84	178,91	179,99	181,07	182,15
17	183,23	184,30	185,38	186,46	187,54	188,62	189,69	190,77	191,85	192,93
18	194,00	195,08	196,16	197,24	198,32	199,39	200,47	201,55	202,63	203,70
19	204,78	205,86	206,94	208,02	209,09	210,17	211,25	212,33	213,40	214,48
20	215,56	216,64	217,72	218,79	219,87	220,95	222,03	223,10	224,18	225,26
21	226,34	227,42	228,49	229,57	230,65	231,73	232,80	233,88	234,96	236,04
22	237,12	238,19	239,27	240,35	241,43	242,51	243,58	244,66	245,74	246,82
23	247,89	248,97	250,05	251,13	252,21	253,28	254,36	255,44	256,52	257,59
24	258,67	259,75	260,83	261,91	262,98	264,06	265,14	266,22	267,29	268,37

dif.

107		108	
1	0,11	1	0,11
2	0,21	2	0,22
3	0,32	3	0,32
4	0,43	4	0,43
5	0,54	5	0,54
6	0,64	6	0,65
7	0,75	7	0,76
8	0,86	8	0,86
9	0,96	9	0,97

740,50 = 10,793.

	00	10	20	30	40	50	60	70	80	90
0		1,08	2,16	3,24	4,32	5,40	6,48	7,56	8,63	9,71
1	10,79	11,87	12,95	14,03	15,11	16,19	17,27	18,35	19,43	20,51
2	21,59	22,67	23,74	24,82	25,90	26,98	28,06	29,14	30,22	31,30
3	32,38	33,46	34,54	35,62	36,70	37,78	38,85	39,93	41,01	42,09
4	43,17	44,25	45,33	46,41	47,49	48,57	49,65	50,73	51,81	52,89
5	53,97	55,04	56,12	57,20	58,28	59,36	60,44	61,52	62,60	63,68
6	64,76	65,84	66,92	68,00	69,08	70,15	71,23	72,31	73,39	74,47
7	75,55	76,63	77,71	78,79	79,87	80,95	82,03	83,11	84,19	85,26
8	86,34	87,42	88,50	89,58	90,66	91,74	92,82	93,90	94,98	96,06
9	97,14	98,22	99,30	100,37	101,45	102,53	103,61	104,69	105,77	106,85
10	107,93	109,01	110,09	111,17	112,25	113,33	114,41	115,49	116,56	117,64
11	118,72	119,80	120,88	121,96	123,04	124,12	125,20	126,28	127,36	128,44
12	129,52	130,60	131,67	132,75	133,83	134,91	135,99	137,07	138,15	139,23
13	140,31	141,39	142,47	143,55	144,63	145,71	146,78	147,86	148,94	150,02
14	151,10	152,18	153,26	154,34	155,42	156,50	157,58	158,66	159,74	160,82
15	161,90	162,97	164,05	165,13	166,21	167,29	168,37	169,45	170,53	171,61
16	172,69	173,77	174,85	175,93	177,01	178,08	179,16	180,24	181,32	182,40
17	183,48	184,56	185,64	186,72	187,80	188,88	189,96	191,04	192,12	193,19
18	194,27	195,35	196,43	197,51	198,59	199,67	200,75	201,83	202,91	203,99
19	205,07	206,15	207,23	208,30	209,38	210,46	211,54	212,62	213,70	214,78
20	215,86	216,94	218,02	219,10	220,18	221,26	222,34	223,42	224,49	225,57
21	226,65	227,73	228,81	229,89	230,97	232,05	233,13	234,21	235,29	236,37
22	237,45	238,53	239,60	240,68	241,76	242,84	243,92	245,00	246,08	247,16
23	248,24	249,32	250,40	251,48	252,56	253,64	254,71	255,79	256,87	257,95
24	259,03	260,11	261,19	262,27	263,35	264,43	265,51	266,59	267,67	268,75

dif.

107		108	
1	0,11	1	0,11
2	0,21	2	0,22
3	0,32	3	0,32
4	0,43	4	0,43
5	0,54	5	0,54
6	0,64	6	0,65
7	0,75	7	0,76
8	0,86	8	0,86
9	0,96	9	0,97

739,50 = 10,808.

	00	10	20	30	40	50	60	70	80	90
0		1,08	2,16	3,24	4,32	5,40	6,48	7,57	8,65	9,73
1	10,81	11,89	12,97	14,05	15,13	16,21	17,29	18,37	19,45	20,54
2	21,62	22,70	23,78	24,86	25,94	27,02	28,10	29,18	30,26	31,34
3	32,42	33,50	34,59	35,67	36,75	37,83	38,91	39,99	41,07	42,15
4	43,23	44,31	45,39	46,47	47,56	48,64	49,72	50,80	51,88	52,96
5	54,04	55,12	56,20	57,28	58,36	59,44	60,52	61,61	62,69	63,77
6	64,85	65,93	67,01	68,09	69,17	70,25	71,33	72,41	73,49	74,58
7	75,66	76,74	77,82	78,90	79,98	81,06	82,14	83,22	84,30	85,38
8	86,46	87,54	88,63	89,71	90,79	91,87	92,95	94,03	95,11	96,19
9	97,27	98,35	99,43	100,51	101,60	102,68	103,76	104,84	105,92	107,00
10	108,08	109,16	110,24	111,32	112,40	113,48	114,56	115,65	116,73	117,81
11	118,89	119,97	121,05	122,13	123,21	124,29	125,37	126,45	127,53	128,62
12	129,70	130,78	131,86	132,94	134,02	135,10	136,18	137,26	138,34	139,42
13	140,50	141,58	142,67	143,75	144,83	145,91	146,99	148,07	149,15	150,23
14	151,31	152,39	153,47	154,55	155,64	156,72	157,80	158,88	159,96	161,04
15	162,12	163,20	164,28	165,36	166,44	167,52	168,60	169,69	170,77	171,85
16	172,93	174,01	175,09	176,17	177,25	178,33	179,41	180,49	181,57	182,66
17	183,74	184,82	185,90	186,98	188,06	189,14	190,22	191,30	192,38	193,46
18	194,54	195,62	196,71	197,79	198,87	199,95	201,03	202,11	203,19	204,27
19	205,35	206,43	207,51	208,59	209,68	210,76	211,84	212,92	214,00	215,08
20	216,16	217,24	218,32	219,40	220,48	221,56	222,64	223,73	224,81	225,89
21	226,97	228,05	229,13	230,21	231,29	232,37	233,45	234,53	235,61	236,70
22	237,78	238,86	239,94	241,02	242,10	243,18	244,26	245,34	246,42	247,50
23	248,58	249,66	250,75	251,83	252,91	253,99	255,07	256,15	257,23	258,31
24	259,39	260,47	261,55	262,63	263,72	264,80	265,88	266,96	268,04	269,12

dif.

108		109	
1	0,11	1	0,11
2	0,22	2	0,22
3	0,32	3	0,33
4	0,43	4	0,44
5	0,54	5	0,55
6	0,65	6	0,65
7	0,76	7	0,76
8	0,86	8	0,87
9	0,97	9	0,98

738,50 = 10,821.

	00	10	20	30	40	50	60	70	80	90	dif.
0		1,08	2,16	3,25	4,33	5,41	6,49	7,57	8,66	9,74	108
1	10,82	11,90	12,99	14,07	15,15	16,23	17,31	18,40	19,48	20,56	
2	21,64	22,72	23,81	24,89	25,97	27,05	28,13	29,22	30,30	31,38	
3	32,46	33,55	34,63	35,71	36,79	37,87	38,96	40,04	41,12	42,20	
4	43,28	44,37	45,45	46,53	47,61	48,69	49,78	50,86	51,94	53,02	
5	54,11	55,19	56,27	57,35	58,43	59,52	60,60	61,68	62,76	63,84	
6	64,93	66,01	67,09	68,17	69,25	70,34	71,42	72,50	73,58	74,66	
7	75,75	76,83	77,91	78,99	80,08	81,16	82,24	83,32	84,40	85,49	
8	86,57	87,65	88,73	89,81	90,90	91,98	93,06	94,14	95,22	96,31	
9	97,39	98,47	99,55	100,64	101,72	102,80	103,88	104,96	106,05	107,13	
10	108,21	109,29	110,37	111,46	112,54	113,62	114,70	115,78	116,87	117,95	
11	119,03	120,11	121,20	122,28	123,36	124,44	125,52	126,61	127,69	128,77	
12	129,85	130,93	132,02	133,10	134,18	135,26	136,34	137,43	138,51	139,59	
13	140,67	141,76	142,84	143,92	145,00	146,08	147,17	148,25	149,33	150,41	
14	151,49	152,58	153,66	154,74	155,82	156,90	157,99	159,07	160,15	161,23	
15	162,32	163,40	164,48	165,56	166,64	167,73	168,81	169,89	170,97	172,05	
16	173,14	174,22	175,30	176,38	177,46	178,55	179,63	180,71	181,79	182,87	
17	183,96	185,04	186,12	187,20	188,29	189,37	190,45	191,53	192,61	193,70	
18	194,78	195,86	196,94	198,02	199,11	200,19	201,27	202,35	203,43	204,52	
19	205,60	206,68	207,76	208,85	209,93	211,01	212,09	213,17	214,26	215,34	
20	216,42	217,50	218,58	219,67	220,75	221,83	222,91	223,99	225,08	226,16	
21	227,24	228,32	229,41	230,49	231,57	232,65	233,73	234,82	235,90	236,98	
22	238,06	239,14	240,23	241,31	242,39	243,47	244,55	245,64	246,72	247,80	
23	248,88	249,97	251,05	252,13	253,21	254,29	255,38	256,46	257,54	258,62	
24	259,70	260,79	261,87	262,95	264,03	265,11	266,20	267,28	268,36	269,44	

dif.:

108		109	
1	0,11	1	0,11
2	0,22	2	0,22
3	0,32	3	0,33
4	0,43	4	0,44
5	0,54	5	0,55
6	0,65	6	0,65
7	0,76	7	0,76
8	0,86	8	0,87
9	0,97	9	0,98

737,50 == 10,837.

	00	10	20	30	40	50	60	70	80	90
0		1,08	2,17	3,25	4,33	5,42	6,50	7,59	8,67	9,75
1	10,84	11,92	13,00	14,09	15,17	16,26	17,34	18,42	19,51	20,59
2	21,67	22,76	23,84	24,93	26,01	27,09	28,18	29,26	30,34	31,43
3	32,51	33,59	34,68	35,76	36,85	37,93	39,01	40,10	41,18	42,26
4	43,35	44,43	45,52	46,60	47,68	48,77	49,85	50,93	52,02	53,10
5	54,19	55,27	56,35	57,44	58,52	59,60	60,69	61,77	62,85	63,94
6	65,02	66,11	67,19	68,27	69,36	70,44	71,52	72,61	73,69	74,78
7	75,86	76,94	78,03	79,11	80,19	81,28	82,36	83,44	84,53	85,61
8	86,70	87,78	88,86	89,95	91,03	92,11	93,20	94,28	95,37	96,45
9	97,53	98,62	99,70	100,78	101,87	102,95	104,04	105,12	106,20	107,29
10	108,37	109,45	110,54	111,62	112,70	113,79	114,87	115,96	117,04	118,12
11	119,21	120,29	121,37	122,46	123,54	124,63	125,71	126,79	127,88	128,96
12	130,04	131,13	132,21	133,30	134,38	135,46	136,55	137,63	138,71	139,80
13	140,88	141,96	143,05	144,13	145,22	146,30	147,38	148,47	149,55	150,63
14	151,72	152,80	153,89	154,97	156,05	157,14	158,22	159,30	160,39	161,47
15	162,56	163,64	164,72	165,81	166,89	167,97	169,06	170,14	171,22	172,31
16	173,39	174,48	175,56	176,64	177,73	178,81	179,89	180,98	182,06	183,15
17	184,23	185,31	186,40	187,48	188,56	189,65	190,73	191,81	192,90	193,98
18	195,07	196,15	197,23	198,32	199,40	200,48	201,57	202,65	203,74	204,82
19	205,90	206,99	208,07	209,15	210,24	211,32	212,41	213,49	214,57	215,66
20	216,74	217,82	218,91	219,99	221,07	222,16	223,24	224,33	225,41	226,49
21	227,58	228,66	229,74	230,83	231,91	233,00	234,08	235,16	236,25	237,33
22	238,41	239,50	240,58	241,67	242,75	243,83	244,92	246,00	247,08	248,17
23	249,25	250,33	251,42	252,50	253,59	254,67	255,75	256,84	257,92	259,00
24	260,09	261,17	262,26	263,34	264,42	265,51	266,59	267,67	268,76	269,84

dif.

108

1	0,11
2	0,22
3	0,32
4	0,43
5	0,54
6	0,65
7	0,76
8	0,86
9	0,97

109

1	0,11
2	0,22
3	0,33
4	0,44
5	0,55
6	0,65
7	0,76
8	0,87
9	0,98

736,50 = 10,852.

	00	10	20	30	40	50	60	70	80	90	dif.	
0		1,09	2,17	3,26	4,34	5,43	6,51	7,60	8,68	9,77	108	
											1	0,11
1	10,85	11,94	13,02	14,11	15,19	16,28	17,36	18,45	19,53	20,62	2	0,22
2	21,70	22,79	23,87	24,96	26,04	27,13	28,22	29,30	30,39	31,47	3	0,32
3	32,56	33,64	34,73	35,81	36,90	37,98	39,07	40,15	41,24	42,32	4	0,43
											5	0,54
4	43,41	44,49	45,58	46,66	47,75	48,83	49,92	51,00	52,09	53,17	6	0,65
5	54,26	55,35	56,43	57,52	58,60	59,69	60,77	61,86	62,94	64,03	7	0,76
6	65,11	66,20	67,28	68,37	69,45	70,54	71,62	72,71	73,79	74,88	8	0,86
											9	0,97
7	75,96	77,05	78,13	79,22	80,30	81,39	82,48	83,56	84,65	85,73		
8	86,82	87,90	88,99	90,07	91,16	92,24	93,33	94,41	95,50	96,58	109	
9	97,67	98,75	99,84	100,92	102,01	103,09	104,18	105,26	106,35	107,43	1	0,11
											2	0,22
10	108,52	109,61	110,69	111,78	112,86	113,95	115,03	116,12	117,20	118,29	3	0,33
11	119,37	120,46	121,54	122,63	123,71	124,80	125,88	126,97	128,05	129,14	4	0,44
12	130,22	131,31	132,39	133,48	134,56	135,65	136,74	137,82	138,91	139,99	5	0,55
											6	0,65
13	141,08	142,16	143,25	144,33	145,42	146,50	147,59	148,67	149,76	150,84	7	0,76
14	151,93	153,01	154,10	155,18	156,27	157,35	158,44	159,52	160,61	161,69	8	0,87
15	162,78	163,87	164,95	166,04	167,12	168,21	169,29	170,38	171,46	172,55	9	0,98
16	173,63	174,72	175,80	176,89	177,97	179,06	180,14	181,23	182,31	183,40		
17	184,48	185,57	186,65	187,74	188,82	189,91	191,00	192,08	193,17	194,25		
18	195,34	196,42	197,51	198,59	199,68	200,76	201,85	202,93	204,02	205,10		
19	206,19	207,27	208,36	209,44	210,53	211,61	212,70	213,78	214,87	215,95		
20	217,04	218,13	219,21	220,30	221,38	222,47	223,55	224,64	225,72	226,81		
21	227,89	228,98	230,06	231,15	232,23	233,32	234,40	235,49	236,57	237,66		
22	238,74	239,83	240,91	242,00	243,08	244,17	245,26	246,34	247,43	248,51		
23	249,60	250,68	251,77	252,85	253,94	255,02	256,11	257,19	258,28	259,36		
24	260,45	261,53	262,62	263,70	264,79	265,87	266,96	268,04	269,13	270,21		

735,50 = 10,867.

	00	10	20	30	40	50	60	70	80	90
0		1,09	2,17	3,26	4,35	5,43	6,52	7,61	8,69	9,78
1	10,87	11,95	13,04	14,13	15,21	16,30	17,39	18,47	19,56	20,65
2	21,73	22,82	23,91	24,99	26,08	27,17	28,25	29,34	30,43	31,51
3	32,60	33,69	34,77	35,86	36,95	38,03	39,12	40,21	41,29	42,38
4	43,47	44,55	45,64	46,73	47,81	48,90	49,99	51,07	52,16	53,25
5	54,34	55,42	56,51	57,60	58,68	59,77	60,86	61,94	63,03	64,12
6	65,20	66,29	67,38	68,46	69,55	70,64	71,72	72,81	73,90	74,98
7	76,07	77,16	78,24	79,33	80,42	81,50	82,59	83,68	84,76	85,85
8	86,94	88,02	89,11	90,20	91,28	92,37	93,46	94,54	95,63	96,72
9	97,80	98,89	99,98	101,06	102,15	103,24	104,32	105,41	106,50	107,58
10	108,67	109,76	110,84	111,93	113,02	114,10	115,19	116,28	117,36	118,45
11	119,54	120,62	121,71	122,80	123,88	124,97	126,06	127,14	128,23	129,32
12	130,40	131,49	132,58	133,66	134,75	135,84	136,92	138,01	139,10	140,18
13	141,27	142,36	143,44	144,53	145,62	146,70	147,79	148,88	149,96	151,05
14	152,14	153,22	154,31	155,40	156,48	157,57	158,66	159,74	160,83	161,92
15	163,01	164,09	165,18	166,27	167,35	168,44	169,53	170,61	171,70	172,79
16	173,87	174,96	176,05	177,13	178,22	179,31	180,39	181,48	182,57	183,65
17	184,74	185,83	186,91	188,00	189,09	190,17	191,26	192,35	193,43	194,52
18	195,61	196,69	197,78	198,87	199,95	201,04	202,13	203,21	204,30	205,39
19	206,47	207,56	208,65	209,73	210,82	211,91	212,99	214,08	215,17	216,25
20	217,34	218,43	219,51	220,60	221,69	222,77	223,86	224,95	226,03	227,12
21	228,21	229,29	230,38	231,47	232,55	233,64	234,73	235,81	236,90	237,99
22	239,07	240,16	241,25	242,33	243,42	244,51	245,59	246,68	247,77	248,85
23	249,94	251,03	252,11	253,20	254,29	255,37	256,46	257,55	258,63	259,72
24	260,81	261,89	262,98	264,07	265,15	266,24	267,33	268,41	269,50	270,59

dif.

108		109	
1	0,11	1	0,11
2	0,22	2	0,22
3	0,32	3	0,33
4	0,43	4	0,44
5	0,54	5	0,55
6	0,65	6	0,65
7	0,76	7	0,76
8	0,86	8	0,87
9	0,97	9	0,98

734,50 = 10,881.

	00	10	20	30	40	50	60	70	80	90		dif.
0		1,09	2,18	3,26	4,35	5,44	6,53	7,62	8,70	9,79		108
											1	0,11
1	10,88	11,97	13,06	14,15	15,23	16,32	17,41	18,50	19,59	20,67	2	0,22
2	21,76	22,85	23,94	25,03	26,11	27,20	28,29	29,38	30,47	31,55	3	0,32
3	32,64	33,73	34,82	35,91	37,00	38,08	39,17	40,26	41,35	42,44	4	0,43
											5	0,54
4	43,52	44,61	45,70	46,79	47,88	48,96	50,05	51,14	52,23	53,32	6	0,65
5	54,41	55,49	56,58	57,67	58,76	59,85	60,93	62,02	63,11	64,20	7	0,76
6	65,29	66,37	67,46	68,55	69,64	70,73	71,81	72,90	73,99	75,08	8	0,86
											9	0,97
7	76,17	77,26	78,34	79,43	80,52	81,61	82,70	83,78	84,87	85,96		
8	87,05	88,14	89,22	90,31	91,40	92,49	93,58	94,66	95,75	96,84		109
9	97,93	99,02	100,11	101,19	102,28	103,37	104,46	105,55	106,63	107,72	1	0,11
											2	0,22
10	108,81	109,90	110,99	112,07	113,16	114,25	115,34	116,43	117,51	118,60	3	0,33
11	119,69	120,78	121,87	122,96	124,04	125,13	126,22	127,31	128,40	129,48	4	0,44
12	130,57	131,66	132,75	133,84	134,92	136,01	137,10	138,19	139,28	140,36	5	0,55
											6	0,65
13	141,45	142,54	143,63	144,72	145,81	146,89	147,98	149,07	150,16	151,25	7	0,76
14	152,33	153,42	154,51	155,60	156,69	157,77	158,86	159,95	161,04	162,13	8	0,87
15	163,22	164,30	165,39	166,48	167,57	168,66	169,74	170,83	171,92	173,01	9	0,98
16	174,10	175,18	176,27	177,36	178,45	179,54	180,62	181,71	182,80	183,89		
17	184,98	186,07	187,15	188,24	189,33	190,42	191,51	192,59	193,68	194,77		
18	195,86	196,95	198,03	199,12	200,21	201,30	202,39	203,47	204,56	205,65		
19	206,74	207,83	208,92	210,00	211,09	212,18	213,27	214,36	215,44	216,53		
20	217,62	218,71	219,80	220,88	221,97	223,06	224,15	225,24	226,32	227,41		
21	228,50	229,59	230,68	231,77	232,85	233,94	235,03	236,12	237,21	238,29		
22	239,38	240,47	241,56	242,65	243,73	244,82	245,91	247,00	248,09	249,17		
23	250,26	251,35	252,44	253,53	254,62	255,70	256,79	257,88	258,97	260,06		
24	261,14	262,23	263,32	264,41	265,50	266,58	267,67	268,76	269,85	270,94		

733,50 = 10,896.

	00	10	20	30	40	50	60	70	80	90
0		1,09	2,18	3,27	4,36	5,45	6,54	7,63	8,72	9,81
1	10,90	11,99	13,08	14,16	15,25	16,34	17,43	18,52	19,61	20,70
2	21,79	22,88	23,97	25,06	26,15	27,24	28,33	29,42	30,51	31,60
3	32,69	33,78	34,87	35,96	37,05	38,14	39,23	40,32	41,40	42,49
4	43,58	44,67	45,76	46,85	47,94	49,03	50,12	51,21	52,30	53,89
5	54,48	55,57	56,66	57,75	58,84	59,93	61,02	62,11	63,20	64,29
6	65,38	66,47	67,56	68,64	69,73	70,82	71,91	73,00	74,09	75,18
7	76,27	77,36	78,45	79,54	80,63	81,72	82,81	83,90	84,99	86,08
8	87,17	88,26	89,35	90,44	91,53	92,62	93,71	94,80	95,88	96,97
9	98,06	99,15	100,24	101,33	102,42	103,51	104,60	105,69	106,78	107,87
10	108,96	110,05	111,14	112,23	113,32	114,41	115,50	116,59	117,68	118,77
11	119,86	120,95	122,04	123,12	124,21	125,30	126,39	127,48	128,57	129,66
12	130,75	131,84	132,93	134,02	135,11	136,20	137,29	138,38	139,47	140,56
13	141,65	142,74	143,83	144,92	146,01	147,10	148,19	149,28	150,36	151,45
14	152,54	153,63	154,72	155,81	156,90	157,99	159,08	160,17	161,26	162,35
15	163,44	164,53	165,62	166,71	167,80	168,89	169,98	171,07	172,16	173,25
16	174,34	175,43	176,52	177,60	178,69	179,78	180,87	181,96	183,05	184,14
17	185,23	186,32	187,41	188,50	189,59	190,68	191,77	192,86	193,95	195,04
18	196,13	197,22	198,31	199,40	200,49	201,58	202,67	203,76	204,84	205,93
19	207,02	208,11	209,20	210,29	211,38	212,47	213,56	214,65	215,74	216,83
20	217,92	219,01	220,10	221,19	222,28	223,37	224,46	225,55	226,64	227,73
21	228,82	229,91	231,00	232,08	233,17	234,26	235,35	236,44	237,53	238,62
22	239,71	240,80	241,89	242,98	244,07	245,16	246,25	247,34	248,43	249,52
23	250,61	251,70	252,79	253,88	254,97	256,06	257,15	258,24	259,32	260,41
24	261,50	262,59	263,68	264,77	265,86	266,95	268,04	269,13	270,22	271,31

dif.

108

1	0,11
2	0,22
3	0,32
4	0,43
5	0,54
6	0,65
7	0,76
8	0,86
9	0,97

109

1	0,11
2	0,22
3	0,33
4	0,44
5	0,55
6	0,65
7	0,76
8	0,87
9	0,98

732,50 = 10,911.

	00	10	20	30	40	50	60	70	80	90	dif.
0		1,09	2,18	3,27	4,36	5,46	6,55	7,64	8,73	9,82	109
1	10,91	12,00	13,09	14,18	15,28	16,37	17,46	18,55	19,64	20,73	
2	21,82	22,91	24,00	25,10	26,19	27,28	28,37	29,46	30,55	31,64	
3	32,73	33,82	34,92	36,01	37,10	38,19	39,28	40,37	41,46	42,55	
4	43,64	44,74	45,83	46,92	48,01	49,10	50,19	51,28	52,37	53,46	
5	54,56	55,65	56,74	57,83	58,92	60,01	61,10	62,19	63,28	64,37	
6	65,47	66,56	67,65	68,74	69,83	70,92	72,01	73,10	74,19	75,29	
7	76,38	77,47	78,56	79,65	80,74	81,83	82,92	84,01	85,11	86,20	
8	87,29	88,38	89,47	90,56	91,65	92,74	93,83	94,93	96,02	97,11	110
9	98,20	99,29	100,38	101,47	102,56	103,65	104,75	105,84	106,93	108,02	
10	109,11	110,20	111,29	112,38	113,47	114,57	115,66	116,75	117,84	118,93	
11	120,02	121,11	122,20	123,29	124,39	125,48	126,57	127,66	128,75	129,84	
12	130,93	132,02	133,11	134,21	135,30	136,39	137,48	138,57	139,66	140,75	
13	141,84	142,93	144,03	145,12	146,21	147,30	148,39	149,48	150,57	151,66	
14	152,75	153,85	154,94	156,03	157,12	158,21	159,30	160,39	161,48	162,57	
15	163,67	164,76	165,85	166,94	168,03	169,12	170,21	171,30	172,39	173,48	
16	174,58	175,67	176,76	177,85	178,94	180,03	181,12	182,21	183,30	184,40	
17	185,49	186,58	187,67	188,76	189,85	190,94	192,03	193,12	194,22	195,31	
18	196,40	197,49	198,58	199,67	200,76	201,85	202,94	204,04	205,13	206,22	
19	207,31	208,40	209,49	210,58	211,67	212,76	213,86	214,95	216,04	217,13	
20	218,22	219,31	220,40	221,49	222,58	223,68	224,77	225,86	226,95	228,04	
21	229,13	230,22	231,31	232,40	233,50	234,59	235,68	236,77	237,86	238,95	
22	240,04	241,13	242,22	243,32	244,41	245,50	246,59	247,68	248,77	249,86	
23	250,95	252,04	253,14	254,23	255,32	256,41	257,50	258,59	259,68	260,77	
24	261,86	262,96	264,05	265,14	266,23	267,32	268,41	269,50	270,59	271,68	

Proportional parts (dif.):

109		110	
1	0,11	1	0,11
2	0,22	2	0,22
3	0,33	3	0,33
4	0,44	4	0,44
5	0,55	5	0,55
6	0,65	6	0,66
7	0,76	7	0,77
8	0,87	8	0,88
9	0,98	9	0,99

731,50 = 10,926.

	00	10	20	30	40	50	60	70	80	90	dif.
0		1,09	2,19	3,28	4,37	5,46	6,56	7,65	8,74	9,83	109
1	10,93	12,02	13,11	14,20	15,30	16,39	17,48	18,57	19,67	20,76	
2	21,85	22,94	24,04	25,13	26,22	27,32	28,41	29,50	30,59	31,69	
3	32,78	33,87	34,96	36,06	37,15	38,24	39,33	40,43	41,52	42,61	
4	43,70	44,80	45,89	46,98	48,07	49,17	50,26	51,35	52,44	53,54	
5	54,63	55,72	56,82	57,91	59,00	60,09	61,19	62,28	63,37	64,46	
6	65,56	66,65	67,74	68,83	69,93	71,02	72,11	73,20	74,30	75,39	
7	76,48	77,57	78,67	79,76	80,85	81,95	83,04	84,13	85,22	86,32	
8	87,41	88,50	89,59	90,69	91,78	92,87	93,96	95,06	96,15	97,24	110
9	98,33	99,43	100,52	101,61	102,70	103,80	104,89	105,98	107,07	108,17	
10	109,26	110,35	111,45	112,54	113,63	114,72	115,82	116,91	118,00	119,09	
11	120,19	121,28	122,37	123,46	124,56	125,65	126,74	127,83	128,93	130,02	
12	131,11	132,20	133,30	134,39	135,48	136,58	137,67	138,76	139,85	140,95	
13	142,04	143,13	144,22	145,32	146,41	147,50	148,59	149,69	150,78	151,87	
14	152,96	154,06	155,15	156,24	157,33	158,43	159,52	160,61	161,70	162,80	
15	163,89	164,98	166,08	167,17	168,26	169,35	170,45	171,54	172,63	173,72	
16	174,82	175,91	177,00	178,09	179,19	180,28	181,37	182,46	183,56	184,65	
17	185,74	186,83	187,93	189,02	190,11	191,21	192,30	193,39	194,48	195,58	
18	196,67	197,76	198,85	199,95	201,04	202,13	203,22	204,32	205,41	206,50	
19	207,59	208,69	209,78	210,87	211,96	213,06	214,15	215,24	216,33	217,43	
20	218,52	219,61	220,71	221,80	222,89	223,98	225,08	226,17	227,26	228,35	
21	229,45	230,54	231,63	232,72	233,82	234,91	236,00	237,09	238,19	239,28	
22	240,37	241,46	242,56	243,65	244,74	245,84	246,93	248,02	249,11	250,21	
23	251,30	252,39	253,48	254,58	255,67	256,76	257,85	258,95	260,04	261,13	
24	262,22	263,32	264,41	265,50	266,59	267,69	268,78	269,87	270,96	272,06	

dif. 109:

1	0,11
2	0,22
3	0,33
4	0,44
5	0,55
6	0,65
7	0,76
8	0,87
9	0,98

110:

1	0,11
2	0,22
3	0,33
4	0,44
5	0,55
6	0,66
7	0,77
8	0,88
9	0,99

730,50 = 10,940.

	00	10	20	30	40	50	60	70	80	90	dif.
0		1,09	2,19	3,28	4,38	5,47	6,56	7,66	8,75	9,85	109
											1 | 0,11
1	10,94	12,03	13,13	14,22	15,32	16,41	17,50	18,60	19,69	20,79	2 | 0,22
2	21,88	22,97	24,07	25,16	26,26	27,35	28,44	29,54	30,63	31,73	3 | 0,33
3	32,82	33,91	35,01	36,10	37,20	38,29	39,38	40,48	41,57	42,67	4 | 0,44
											5 | 0,55
4	43,76	44,85	45,95	47,04	48,14	49,23	50,32	51,42	52,51	53,61	6 | 0,65
5	54,70	55,79	56,89	57,98	59,08	60,17	61,26	62,36	63,45	64,55	7 | 0,76
6	65,64	66,73	67,83	68,92	70,02	71,11	72,20	73,30	74,39	75,49	8 | 0,87
											9 | 0,98
7	76,58	77,67	78,77	79,86	80,96	82,05	83,14	84,24	85,33	86,43	
8	87,52	88,61	89,71	90,80	91,90	92,99	94,08	95,18	96,27	97,37	110
9	98,46	99,55	100,65	101,74	102,84	103,93	105,02	106,12	107,21	108,31	1 | 0,11
											2 | 0,22
10	109,40	110,49	111,59	112,68	113,78	114,87	115,96	117,06	118,15	119,25	3 | 0,33
11	120,34	121,43	122,53	123,62	124,72	125,81	126,90	128,00	129,09	130,19	4 | 0,44
12	131,28	132,37	133,47	134,56	135,66	136,75	137,84	138,94	140,03	141,13	5 | 0,55
											6 | 0,66
13	142,22	143,31	144,41	145,50	146,60	147,69	148,78	149,88	150,97	152,07	7 | 0,77
14	153,16	154,25	155,35	156,44	157,54	158,63	159,72	160,82	161,91	163,01	8 | 0,88
15	164,10	165,19	166,29	167,38	168,48	169,57	170,66	171,76	172,85	173,95	9 | 0,99
16	175,04	176,13	177,23	178,32	179,42	180,51	181,60	182,70	183,79	184,89	
17	185,98	187,07	188,17	189,26	190,36	191,45	192,54	193,64	194,73	195,83	
18	196,92	198,01	199,11	200,20	201,30	202,39	203,48	204,58	205,67	206,77	
19	207,86	208,95	210,05	211,14	212,24	213,33	214,42	215,52	216,61	217,71	
20	218,80	219,89	220,99	222,08	223,18	224,27	225,36	226,46	227,55	228,65	
21	229,74	230,83	231,93	233,02	234,12	235,21	236,30	237,40	238,49	239,59	
22	240,68	241,77	242,87	243,96	245,06	246,15	247,24	248,34	249,43	250,53	
23	251,62	252,71	253,81	254,90	256,00	257,09	258,18	259,28	260,37	261,47	
24	262,56	263,65	264,75	265,84	266,94	268,03	269,12	270,22	271,31	272,41	

729,50 = 10,955.

	00	10	20	30	40	50	60	70	80	90	dif.	
0		1,10	2,19	3,29	4,38	5,48	6,57	7,67	8,76	9,86	109	
											1	0,11
1	10,96	12,05	13,15	14,24	15,34	16,43	17,53	18,62	19,72	20,81	2	0,22
2	21,91	23,01	24,10	25,20	26,29	27,39	28,48	29,58	30,67	31,77	3	0,33
3	32,87	33,96	35,06	36,15	37,25	38,34	39,44	40,53	41,63	42,72	4	0,44
											5	0,55
4	43,82	44,92	46,01	47,11	48,20	49,30	50,39	51,49	52,58	53,68	6	0,65
5	54,78	55,87	56,97	58,06	59,16	60,25	61,35	62,44	63,54	64,63	7	0,76
6	65,73	66,83	67,92	69,02	70,11	71,21	72,30	73,40	74,49	75,59	8	0,87
											9	0,98
7	76,69	77,78	78,88	79,97	81,07	82,16	83,26	84,35	85,45	86,54		
8	87,64	88,74	89,83	90,93	92,02	93,12	94,21	95,31	96,40	97,50	110	
9	98,60	99,69	100,79	101,88	102,98	104,07	105,17	106,26	107,36	108,45	1	0,11
											2	0,22
10	109,55	110,65	111,74	112,84	113,93	115,03	116,12	117,22	118,31	119,41	3	0,33
11	120,51	121,60	122,70	123,79	124,89	125,98	127,08	128,17	129,27	130,36	4	0,44
12	131,46	132,56	133,65	134,75	135,84	136,94	138,03	139,13	140,22	141,32	5	0,55
											6	0,66
13	142,42	143,51	144,61	145,70	146,80	147,89	148,99	150,08	151,18	152,27	7	0,77
14	153,37	154,47	155,56	156,66	157,75	158,85	159,94	161,04	162,13	163,23	8	0,88
15	164,33	165,42	166,52	167,61	168,71	169,80	170,90	171,99	173,09	174,18	9	0,99
16	175,28	176,38	177,47	178,57	179,66	180,76	181,85	182,95	184,04	185,14		
17	186,24	187,33	188,43	189,52	190,62	191,71	192,81	193,90	195,00	196,09		
18	197,19	198,29	199,38	200,48	201,57	202,67	203,76	204,86	205,95	207,05		
19	208,15	209,24	210,34	211,43	212,53	213,62	214,72	215,81	216,91	218,00		
20	219,10	220,20	221,29	222,39	223,48	224,58	225,67	226,77	227,86	228,96		
21	230,06	231,15	232,25	233,34	234,44	235,53	236,63	237,72	238,82	239,91		
22	241,01	242,11	243,20	244,30	245,39	246,49	247,58	248,68	249,77	250,87		
23	251,97	253,06	254,16	255,25	256,35	257,44	258,54	259,63	260,73	261,82		
24	262,92	264,02	265,11	266,21	267,30	268,40	269,49	270,59	271,68	272,78		

4*

728,50 = 10,971.

	00	10	20	30	40	50	60	70	80	90	dif.	
0		1,10	2,19	3,29	4,39	5,49	6,58	7,68	8,78	9,87	109	
											1	0,11
1	10,97	12,07	13,17	14,26	15,36	16,46	17,55	18,65	19,75	20,84	2	0,22
2	21,94	23,04	24,14	25,23	26,33	27,43	28,52	29,62	30,72	31,82	3	0,33
3	32,91	34,01	35,11	36,20	37,30	38,40	39,50	40,59	41,69	42,79	4	0,44
											5	0,55
4	43,88	44,98	46,08	47,18	48,27	49,37	50,47	51,56	52,66	53,76	6	0,65
5	54,86	55,95	57,05	58,15	59,24	60,34	61,44	62,53	63,63	64,73	7	0,76
6	65,83	66,92	68,02	69,12	70,21	71,31	72,41	73,51	74,60	75,70	8	0,87
											9	0,98
7	76,80	77,89	78,99	80,09	81,19	82,28	83,38	84,48	85,57	86,67		
8	87,77	88,87	89,96	·91,06	92,16	93,25	94,35	95,45	96,54	97,64	110	
9	98,74	99,84	100,93	102,03	103,13	104,22	105,32	106,42	107,52	108,61	1	0,11
											2	0,22
10	109,71	110,81	111,90	113,00	114,10	115,20	116,29	117,39	118,49	119,58	3	0,33
11	120,68	121,78	122,88	123,97	125,07	126,17	127,26	128,36	129,46	130,55	4	0,44
12	131,65	132,75	133,85	134,94	136,04	137,14	138,23	139,33	140,43	141,53	5	0,55
											6	0,66
13	142,62	143,72	144,82	145,91	147,01	148,11	149,21	150,30	151,40	152,50	7	0,77
14	153,59	154,69	155,79	156,89	157,98	159,08	160,18	161,27	162,37	163,47	8	0,88
15	164,57	165,66	166,76	167,86	168,95	170,05	171,15	172,24	173,34	174,44	9	0,99
16	175,54	176,63	177,73	178,83	179,92	181,02	182,12	183,22	184,31	185,41		
17	186,51	187,60	188,70	189,80	190,90	191,99	193,09	194,19	195,28	196,38		
18	197,48	198,58	199,67	200,77	201,87	202,96	204,06	205,16	206,25	207,35		
19	208,45	209,55	210,64	211,74	212,84	213,93	215,03	216,13	217,23	218,32		
20	219,42	220,52	221,61	222,71	223,81	224,91	226,00	227,10	228,20	229,29		
21	230,39	231,49	232,59	233,68	234,78	235,88	236,97	238,07	239,17	240,26		
22	241,36	242,46	243,56	244,65	245,75	246,85	247,94	249,04	250,14	251,24		
23	252,33	253,43	254,53	255,62	256,72	257,82	258,92	260,01	261,11	262,21		
24	263,30	264,40	265,50	266,60	267,69	268,79	269,89	270,98	272,08	273,18		

727,50 = 10,986.

	00	10	20	30	40	50	60	70	80	90	dif.
0		1,10	2,20	3,30	4,39	5,49	6,59	7,69	8,79	9,89	109
											1 0,11
1	10,99	12,08	13,18	14,28	15,38	16,48	17,58	18,68	19,77	20,87	2 0,22
2	21,97	23,07	24,17	25,27	26,37	27,47	28,56	29,66	30,76	31,86	3 0,33
3	32,96	34,06	35,16	36,25	37,35	38,45	39,55	40,65	41,75	42,85	4 0,44
											5 0,55
4	43,94	45,04	46,14	47,24	48,34	49,44	50,54	51,63	52,73	53,83	6 0,65
5	54,93	56,03	57,13	58,23	59,32	60,42	61,52	62,62	63,72	64,82	7 0,76
6	65,92	67,01	68,11	69,21	70,31	71,41	72,51	73,61	74,70	75,80	8 0,87
											9 0,98
7	76,90	78,00	79,10	80,20	81,30	82,40	83,49	84,59	85,69	86,79	
8	87,89	88,99	90,09	91,18	92,28	93,38	94,48	95,58	96,68	97,78	110
9	98,87	99,97	101,07	102,17	103,27	104,37	105,47	106,56	107,66	108,76	1 0,11
											2 0,22
10	109,86	110,96	112,06	113,16	114,25	115,35	116,45	117,55	118,65	119,75	3 0,33
11	120,85	121,94	123,04	124,14	125,24	126,34	127,44	128,54	129,63	130,73	4 0,44
12	131,83	132,93	134,03	135,13	136,23	137,33	138,42	139,52	140,62	141,72	5 0,55
											6 0,66
13	142,82	143,92	145,02	146,11	147,21	148,31	149,41	150,51	151,61	152,71	7 0,77
14	153,80	154,90	156,00	157,10	158,20	159,30	160,40	161,49	162,59	163,69	8 0,88
15	164,79	165,89	166,99	168,09	169,18	170,28	171,38	172,48	173,58	174,68	9 0,99
16	175,78	176,87	177,97	179,07	180,17	181,27	182,37	183,47	184,56	185,66	
17	186,76	187,86	188,96	190,06	191,16	192,26	193,35	194,45	195,55	196,65	
18	197,75	198,85	199,95	201,04	202,14	203,24	204,34	205,44	206,54	207,64	
19	208,73	209,83	210,93	212,03	213,13	214,23	215,33	216,42	217,52	218,62	
20	219,72	220,82	221,92	223,02	224,11	225,21	226,31	227,41	228,51	229,61	
21	230,71	231,80	232,90	234,00	235,10	236,20	237,30	238,40	239,49	240,59	
22	241,69	242,79	243,89	244,99	246,09	247,19	248,28	249,38	250,48	251,58	
23	252,68	253,78	254,88	255,97	257,07	258,17	259,27	260,37	261,47	262,57	
24	263,66	264,76	265,86	266,96	268,06	269,16	270,26	271,35	272,45	273,55	

726,50 = 11,001.

	00	10	20	30	40	50	60	70	80	90	dif.	
0		1,10	2,20	3,30	4,40	5,50	6,60	7,70	8,80	9,90	110	
											1	0,11
1	11,00	12,10	13,20	14,30	15,40	16,50	17,60	18,70	19,80	20,90	2	0,22
2	22,00	23,10	24,20	25,30	26,40	27,50	28,60	29,70	30,80	31,90	3	0,33
3	33,00	34,10	35,20	36,30	37,40	38,50	39,60	40,70	41,80	42,90	4	0,44
											5	0,55
4	44,00	45,10	46,20	47,30	48,40	49,50	50,60	51,70	52,80	53,90	6	0,66
5	55,01	56,11	57,21	58,31	59,41	60,51	61,61	62,71	63,81	64,91	7	0,77
6	66,01	67,11	68,21	69,31	70,41	71,51	72,61	73,71	74,81	75,91	8	0,88
											9	0,99
7	77,01	78,11	79,21	80,31	81,41	82,51	83,61	84,71	85,81	86,91		
8	88,01	89,11	90,21	91,31	92,41	93,51	94,61	95,71	96,81	97,91	111	
9	99,01	100,11	101,21	102,31	103,41	104,51	105,61	106,71	107,81	108,91	1	0,11
											2	0,22
10	110,01	111,11	112,21	113,31	114,41	115,51	116,61	117,71	118,81	119,91	3	0,33
11	121,01	122,11	123,21	124,31	125,41	126,51	127,61	128,71	129,81	130,91	4	0,44
12	132,01	133,11	134,21	135,31	136,41	137,51	138,61	139,71	140,81	141,91	5	0,56
											6	0,67
13	143,01	144,11	145,21	146,31	147,41	148,51	149,61	150,71	151,81	152,91	7	0,78
14	154,01	155,11	156,21	157,31	158,41	159,51	160,61	161,71	162,81	163,91	8	0,89
15	165,02	166,12	167,22	168,32	169,42	170,52	171,62	172,72	173,82	174,92	9	1,00
16	176,02	177,12	178,22	179,32	180,42	181,52	182,62	183,72	184,82	185,92		
17	187,02	188,12	189,22	190,32	191,42	192,52	193,62	194,72	195,82	196,92		
18	198,02	199,12	200,22	201,32	202,42	203,52	204,62	205,72	206,82	207,92		
19	209,02	210,12	211,22	212,32	213,42	214,52	215,62	216,72	217,82	218,92		
20	220,02	221,12	222,22	223,32	224,42	225,52	226,62	227,72	228,82	229,92		
21	231,02	232,12	233,22	234,32	235,42	236,52	237,62	238,72	239,82	240,92		
22	242,02	243,12	244,22	245,32	246,42	247,52	248,62	249,72	250,82	251,92		
23	253,02	254,12	255,22	256,32	257,42	258,52	259,62	260,72	261,82	262,92		
24	264,02	265,12	266,22	267,32	268,42	269,52	270,62	271,72	272,82	273,92		

725,50 = 11,016.

	00	10	20	30	40	50	60	70	80	90	dif.
0		1,10	2,20	3,30	4,41	5,51	6,61	7,71	8,81	9,91	110
1	11,02	12,12	13,22	14,32	15,42	16,52	17,63	18,73	19,83	20,93	1 0,11 / 2 0,22
2	22,03	23,13	24,24	25,34	26,44	27,54	28,64	29,74	30,84	31,95	3 0,33
3	33,05	34,15	35,25	36,35	37,45	38,56	39,66	40,76	41,86	42,96	4 0,44 / 5 0,55
4	44,06	45,17	46,27	47,37	48,47	49,57	50,67	51,78	52,88	53,98	6 0,66
5	55,08	56,18	57,28	58,38	59,49	60,59	61,69	62,79	63,89	64,99	7 0,77
6	66,10	67,20	68,30	69,40	70,50	71,60	72,71	73,81	74,91	76,01	8 0,88 / 9 0,99
7	77,11	78,21	79,32	80,42	81,52	82,62	83,72	84,82	85,92	87,03	
8	88,13	89,23	90,33	91,43	92,53	93,64	94,74	95,84	96,94	98,04	111
9	99,14	100,25	101,35	102,45	103,55	104,65	105,75	106,86	107,96	109,06	1 0,11 / 2 0,22
10	110,16	111,26	112,36	113,46	114,57	115,67	116,77	117,87	118,97	120,07	3 0,33
11	121,18	122,28	123,38	124,48	125,58	126,68	127,79	128,89	129,99	131,09	4 0,44
12	132,19	133,29	134,40	135,50	136,60	137,70	138,80	139,90	141,00	142,11	5 0,56 / 6 0,67
13	143,21	144,31	145,41	146,51	147,61	148,72	149,82	150,92	152,02	153,12	7 0,78
14	154,22	155,33	156,43	157,53	158,63	159,73	160,83	161,94	163,04	164,14	8 0,89
15	165,24	166,34	167,44	168,54	169,65	170,75	171,85	172,95	174,05	175,15	9 1,00
16	176,26	177,36	178,46	179,56	180,66	181,76	182,87	183,97	185,07	186,17	
17	187,27	188,37	189,48	190,58	191,68	192,78	193,88	194,98	196,08	197,19	
18	198,29	199,39	200,49	201,59	202,69	203,80	204,90	206,00	207,10	208,20	
19	209,30	210,41	211,51	212,61	213,71	214,81	215,91	217,02	218,12	219,22	
20	220,32	221,42	222,52	223,62	224,73	225,83	226,93	228,03	229,13	230,23	
21	231,34	232,44	233,54	234,64	235,74	236,84	237,95	239,05	240,15	241,25	
22	242,35	243,45	244,56	245,66	246,76	247,86	248,96	250,06	251,16	252,27	
23	253,37	254,47	255,57	256,67	257,77	258,88	259,98	261,08	262,18	263,28	
24	264,38	265,49	266,59	267,69	268,79	269,89	270,99	272,10	273,20	274,30	

724,50 = 11,031.

	00	10	20	30	40	50	60	70	80	90
0		1,10	2,21	3,31	4,41	5,52	6,62	7,72	8,82	9,93
1	11,03	12,13	13,24	14,34	15,44	16,55	17,65	18,75	19,86	20,96
2	22,06	23,17	24,27	25,37	26,47	27,58	28,68	29,78	30,89	31,99
3	33,09	34,20	35,30	36,40	37,51	38,61	39,71	40,81	41,92	43,02
4	44,12	45,23	46,33	47,43	48,54	49,64	50,74	51,85	52,95	54,05
5	55,16	56,26	57,36	58,46	59,57	60,67	61,77	62,88	63,98	65,08
6	66,19	67,29	68,39	69,50	70,60	71,70	72,80	73,91	75,01	76,11
7	77,22	78,32	79,42	80,53	81,63	82,73	83,84	84,94	86,04	87,14
8	88,25	89,35	90,45	91,56	92,66	93,76	94,87	95,97	97,07	98,18
9	99,28	100,38	101,49	102,59	103,69	104,79	105,90	107,00	108,10	109,21
10	110,31	111,41	112,52	113,62	114,72	115,83	116,93	118,03	119,13	120,24
11	121,34	122,44	123,55	124,65	125,75	126,86	127,96	129,06	130,17	131,27
12	132,37	133,48	134,58	135,68	136,78	137,89	138,99	140,09	141,20	142,30
13	143,40	144,51	145,61	146,71	147,82	148,92	150,02	151,12	152,23	153,33
14	154,43	155,54	156,64	157,74	158,85	159,95	161,05	162,16	163,26	164,36
15	165,47	166,57	167,67	168,77	169,88	170,98	172,08	173,19	174,29	175,39
16	176,50	177,60	178,70	179,81	180,91	182,01	183,11	184,22	185,32	186,42
17	187,53	188,63	189,73	190,84	191,94	193,04	194,15	195,25	196,35	197,45
18	198,56	199,66	200,76	201,87	202,97	204,07	205,18	206,28	207,38	208,49
19	209,59	210,69	211,80	212,90	214,00	215,10	216,21	217,31	218,41	219,52
20	220,62	221,72	222,83	223,93	225,03	226,14	227,24	228,34	229,44	230,55
21	231,65	232,75	233,86	234,96	236,06	237,17	238,27	239,37	240,48	241,58
22	242,68	243,79	244,89	245,99	247,09	248,20	249,30	250,40	251,51	252,61
23	253,71	254,82	255,92	257,02	258,13	259,23	260,33	261,43	262,54	263,64
24	264,74	265,85	266,95	268,05	269,16	270,26	271,36	272,47	273,57	274,67

dif.

110		111	
1	0,11	1	0,11
2	0,22	2	0,22
3	0,33	3	0,33
4	0,44	4	0,44
5	0,55	5	0,56
6	0,66	6	0,67
7	0,77	7	0,78
8	0,88	8	0,89
9	0,99	9	1,00

723,50 = 11,047.

	00	10	20	30	40	50	60	70	80	90		dif.
0		1,10	2,21	3,31	4,42	5,52	6,63	7,73	8,84	9,94	110	
											1	0,11
1	11,05	12,15	13,26	14,36	15,47	16,57	17,68	18,78	19,88	20,99	2	0,22
2	22,09	23,20	24,30	25,41	26,51	27,62	28,72	29,83	30,93	32,04	3	0,33
3	33,14	34,25	35,35	36,46	37,56	38,66	39,77	40,87	41,98	43,08	4	0,44
											5	0,55
4	44,19	45,29	46,40	47,50	48,61	49,71	50,82	51,92	53,03	54,13	6	0,66
5	55,24	56,34	57,44	58,55	59,65	60,76	61,86	62,97	64,07	65,18	7	0,77
6	66,28	67,39	68,49	69,60	70,70	71,81	72,91	74,01	75,12	76,22	8	0,88
											9	0,99
7	77,33	78,43	79,54	80,64	81,75	82,85	83,96	85,06	86,17	87,27		
8	88,38	89,48	90,59	91,69	92,79	93,90	95,00	96,11	97,21	98,32	111	
9	99,42	100,53	101,63	102,74	103,84	104,95	106,05	107,16	108,26	109,37	1	0,11
											2	0,22
10	110,47	111,57	112,68	113,78	114,89	115,99	117,10	118,20	119,31	120,41	3	0,33
11	121,52	122,62	123,73	124,83	125,94	127,04	128,15	129,25	130,35	131,46	4	0,44
12	132,56	133,67	134,77	135,88	136,98	138,09	139,19	140,30	141,40	142,51	5	0,56
											6	0,67
13	143,61	144,72	145,82	146,93	148,03	149,13	150,24	151,34	152,45	153,55	7	0,78
14	154,66	155,76	156,87	157,97	159,08	160,18	161,29	162,39	163,50	164,60	8	0,89
15	165,71	166,81	167,91	169,02	170,12	171,23	172,33	173,44	174,54	175,65	9	1,00
16	176,75	177,86	178,96	180,07	181,17	182,28	183,38	184,48	185,59	186,69		
17	187,80	188,90	190,01	191,11	192,22	193,32	194,43	195,53	196,64	197,74		
18	198,85	199,95	201,06	202,16	203,26	204,37	205,47	206,58	207,68	208,79		
19	209,89	211,00	212,10	213,21	214,31	215,42	216,52	217,63	218,73	219,84		
20	220,94	222,04	223,15	224,25	225,36	226,46	227,57	228,67	229,78	230,88		
21	231,99	233,09	234,20	235,30	236,41	237,51	238,62	239,72	240,82	241,93		
22	243,03	244,14	245,24	246,35	247,45	248,56	249,66	250,77	251,87	252,98		
23	254,08	255,19	256,29	257,40	258,50	259,60	260,71	261,81	262,92	264,02		
24	265,13	266,23	267,34	268,44	269,55	270,65	271,76	272,86	273,97	275,07		

722,50 = 11,062.

	00	10	20	30	40	50	60	70	80	90
0		1,11	2,21	3,32	4,42	5,53	6,64	7,74	8,85	9,96
1	11,06	12,17	13,27	14,38	15,49	16,59	17,70	18,81	19,91	21,02
2	22,12	23,23	24,34	25,44	26,55	27,66	28,76	29,87	30,97	32,08
3	33,19	34,29	35,40	36,50	37,61	38,72	39,82	40,93	42,04	43,14
4	44,25	45,35	46,46	47,57	48,67	49,78	50,89	51,99	53,10	54,20
5	55,31	56,42	57,52	58,63	59,73	60,84	61,95	63,05	64,16	65,27
6	66,37	67,48	68,58	69,69	70,80	71,90	73,01	74,12	75,22	76,33
7	77,43	78,54	79,65	80,75	81,86	82,97	84,07	85,18	86,28	87,39
8	88,50	89,60	90,71	91,81	92,92	94,03	95,13	96,24	97,35	98,45
9	99,56	100,66	101,77	102,88	103,98	105,09	106,20	107,30	108,41	109,51
10	110,62	111,73	112,83	113,94	115,04	116,15	117,26	118,36	119,47	120,58
11	121,68	122,79	123,89	125,00	126,11	127,21	128,32	129,43	130,53	131,64
12	132,74	133,85	134,96	136,06	137,17	138,28	139,38	140,49	141,59	142,70
13	143,81	144,91	146,02	147,12	148,23	149,34	150,44	151,55	152,66	153,76
14	154,87	155,97	157,08	158,19	159,29	160,40	161,51	162,61	163,72	164,82
15	165,93	167,04	168,14	169,25	170,35	171,46	172,57	173,67	174,78	175,89
16	176,99	178,10	179,20	180,31	181,42	182,52	183,63	184,74	185,84	186,95
17	188,05	189,16	190,27	191,37	192,48	193,59	194,69	195,80	196,90	198,01
18	199,12	200,22	201,33	202,43	203,54	204,65	205,75	206,86	207,97	209,07
19	210,18	211,28	212,39	213,50	214,60	215,71	216,82	217,92	219,03	220,13
20	221,24	222,35	223,45	224,56	225,66	226,77	227,88	228,98	230,09	231,20
21	232,30	233,41	234,51	235,62	236,73	237,83	238,94	240,05	241,15	242,26
22	243,36	244,47	245,58	246,68	247,79	248,90	250,00	251,11	252,21	253,32
23	254,43	255,53	256,64	257,74	258,85	259,96	261,06	262,17	263,28	264,38
24	265,49	266,59	267,70	268,81	269,91	271,02	272,13	273,23	274,34	275,44

dif.

110		111	
1	0,11	1	0,11
2	0,22	2	0,22
3	0,33	3	0,33
4	0,44	4	0,44
5	0,55	5	0,56
6	0,66	6	0,67
7	0,77	7	0,78
8	0,88	8	0,89
9	0,99	9	1,00

721,50 = 11,077.

	00	10	20	30	40	50	60	70	80	90
0		1,11	2,22	3,32	4,43	5,54	6,65	7,75	8,86	9,97
1	11,08	12,18	13,29	14,40	15,51	16,62	17,72	18,83	19,94	21,05
2	22,15	23,26	24,37	25,48	26,58	27,69	28,80	29,91	31,02	32,12
3	33,23	34,34	35,45	36,55	37,66	38,77	39,88	40,98	42,09	43,20
4	44,31	45,42	46,52	47,63	48,74	49,85	50,95	52,06	53,17	54,28
5	55,39	56,49	57,60	58,71	59,82	60,92	62,03	63,14	64,25	65,35
6	66,46	67,57	68,68	69,79	70,89	72,00	73,11	74,22	75,32	76,43
7	77,54	78,65	79,75	80,86	81,97	83,08	84,19	85,29	86,40	87,51
8	88,62	89,72	90,83	91,94	93,05	94,15	95,26	96,37	97,48	98,59
9	99,69	100,80	101,91	103,02	104,12	105,23	106,34	107,45	108,55	109,66
10	110,77	111,88	112,99	114,09	115,20	116,31	117,42	118,52	119,63	120,74
11	121,85	122,95	124,06	125,17	126,28	127,39	128,49	129,60	130,71	131,82
12	132,92	134,03	135,14	136,25	137,35	138,46	139,57	140,68	141,79	142,89
13	144,00	145,11	146,22	147,32	148,43	149,54	150,65	151,75	152,86	153,97
14	155,08	156,19	157,29	158,40	159,51	160,62	161,72	162,83	163,94	165,05
15	166,16	167,26	168,37	169,48	170,59	171,69	172,80	173,91	175,02	176,12
16	177,23	178,34	179,45	180,56	181,66	182,77	183,88	184,99	186,09	187,20
17	188,31	189,42	190,52	191,63	192,74	193,85	194,96	196,06	197,17	198,28
18	199,39	200,49	201,60	202,71	203,82	204,92	206,03	207,14	208,25	209,36
19	210,46	211,57	212,68	213,79	214,89	216,00	217,11	218,22	219,32	220,43
20	221,54	222,65	223,76	224,86	225,97	227,08	228,19	229,29	230,40	231,51
21	232,62	233,72	234,83	235,94	237,05	238,16	239,26	240,37	241,48	242,59
22	243,69	244,80	245,91	247,02	248,12	249,23	250,34	251,45	252,56	253,66
23	254,77	255,88	256,99	258,09	259,20	260,31	261,42	262,52	263,63	264,74
24	265,85	266,96	268,06	269,17	270,28	271,39	272,49	273,60	274,71	275,82

dif.

110		111	
1	0,11	1	0,11
2	0,22	2	0,22
3	0,33	3	0,33
4	0,44	4	0,44
5	0,55	5	0,56
6	0,66	6	0,67
7	0,77	7	0,78
8	0,88	8	0,89
9	0,99	9	1,00

720,50 = 11,093.

	00	10	20	30	40	50	60	70	80	90	dif.	
0		1,11	2,22	3,33	4,44	5,55	6,66	7,77	8,87	9,98	110	
											1	0,11
1	11,09	12,20	13,31	14,42	15,53	16,64	17,75	18,86	19,97	21,08	2	0,22
2	22,19	23,30	24,40	25,51	26,62	27,73	28,84	29,95	31,06	32,17	3	0,33
3	33,28	34,39	35,50	36,61	37,72	38,83	39,93	41,04	42,15	43,26	4	0,44
											5	0,55
4	44,37	45,48	46,59	47,70	48,81	49,92	51,03	52,14	53,25	54,36	6	0,66
5	55,47	56,57	57,68	58,79	59,90	61,01	62,12	63,23	64,34	65,45	7	0,77
6	66,56	67,67	68,78	69,89	71,00	72,10	73,21	74,32	75,43	76,54	8	0,88
											9	0,99
7	77,65	78,76	79,87	80,98	82,09	83,20	84,31	85,42	86,53	87,63		
8	88,74	89,85	90,96	92,07	93,18	94,29	95,40	96,51	97,62	98,73	111	
9	99,84	100,95	102,06	103,16	104,27	105,38	106,49	107,60	108,71	109,82	1	0,11
											2	0,22
10	110,93	112,04	113,15	114,26	115,37	116,48	117,59	118,70	119,80	120,91	3	0,33
11	122,02	123,13	124,24	125,35	126,46	127,57	128,68	129,79	130,90	132,01	4	0,44
12	133,12	134,23	135,33	136,44	137,55	138,66	139,77	140,88	141,99	143,10	5	0,56
											6	0,67
13	144,21	145,32	146,43	147,54	148,65	149,76	150,86	151,97	153,08	154,19	7	0,78
14	155,30	156,41	157,52	158,63	159,74	160,85	161,96	163,07	164,18	165,29	8	0,89
15	166,40	167,50	168,61	169,72	170,83	171,94	173,05	174,16	175,27	176,38	9	1,00
16	177,49	178,60	179,71	180,82	181,93	183,03	184,14	185,25	186,36	187,47		
17	188,58	189,69	190,80	191,91	193,02	194,13	195,24	196,35	197,46	198,56		
18	199,67	200,78	201,89	203,00	204,11	205,22	206,33	207,44	208,55	209,66		
19	210,77	211,88	212,99	214,09	215,20	216,31	217,42	218,53	219,64	220,75		
20	221,86	222,97	224,08	225,19	226,30	227,41	228,52	229,63	230,73	231,84		
21	232,95	234,06	235,17	236,28	237,39	238,50	239,61	240,72	241,83	242,94		
22	244,05	245,16	246,26	247,37	248,48	249,59	250,70	251,81	252,92	254,03		
23	255,14	256,25	257,36	258,47	259,58	260,69	261,79	262,90	264,01	265,12		
24	266,23	267,34	268,45	269,56	270,67	271,78	272,89	274,00	275,11	276,22		

719,50 = 11,108.

	00	10	20	30	40	50	60	70	80	90	dif.	
0		1,11	2,22	3,33	4,44	5,55	6,66	7,78	8,89	1,00	111	
											1	0,11
1	11,11	12,22	13,33	14,44	15,55	16,66	17,77	18,88	19,99	21,11	2	0,22
2	22,22	23,33	24,44	25,55	26,66	27,77	28,88	29,99	31,10	32,21	3	0,33
8	33,32	34,43	35,55	36,66	37,77	38,88	39,99	41,10	42,21	43,32	4	0,44
											5	0,56
4	44,43	45,54	46,65	47,76	48,88	49,99	51,10	52,21	53,32	54,43	6	0,67
5	55,54	56,65	57,76	58,87	59,98	61,09	62,20	63,32	64,43	65,54	7	0,78
6	66,65	67,76	68,87	69,98	71,09	72,20	73,31	74,42	75,53	76,65	8	0,89
											9	1,00
7	77,76	78,87	79,98	81,09	82,20	83,31	84,42	85,53	86,64	87,75		
8	88,86	89,97	91,09	92,20	93,31	94,42	95,53	96,64	97,75	98,86	112	
9	99,97	101,08	102,19	103,30	104,42	105,53	106,64	107,75	108,86	109,97	1	0,11
											2	0,22
10	111,08	112,19	113,30	114,41	115,52	116,63	117,74	118,86	119,97	121,08	3	0,34
11	122,19	123,30	124,41	125,52	126,63	127,74	128,85	129,96	131,07	132,19	4	0,45
12	133,30	134,41	135,52	136,63	137,74	138,85	139,96	141,07	142,18	143,29	5	0,56
											6	0,67
13	144,40	145,51	146,63	147,74	148,85	149,96	151,07	152,18	153,29	154,40	7	0,78
14	155,51	156,62	157,73	158,84	159,96	161,07	162,18	163,29	164,40	165,51	8	0,90
15	166,62	167,73	168,84	169,95	171,06	172,17	173,28	174,40	175,51	176,62	9	1,01
16	177,73	178,84	179,95	181,06	182,17	183,28	184,39	185,50	186,61	187,73		
17	188,84	189,95	191,06	192,17	193,28	194,39	195,50	196,61	197,72	198,83		
18	199,94	201,05	202,17	203,28	204,39	205,50	206,61	207,72	208,83	209,94		
19	211,05	212,16	213,27	214,38	215,50	216,61	217,72	218,83	219,94	221,05		
20	222,16	223,27	224,38	225,49	226,60	227,71	228,82	229,94	231,05	232,16		
21	233,27	234,38	235,49	236,60	237,71	238,82	239,93	241,04	242,15	243,27		
22	244,38	245,49	246,60	247,71	248,82	249,93	251,04	252,15	253,26	254,37		
23	255,48	256,59	257,71	258,82	259,93	261,04	262,15	263,26	264,37	265,48		
24	266,59	267,70	268,81	269,92	271,04	272,15	273,26	274,37	275,47	276,59		

718,50 = 11,124.

	00	10	20	30	40	50	60	70	80	90
0		1,11	2,22	3,34	4,45	5,56	6,67	7,79	8,90	10,01
1	11,12	12,24	13,35	14,46	15,57	16,69	17,80	18,91	20,02	21,14
2	22,25	23,36	24,47	25,59	26,70	27,81	28,92	30,03	31,15	32,26
3	33,37	34,48	35,60	36,71	37,82	38,93	40,05	41,16	42,27	43,38
4	44,50	45,61	46,72	47,83	48,95	50,06	51,17	52,28	53,40	54,51
5	55,62	56,73	57,84	58,96	60,07	61,18	62,29	63,41	64,52	65,63
6	66,74	67,86	68,97	70,08	71,19	72,31	73,42	74,53	75,64	76,76
7	77,87	78,98	80,09	81,21	82,32	83,43	84,54	85,65	86,77	87,88
8	88,99	90,10	91,22	92,33	93,44	94,55	95,67	96,78	97,89	99,00
9	100,12	101,23	102,34	103,45	104,57	105,68	106,79	107,90	109,02	110,13
10	111,24	112,35	113,46	114,58	115,69	116,80	117,91	119,03	120,14	121,25
11	122,36	123,48	124,59	125,70	126,81	127,93	129,04	130,15	131,26	132,38
12	133,49	134,60	135,71	136,83	137,94	139,05	140,16	141,27	142,39	143,50
13	144,61	145,72	146,84	147,95	149,06	150,17	151,29	152,40	153,51	154,62
14	155,74	156,85	157,96	159,07	160,19	161,30	162,41	163,52	164,64	165,75
15	166,86	167,97	169,08	170,20	171,31	172,42	173,53	174,65	175,76	176,87
16	177,98	179,10	180,21	181,32	182,43	183,55	184,66	185,77	186,88	188,00
17	189,11	190,22	191,33	192,45	193,56	194,67	195,78	196,89	198,01	199,12
18	200,23	201,34	202,46	203,57	204,68	205,79	206,91	208,02	209,13	210,24
19	211,36	212,47	213,58	214,69	215,81	216,92	218,03	219,14	220,26	221,37
20	222,48	223,59	224,70	225,82	226,93	228,04	229,15	230,27	231,38	232,49
21	233,60	234,72	235,83	236,94	238,05	239,17	240,28	241,39	242,50	243,62
22	244,73	245,84	246,95	248,07	249,18	250,29	251,40	252,51	253,63	254,74
23	255,85	256,96	258,08	259,19	260,30	261,41	262,53	263,64	264,75	265,86
24	266,98	268,09	269,20	270,31	271,43	272,54	273,65	274,76	275,88	276,99

dif.

111		112	
1	0,11	1	0,11
2	0,22	2	0,22
3	0,33	3	0,34
4	0,44	4	0,45
5	0,56	5	0,56
6	0,67	6	0,67
7	0,78	7	0,78
8	0,89	8	0,90
9	1,00	9	1,01

717,50 = 11,139.

	00	10	20	30	40	50	60	70	80	90	dif.
0		1,11	2,23	3,34	4,46	5,57	6,68	7,80	8,91	10,03	111
1	11,14	12,25	13,37	14,48	15,59	16,71	17,82	18,94	20,05	21,16	
2	22,28	23,39	24,51	25,62	26,73	27,85	28,96	30,08	31,19	32,30	
3	33,42	34,53	35,64	36,76	37,87	38,99	40,10	41,21	42,33	43,44	
4	44,56	45,67	46,78	47,90	49,01	50,13	51,24	52,35	53,47	54,58	
5	55,70	56,81	57,92	59,04	60,15	61,26	62,38	63,49	64,61	65,72	
6	66,83	67,95	69,06	70,18	71,29	72,40	73,52	74,63	75,75	76,86	
7	77,97	79,09	80,20	81,31	82,43	83,54	84,66	85,77	86,88	88,00	
8	89,11	90,23	91,34	92,45	93,57	94,68	95,80	96,91	98,02	99,14	112
9	100,25	101,36	102,48	103,59	104,71	105,82	106,93	108,05	109,16	110,28	
10	111,39	112,50	113,62	114,73	115,85	116,96	118,07	119,19	120,30	121,42	
11	122,53	123,64	124,76	125,87	126,98	128,10	129,21	130,33	131,44	132,55	
12	133,67	134,78	135,90	137,01	138,12	139,24	140,35	141,47	142,58	143,69	
13	144,81	145,92	147,03	148,15	149,26	150,38	151,49	152,60	153,72	154,83	
14	155,95	157,06	158,17	159,29	160,40	161,52	162,63	163,74	164,86	165,97	
15	167,09	168,20	169,31	170,43	171,54	172,65	173,77	174,88	176,00	177,11	
16	178,22	179,34	180,45	181,57	182,68	183,79	184,91	186,02	187,14	188,25	
17	189,36	190,48	191,59	192,70	193,82	194,93	196,05	197,16	198,27	199,39	
18	200,50	201,62	202,73	203,84	204,96	206,07	207,19	208,30	209,41	210,53	
19	211,64	212,75	213,87	214,98	216,10	217,21	218,32	219,44	220,55	221,67	
20	222,78	223,89	225,01	226,12	227,24	228,35	229,46	230,58	231,69	232,81	
21	233,92	235,03	236,15	237,26	238,37	239,49	240,60	241,72	242,83	243,94	
22	245,06	246,17	247,29	248,40	249,51	250,63	251,74	252,86	253,97	255,08	
23	256,20	257,31	258,42	259,54	260,65	261,77	262,88	263,99	265,11	266,22	
24	267,34	268,45	269,56	270,68	271,79	272,91	274,02	275,13	276,25	277,36	

dif. 111:

1	0,11
2	0,22
3	0,33
4	0,44
5	0,56
6	0,67
7	0,78
8	0,89
9	1,00

dif. 112:

1	0,11
2	0,22
3	0,34
4	0,45
5	0,56
6	0,67
7	0,78
8	0,90
9	1,01

716,50 = 1₁,₁₀₄.

	00	10	20	30	40	50	60	70	80	90	dif.
0		1,12	2,23	3,35	4,46	5,58	6,69	7,81	8,92	10,04	111
											1 0,11
1	11,15	12,27	13,38	14,50	15,62	16,73	17,85	18,96	20,08	21,19	2 0,22
2	22,31	23,42	24,54	25,65	26,77	27,89	29,00	30,12	31,23	32,35	3 0,33
3	33,46	34,58	35,69	36,81	37,92	39,04	40,15	41,27	42,39	43,50	4 0,44
											5 0,56
4	44,62	45,73	46,85	47,96	49,08	50,19	51,31	52,42	53,54	54,65	6 0,67
5	55,77	56,89	58,00	59,12	60,23	61,35	62,46	63,58	64,69	65,81	7 0,78
6	66,92	68,04	69,15	70,27	71,39	72,50	73,62	74,73	75,85	76,96	8 0,89
											9 1,00
7	78,08	79,19	80,31	81,42	82,54	83,66	84,77	85,89	87,00	88,12	
8	89,23	90,35	91,46	92,58	93,69	94,81	95,92	97,04	98,16	99,27	112
9	100,39	101,50	102,62	103,73	104,85	105,96	107,08	108,19	109,31	110,42	1 0,11
											2 0,22
10	111,54	112,66	113,77	114,89	116,00	117,12	118,23	119,35	120,46	121,58	3 0,34
11	122,69	123,81	124,92	126,04	127,16	128,27	129,39	130,50	131,62	132,73	4 0,45
12	133,85	134,96	136,08	137,19	138,31	139,43	140,54	141,66	142,77	143,89	5 0,56
											6 0,67
13	145,00	146,12	147,23	148,35	149,46	150,58	151,69	152,81	153,93	155,04	7 0,78
14	156,16	157,27	158,39	159,50	160,62	161,73	162,85	163,96	165,08	166,19	8 0,90
15	167,31	168,43	169,54	170,66	171,77	172,89	174,00	175,12	176,23	177,35	9 1,01
16	178,46	179,58	180,69	181,81	182,93	184,04	185,16	186,27	187,39	188,50	
17	189,62	190,73	191,85	192,96	194,08	195,20	196,31	197,43	198,54	199,66	
18	200,77	201,89	203,00	204,12	205,23	206,35	207,46	208,58	209,70	210,81	
19	211,93	213,04	214,16	215,27	216,39	217,50	218,62	219,73	220,85	221,96	
20	223,08	224,20	225,31	226,43	227,54	228,66	229,77	230,89	232,00	233,12	
21	234,23	235,35	236,46	237,58	238,70	239,81	240,93	242,04	243,16	244,27	
22	245,39	246,50	247,62	248,73	249,85	250,97	252,08	253,20	254,31	255,43	
23	256,54	257,66	258,77	259,89	261,00	262,12	263,23	264,35	265,47	266,58	
24	267,70	268,81	269,93	271,04	272,16	273,27	274,39	275,50	276,62	277,73	

715,50 = 11,170.

	00	10	20	30	40	50	60	70	80	90	dif.		
0		1,12	2,23	3,35	4,47	5,59	6,70	7,82	8,94	10,05	111		
											1	0,11
1	11,17	12,29	·13,40	14,52	15,64	16,76	17,87	18,99	20,11	21,22	2	0,22
2	22,34	23,46	24,57	25,69	26,81	27,93	29,04	30,16	31,28	32,39	3	0,33
3	33,51	34,63	35,74	36,86	37,98	39,10	40,21	41,33	42,45	43,56	4	0,44
											5	0,56
4	44,68	45,80	46,91	48,03	49,15	50,27	51,38	52,50	53,62	54,73	6	0,67
5	55,85	56,97	58,08	59,20	60,32	61,44	62,55	63,67	64,79	65,90	7	0,78
6	67,02	68,14	69,25	70,37	71,49	72,61	73,72	74,84	75,96	77,07	8	0,89
											9	1,00
7	78,19	79,31	80,42	81,54	82,66	83,78	84,89	86,01	87,13	88,24		
8	89,36	90,48	91,59	92,71	93,83	94,95	96,06	97,18	98,30	99,41	112	
9	100,53	101,65	102,76	103,88	105,00	106,12	107,23	108,35	109,47	110,58	1	0,11
											2	0,22
10	111,70	112,82	113,93	115,05	116,17	117,29	118,40	119,52	120,64	121,75	3	0,34
11	122,87	123,99	125,10	126,22	127,34	128,46	129,57	130,69	131,81	132,92	4	0,45
12	134,04	135,16	·136,27	137,39	138,51	139,63	140,74	141,86	142,98	144,09	5	0,56
											6	0,67
13	145,21	146,33	147,44	148,56	149,68	150,80	151,91	153,03	154,15	155,26	7	0,78
14	156,38	157,50	158,61	159,73	160,85	161,97	163,08	164,20	165,32	166,43	8	0,90
15	167,55	168,67	169,78	170,90	172,02	173,14	174,25	175,37	176,49	177,60	9	1,01
16	178,72	179,84	180,95	182,07	183,19	184,31	185,42	186,54	187,66	188,77		
17	189,89	191,01	192,12	193,24	194,36	195,48	196,59	197,71	198,83	199,94		
18	201,06	202,18	203,29	204,41	205,53	206,65	207,76	208,88	210,00	211,11		
19	212,23	213,35	214,46	215,58	216,70	217,82	218,93	220,05	221,17	222,28		
20	223,40	224,52	225,63	226,75	227,87	228,99	230,10	231,22	232,34	233,45		
21	234,57	235,69	236,80	237,92	239,04	240,16	241,27	242,39	243,51	244,62		
22	245,74	246,86	247,97	249,09	250,21	251,33	252,44	253,56	254,68	255,79		
23	256,91	258,03	259,14	260,26	261,38	262,50	263,61	264,73	265,85	266,96		
24	268,08	269,20	270,31	271,43	272,55	273,67	274,78	275,90	277,02	278,13		

714,50 = 11,185.

	00	10	20	30	40	50	60	70	80	90	dif.
0		1,12	2,24	3,36	4,47	5,59	6,71	7,83	8,95	10,07	111
1	11,19	12,30	13,42	14,54	15,66	16,78	17,90	19,01	20,13	21,25	
2	22,37	23,49	24,61	25,73	26,84	27,96	29,08	30,20	31,32	32,44	
3	33,56	34,67	35,79	36,91	38,03	39,15	40,27	41,38	42,50	43,62	
4	44,74	45,86	46,98	48,10	49,21	50,33	51,45	52,57	53,69	54,81	
5	55,93	57,04	58,16	59,28	60,40	61,52	62,64	63,75	64,87	65,99	
6	67,11	68,23	69,35	70,47	71,58	72,70	73,82	74,94	76,06	77,18	
7	78,30	79,41	80,53	81,65	82,77	83,89	85,01	86,12	87,24	88,36	
8	89,48	90,60	91,72	92,84	93,95	95,07	96,19	97,31	98,43	99,55	112
9	100,67	101,78	102,90	104,02	105,14	106,26	107,38	108,49	109,61	110,73	
10	111,85	112,97	114,09	115,21	116,32	117,44	118,56	119,68	120,80	121,92	
11	123,04	124,15	125,27	126,39	127,51	128,63	129,75	130,86	131,98	133,10	
12	134,22	135,34	136,46	137,58	138,69	139,81	140,93	142,05	143,17	144,29	
13	145,41	146,52	147,64	148,76	149,88	151,00	152,12	153,23	154,35	155,47	
14	156,59	157,71	158,83	159,95	161,06	162,18	163,30	164,42	165,54	166,66	
15	167,78	168,89	170,01	171,13	172,25	173,37	174,49	175,60	176,72	177,84	
16	178,96	180,08	181,20	182,32	183,43	184,55	185,67	186,79	187,91	189,03	
17	190,15	191,26	192,38	193,50	194,62	195,74	196,86	197,97	199,09	200,21	
18	201,33	202,45	203,57	204,69	205,80	206,92	208,04	209,16	210,28	211,40	
19	212,52	213,63	214,75	215,87	216,99	218,11	219,23	220,34	221,46	222,58	
20	223,70	224,82	225,94	227,06	228,17	229,29	230,41	231,53	232,65	233,77	
21	234,89	236,00	237,12	238,24	239,36	240,48	241,60	242,71	243,83	244,95	
22	246,07	247,19	248,31	249,43	250,54	251,66	252,78	253,90	255,02	256,14	
23	257,26	258,37	259,49	260,61	261,73	262,85	263,97	265,08	266,20	267,32	
24	268,44	269,56	270,68	271,80	272,91	274,03	275,15	276,27	277,39	278,51	

dif. column:

111		112	
1	0,11	1	0,11
2	0,22	2	0,22
3	0,33	3	0,34
4	0,44	4	0,45
5	0,56	5	0,56
6	0,67	6	0,67
7	0,78	7	0,78
8	0,89	8	0,90
9	1,00	9	1,01

713,50 = 11,202.

	00	10	20	30	40	50	60	70	80	90
0		1,12	2,24	3,36	4,48	5,60	6,72	7,84	8,96	10,08
1	11,20	12,32	13,44	14,56	15,68	16,80	17,92	19,04	20,16	21,28
2	22,40	23,52	24,64	25,76	26,88	28,01	29,13	30,25	31,37	32,49
3	33,61	34,73	35,85	36,97	38,09	39,21	40,33	41,45	42,57	43,69
4	44,81	45,93	47,05	48,17	49,29	50,41	51,53	52,65	53,77	54,89
5	56,01	57,13	58,25	59,37	60,49	61,61	62,73	63,85	64,97	66,09
6	67,21	68,33	69,45	70,57	71,69	72,81	73,93	75,05	76,17	77,29
7	78,41	79,53	80,65	81,77	82,89	84,02	85,14	86,26	87,38	88,50
8	89,62	90,74	91,86	92,98	94,10	95,22	96,34	97,46	98,58	99,70
9	100,82	101,94	103,06	104,18	105,30	106,42	107,54	108,66	109,78	110,90
10	112,02	113,14	114,26	115,38	116,50	117,62	118,74	119,86	120,98	122,10
11	123,22	124,34	125,46	126,58	127,70	128,82	129,94	131,06	132,18	133,30
12	134,42	135,54	136,66	137,78	138,90	140,03	141,15	142,27	143,39	144,51
13	145,63	146,75	147,87	148,99	150,11	151,23	152,35	153,47	154,59	155,71
14	156,83	157,95	159,07	160,19	161,31	162,43	163,55	164,67	165,79	166,91
15	168,03	169,15	170,27	171,39	172,51	173,63	174,75	175,87	176,99	178,11
16	179,23	180,35	181,47	182,59	183,71	184,83	185,95	187,07	188,19	189,31
17	190,43	191,55	192,67	193,79	194,91	196,04	197,16	198,28	199,40	200,52
18	201,64	202,76	203,88	205,00	206,12	207,24	208,36	209,48	210,60	211,72
19	212,84	213,96	215,08	216,20	217,32	218,44	219,56	220,68	221,80	222,92
20	224,04	225,16	226,28	227,40	228,52	229,64	230,76	231,88	233,00	234,12
21	235,24	236,36	237,48	238,60	239,72	240,84	241,96	243,08	244,20	245,32
22	246,44	247,56	248,68	249,80	250,92	252,05	253,17	254,29	255,41	256,53
23	257,65	258,77	259,89	261,01	262,13	263,25	264,37	265,49	266,61	267,73
24	268,85	269,97	271,09	272,21	273,33	274,45	275,57	276,69	277,81	278,93

dif.

112		113	
1	0,11	1	0,11
2	0,22	2	0,23
3	0,34	3	0,34
4	0,45	4	0,45
5	0,56	5	0,57
6	0,67	6	0,68
7	0,78	7	0,79
8	0,90	8	0,90
9	1,01	9	1,02

712,50 = 11,216.

	00	10	20	30	40	50	60	70	80	90
0		1,12	2,24	3,36	4,49	5,61	6,73	7,85	8,97	10,09
1	11,22	12,34	13,46	14,58	15,70	16,82	17,95	19,07	20,19	21,31
2	22,43	23,55	24,68	25,80	26,92	28,04	29,16	30,28	31,40	32,53
3	33,65	34,77	35,89	37,01	38,13	39,26	40,38	41,50	42,62	43,74
4	44,86	45,99	47,11	48,23	49,35	50,47	51,59	52,72	53,84	54,96
5	56,08	57,20	58,32	59,44	60,57	61,69	62,81	63,93	65,05	66,17
6	67,30	68,42	69,54	70,66	71,78	72,90	74,03	75,15	76,27	77,39
7	78,51	79,63	80,76	81,88	83,00	84,12	85,24	86,36	87,48	88,61
8	89,73	90,85	91,97	93,09	94,21	95,34	96,46	97,58	98,70	99,82
9	100,94	102,07	103,19	104,31	105,43	106,55	107,67	108,80	109,92	111,04
10	112,16	113,28	114,40	115,52	116,65	117,77	118,89	120,01	121,13	122,25
11	123,38	124,50	125,62	126,74	127,86	128,98	130,11	131,23	132,35	133,47
12	134,59	135,71	136,84	137,96	139,08	140,20	141,32	142,44	143,56	144,69
13	145,81	146,93	148,05	149,17	150,29	151,42	152,54	153,66	154,78	155,90
14	157,02	158,15	159,27	160,39	161,51	162,63	163,75	164,88	166,00	167,12
15	168,24	169,36	170,48	171,60	172,73	173,85	174,97	176,09	177,21	178,33
16	179,46	180,58	181,70	182,82	183,94	185,06	186,19	187,31	188,43	189,55
17	190,67	191,79	192,92	194,04	195,16	196,28	197,40	198,52	199,64	200,77
18	201,89	203,01	204,13	205,25	206,37	207,50	208,62	209,74	210,86	211,98
19	213,10	214,23	215,35	216,47	217,59	218,71	219,83	220,96	222,08	223,20
20	224,32	225,44	226,56	227,68	228,81	229,93	231,05	232,17	233,29	234,41
21	235,54	236,66	237,78	238,90	240,02	241,14	242,27	243,39	244,51	245,63
22	246,75	247,87	249,00	250,12	251,24	252,36	253,48	254,60	255,72	256,85
23	257,97	259,09	260,21	261,33	262,45	263,58	264,70	265,82	266,94	268,06
24	269,18	270,31	271,43	272,55	273,67	274,79	275,91	277,04	278,16	279,28

dif.

112

1	0,11
2	0,22
3	0,34
4	0,45
5	0,56
6	0,67
7	0,78
8	0,90
9	1,01

113

1	0,11
2	0,23
3	0,34
4	0,45
5	0,57
6	0,68
7	0,79
8	0,90
9	1,02

711,50 = 11,233.

	00	10	20	30	40	50	60	70	80	90	dif.
0		1,12	2,25	3,37	4,49	5,62	6,74	7,86	8,99	10,11	112
1	11,23	12,36	13,48	14,60	15,73	16,85	17,97	19,10	20,22	21,34	
2	22,47	23,59	24,71	25,84	26,96	28,08	29,21	30,33	31,45	32,58	
3	33,70	34,82	35,95	37,07	38,19	39,32	40,44	41,56	42,69	43,81	
4	44,93	46,06	47,18	48,30	49,43	50,55	51,67	52,80	53,92	55,04	
5	56,17	57,29	58,41	59,53	60,66	61,78	62,90	64,03	65,15	66,27	
6	67,40	68,52	69,64	70,77	71,89	73,01	74,14	75,26	76,38	77,51	
7	78,63	79,75	80,88	82,00	83,12	84,25	85,37	86,49	87,62	88,74	
8	89,86	90,99	92,11	93,23	94,36	95,48	96,60	97,73	98,85	99,97	
9	101,10	102,22	103,34	104,47	105,59	106,71	107,84	108,96	110,08	111,21	
10	112,33	113,45	114,58	115,70	116,82	117,95	119,07	120,19	121,32	122,44	
11	123,56	124,69	125,81	126,93	128,06	129,18	130,30	131,43	132,55	133,67	
12	134,80	135,92	137,04	138,17	139,29	140,41	141,54	142,66	143,78	144,91	
13	146,03	147,15	148,28	149,40	150,52	151,65	152,77	153,89	155,02	156,14	
14	157,26	158,39	159,51	160,63	161,76	162,88	164,00	165,13	166,25	167,37	
15	168,50	169,62	170,74	171,86	172,99	174,11	175,23	176,36	177,48	178,60	
16	179,73	180,85	181,97	183,10	184,22	185,34	186,47	187,59	188,71	189,84	
17	190,96	192,08	193,21	194,33	195,45	196,58	197,70	198,82	199,95	201,07	
18	202,19	203,32	204,44	205,56	206,69	207,81	208,93	210,06	211,18	212,30	
19	213,43	214,55	215,67	216,80	217,92	219,04	220,17	221,29	222,41	223,54	
20	224,66	225,78	226,91	228,03	229,15	230,28	231,40	232,52	233,65	234,77	
21	235,89	237,02	238,14	239,26	240,39	241,51	242,63	243,76	244,88	246,00	
22	247,13	248,25	249,37	250,50	251,62	252,74	253,87	254,99	256,11	257,24	
23	258,36	259,48	260,61	261,73	262,85	263,98	265,10	266,22	267,35	268,47	
24	269,59	270,72	271,84	272,96	274,09	275,21	276,33	277,46	278,58	279,70	

Interpolation (dif.):

112
1	0,11
2	0,22
3	0,34
4	0,45
5	0,56
6	0,67
7	0,78
8	0,90
9	1,01

113
1	0,11
2	0,23
3	0,34
4	0,45
5	0,57
6	0,68
7	0,79
8	0,90
9	1,02

710,50 = 11,250.

	00	10	20	30	40	50	60	70	80	90	dif.
0		1,13	2,25	3,38	4,50	5,63	6,75	7,88	9,00	10,13	112
											1 | 0,11
1	11,25	12,38	13,50	14,63	15,75	16,88	18,00	19,13	20,25	21,38	2 | 0,22
2	22,50	23,63	24,75	25,88	27,00	28,13	29,25	30,38	31,50	32,63	3 | 0,34
3	33,75	34,88	36,00	37,13	38,25	39,38	40,50	41,63	42,75	43,88	4 | 0,45
											5 | 0,56
4	45,00	46,13	47,25	48,38	49,50	50,63	51,75	52,88	54,00	55,13	6 | 0,67
5	56,25	57,38	58,50	59,63	60,75	61,88	63,00	64,13	65,25	66,38	7 | 0,78
6	67,50	68,63	69,75	70,88	72,00	73,13	74,25	75,38	76,50	77,63	8 | 0,90
											9 | 1,01
7	78,75	79,88	81,00	82,13	83,25	84,38	85,50	86,63	87,75	88,88	
8	90,00	91,13	92,25	93,38	94,50	95,63	96,75	97,88	99,00	100,13	113
9	101,25	102,38	103,50	104,63	105,75	106,88	108,00	109,13	110,25	111,38	1 | 0,11
											2 | 0,23
10	112,50	113,63	114,75	115,88	117,00	118,13	119,25	120,38	121,50	122,63	3 | 0,34
11	123,75	124,88	126,00	127,13	128,25	129,38	130,50	131,63	132,75	133,88	4 | 0,45
12	135,00	136,13	137,25	138,38	139,50	140,63	141,75	142,88	144,00	145,13	5 | 0,57
											6 | 0,68
13	146,25	147,38	148,50	149,63	150,75	151,88	153,00	154,13	155,25	156,38	7 | 0,79
14	157,50	158,63	159,75	160,88	162,00	163,13	164,25	165,38	166,50	167,63	8 | 0,90
15	168,75	169,88	171,00	172,13	173,25	174,38	175,50	176,63	177,75	178,88	9 | 1,02
16	180,00	181,13	182,25	183,38	184,50	185,63	186,75	187,88	189,00	190,13	
17	191,25	192,38	193,50	194,63	195,75	196,88	198,00	199,13	200,25	201,38	
18	202,50	203,63	204,75	205,88	207,00	208,13	209,25	210,38	211,50	212,63	
19	213,75	214,88	216,00	217,13	218,25	219,38	220,50	221,63	222,75	223,88	
20	225,00	226,13	227,25	228,38	229,50	230,63	231,75	232,88	234,00	235,13	
21	236,25	237,38	238,50	239,63	240,75	241,88	243,00	244,13	245,25	246,38	
22	247,50	248,63	249,75	250,88	252,00	253,13	254,25	255,38	256,50	257,63	
23	258,75	259,88	261,00	262,13	263,25	264,38	265,50	266,63	267,75	268,88	
24	270,00	271,13	272,25	273,38	274,50	275,63	276,75	277,88	279,00	280,13	

709,50 = 11,264.

	00	10	20	30	40	50	60	70	80	90	dif.
0		1,13	2,25	3,38	4,51	5,63	6,76	7,88	9,01	10,14	112
											1 | 0,11
1	11,26	12,39	13,52	14,64	15,77	16,90	18,02	19,15	20,28	21,40	2 | 0,22
2	22,53	23,65	24,78	25,91	27,03	28,16	29,29	30,41	31,54	32,67	3 | 0,34
3	33,79	34,92	36,04	37,17	38,30	39,42	40,55	41,68	42,80	43,93	4 | 0,45
											5 | 0,56
4	45,06	46,18	47,31	48,44	49,56	50,69	51,81	52,94	54,07	55,19	6 | 0,67
5	56,32	57,45	58,57	59,70	60,83	61,95	63,08	64,20	65,33	66,46	7 | 0,78
6	67,58	68,71	69,84	70,96	72,09	73,22	74,34	75,47	76,60	77,72	8 | 0,90
											9 | 1,01
7	78,85	79,97	81,10	82,23	83,35	84,48	85,61	86,73	87,86	88,99	
8	90,11	91,24	92,36	93,49	94,62	95,74	96,87	98,00	99,12	100,25	113
9	101,38	102,50	103,63	104,76	105,88	107,01	108,13	109,26	110,39	111,51	1 | 0,11
											2 | 0,23
10	112,64	113,77	114,89	116,02	117,15	118,27	119,40	120,52	121,65	122,78	3 | 0,34
11	123,90	125,03	126,16	127,28	128,41	129,54	130,66	131,79	132,92	134,04	4 | 0,45
12	135,17	136,29	137,42	138,55	139,67	140,80	141,92	143,05	144,18	145,31	5 | 0,57
											6 | 0,68
13	146,43	147,56	148,68	149,81	150,94	152,06	153,19	154,32	155,44	156,57	7 | 0,79
14	157,70	158,82	159,95	161,08	162,20	163,33	164,45	165,58	166,71	167,83	8 | 0,90
15	168,96	170,09	171,21	172,34	173,47	174,59	175,72	176,84	177,97	179,10	9 | 1,02
16	180,22	181,35	182,48	183,60	184,73	185,86	186,98	188,11	189,24	190,36	
17	191,49	192,61	193,74	194,87	195,99	197,12	198,25	199,37	200,50	201,63	
18	202,75	203,88	205,00	206,13	207,26	208,38	209,51	210,64	211,76	212,89	
19	214,02	215,14	216,27	217,40	218,52	219,65	220,77	221,90	223,03	224,15	
20	225,28	226,41	227,53	228,66	229,79	230,91	232,04	233,16	234,29	235,42	
21	236,54	237,67	238,80	239,92	241,05	242,18	243,30	244,43	245,56	246,68	
22	247,81	248,93	250,06	251,19	252,31	253,44	254,57	255,69	256,82	257,95	
23	259,07	260,20	261,32	262,45	263,58	264,70	265,83	266,96	268,08	269,21	
24	270,34	271,46	272,59	273,72	274,84	275,97	277,09	278,22	279,35	280,47	

708,50 = 11,281.

	00	10	20	30	40	50	60	70	80	90
0		1,18	2,26	3,38	4,51	5,64	6,77	7,90	9,02	10,15
1	11,28	12,41	13,54	14,67	15,79	16,92	18,05	19,18	20,31	21,43
2	22,56	23,69	24,82	25,95	27,07	28,20	29,33	30,46	31,59	32,71
3	33,84	34,97	36,10	37,23	38,36	39,48	40,61	41,74	42,87	44,00
4	45,12	46,25	47,38	48,51	49,64	50,76	51,89	53,02	54,15	55,28
5	56,41	57,53	58,66	59,79	60,92	62,05	63,17	64,30	65,43	66,56
6	67,69	68,81	69,94	71,07	72,20	73,33	74,45	75,58	76,71	77,84
7	78,97	80,10	81,22	82,35	83,48	84,61	85,74	86,86	87,99	89,12
8	90,25	91,38	92,50	93,63	94,76	95,89	97,02	98,14	99,27	100,40
9	101,53	102,66	103,79	104,91	106,04	107,17	108,30	109,43	110,55	111,68
10	112,81	113,94	115,07	116,19	117,32	118,45	119,58	120,71	121,83	122,96
11	124,09	125,22	126,35	127,48	128,60	129,73	130,86	131,99	133,12	134,24
12	135,37	136,50	137,63	138,76	139,88	141,01	142,14	143,27	144,40	145,52
13	146,65	147,78	148,91	150,04	151,17	152,29	153,42	154,55	155,68	156,81
14	157,93	159,06	160,19	161,32	162,45	163,57	164,70	165,83	166,96	168,09
15	169,22	170,34	171,47	172,60	173,73	174,86	175,98	177,11	178,24	179,37
16	180,50	181,62	182,75	183,88	185,01	186,14	187,26	188,39	189,52	190,65
17	191,78	192,91	194,03	195,16	196,29	197,42	198,55	199,67	200,80	201,93
18	203,06	204,19	205,31	206,44	207,57	208,70	209,83	210,95	212,08	213,21
19	214,34	215,47	216,60	217,72	218,85	219,98	221,11	222,24	223,36	224,49
20	225,62	226,75	227,88	229,00	230,13	231,26	232,39	233,52	234,64	235,77
21	236,90	238,03	239,16	240,29	241,41	242,54	243,67	244,80	245,93	247,05
22	248,18	249,31	250,44	251,57	252,69	253,82	254,95	256,08	257,21	258,33
23	259,46	260,59	261,72	262,85	263,98	265,10	266,23	267,36	268,49	269,62
24	270,74	271,87	273,00	274,13	275,26	276,38	277,51	278,64	279,77	280,90

dif.

112		113	
1	0,11	1	0,11
2	0,22	2	0,23
3	0,34	3	0,34
4	0,45	4	0,45
5	0,56	5	0,57
6	0,67	6	0,68
7	0,78	7	0,79
8	0,90	8	0,90
9	1,01	9	1,02

707,50 = 11,297.

	00	10	20	30	40	50	60	70	80	90	dif.		
0		1,13	2,26	3,39	4,52	5,65	6,78	7,91	9,04	10,17	112		
											1	0,11
1	11,30	12,43	13,56	14,69	15,82	16,95	18,08	19,20	20,33	21,46	2	0,22
2	22,59	23,72	24,85	25,98	27,11	28,24	29,37	30,50	31,63	32,76	3	0,34
3	33,89	35,02	36,15	37,28	38,41	39,54	40,67	41,80	42,93	44,06	4	0,45
											5	0,56
4	45,19	46,32	47,45	48,58	49,71	50,84	51,97	53,10	54,23	55,36	6	0,67
5	56,49	57,61	58,74	59,87	61,00	62,13	63,26	64,39	65,52	66,65	7	0,78
6	67,78	68,91	70,04	71,17	72,30	73,43	74,56	75,69	76,82	77,95	8	0,90
											9	1,01
7	79,08	80,21	81,34	82,47	83,60	84,73	85,86	86,99	88,12	89,25		
8	90,38	91,51	92,64	93,77	94,89	96,02	97,15	98,28	99,41	100,54	113	
9	101,67	102,80	103,93	105,06	106,19	107,32	108,45	109,58	110,71	111,84	1	0,11
											2	0,23
10	112,97	114,10	115,23	116,36	117,49	118,62	119,75	120,88	122,01	123,14	3	0,34
11	124,27	125,40	126,53	127,66	128,79	129,92	131,05	132,17	133,30	134,43	4	0,45
12	135,56	136,69	137,82	138,95	140,08	141,21	142,34	143,47	144,60	145,73	5	0,57
											6	0,68
13	146,86	147,99	149,12	150,25	151,38	152,51	153,64	154,77	155,90	157,03	7	0,79
14	158,16	159,29	160,42	161,55	162,68	163,81	164,94	166,07	167,20	168,33	8	0,90
15	169,46	170,58	171,71	172,84	173,97	175,10	176,23	177,36	178,49	179,62	9	1,02
16	180,75	181,88	183,01	184,14	185,27	186,40	187,53	188,66	189,79	190,92		
17	192,05	193,18	194,31	195,44	196,57	197,70	198,83	199,96	201,09	202,22		
18	203,35	204,48	205,61	206,74	207,86	208,99	210,12	211,25	212,38	213,51		
19	214,64	215,77	216,90	218,03	219,16	220,29	221,42	222,55	223,68	224,81		
20	225,94	227,07	228,20	229,33	230,46	231,59	232,72	233,85	234,98	236,11		
21	237,24	238,37	239,50	240,63	241,76	242,89	244,02	245,14	246,27	247,40		
22	248,53	249,66	250,79	251,92	253,05	254,18	255,31	256,44	257,57	258,70		
23	259,83	260,96	262,09	263,22	264,35	265,48	266,61	267,74	268,87	270,00		
24	271,13	272,26	273,39	274,52	275,65	276,78	277,91	279,04	280,17	281,30		

706,50 = 11,312.

	00	10	20	30	40	50	60	70	80	90
0		1,13	2,26	3,39	4,52	5,66	6,79	7,92	9,05	10,18
1	11,31	12,44	13,57	14,71	15,84	16,97	18,10	19,23	20,36	21,49
2	22,62	23,76	24,89	26,02	27,15	28,28	29,41	30,54	31,67	32,80
3	33,94	35,07	36,20	37,33	38,46	39,59	40,72	41,85	42,99	44,12
4	45,25	46,38	47,51	48,64	49,77	50,90	52,04	53,17	54,30	55,43
5	56,56	57,69	58,82	59,95	61,08	62,22	63,35	64,48	65,61	66,74
6	67,87	69,00	70,13	71,27	72,40	73,53	74,66	75,79	76,92	78,05
7	79,18	80,32	81,45	82,58	83,71	84,84	85,97	87,10	88,23	89,36
8	90,50	91,63	92,76	93,89	95,02	96,15	97,28	98,41	99,55	100,68
9	101,81	102,94	104,07	105,20	106,33	107,46	108,60	109,73	110,86	111,99
10	113,12	114,25	115,38	116,51	117,64	118,78	119,91	121,04	122,17	123,30
11	124,43	125,56	126,69	127,83	128,96	130,09	131,22	132,35	133,48	134,61
12	135,74	136,88	138,01	139,14	140,27	141,40	142,53	143,66	144,79	145,92
13	147,06	148,19	149,32	150,45	151,58	152,71	153,84	154,97	156,11	157,24
14	158,37	159,50	160,63	161,76	162,89	164,02	165,16	166,29	167,42	168,55
15	169,68	170,81	171,94	173,07	174,20	175,34	176,47	177,60	178,73	179,86
16	180,99	182,12	183,25	184,39	185,52	186,65	187,78	188,91	190,04	191,17
17	192,30	193,44	194,57	195,70	196,83	197,96	199,09	200,22	201,35	202,48
18	203,62	204,75	205,88	207,01	208,14	209,27	210,40	211,53	212,67	213,80
19	214,93	216,06	217,19	218,32	219,45	220,58	221,72	222,85	223,98	225,11
20	226,24	227,37	228,50	229,63	230,76	231,90	233,03	234,16	235,29	236,42
21	237,55	238,68	239,81	240,95	242,08	243,21	244,34	245,47	246,60	247,73
22	248,86	250,00	251,13	252,26	253,39	254,52	255,65	256,78	257,91	259,04
23	260,18	261,31	262,44	263,57	264,70	265,83	266,96	268,09	269,23	270,36
24	271,49	272,62	273,75	274,88	276,01	277,14	278,28	279,41	280,54	281,67

dif.

113		114	
1	0,11	1	0,11
2	0,23	2	0,23
3	0,34	3	0,34
4	0,45	4	0,46
5	0,57	5	0,57
6	0,68	6	0,68
7	0,79	7	0,80
8	0,90	8	0,91
9	1,02	9	1,03

705,50 = 11,329.

	00	10	20	30	40	50	60	70	80	90	dif.	
0		1,13	2,27	3,40	4,53	5,66	6,80	7,93	9,06	10,20	113	
											1	0,11
1	11,33	12,46	13,59	14,73	15,86	16,99	18,13	19,26	20,39	21,53	2	0,23
2	22,66	23,79	24,92	26,06	27,19	28,32	29,46	30,59	31,72	32,85	3	0,34
3	33,99	35,12	36,25	37,39	38,52	39,65	40,78	41,92	43,05	44,18	4	0,45
											5	0,57
4	45,32	46,45	47,58	48,71	49,85	50,98	52,11	53,25	54,38	55,51	6	0,68
5	56,65	57,78	58,91	60,04	61,18	62,31	63,44	64,58	65,71	66,84	7	0,79
6	67,97	69,11	70,24	71,37	72,51	73,64	74,77	75,90	77,04	78,17	8	0,90
											9	1,02
7	79,30	80,44	81,57	82,70	83,83	84,97	86,10	87,23	88,37	89,50		
8	90,63	91,76	92,90	94,03	95,16	96,30	97,43	98,56	99,70	100,83	114	
9	101,96	103,09	104,23	105,36	106,49	107,63	108,76	109,89	111,02	112,16	1	0,11
											2	0,23
10	113,29	114,42	115,56	116,69	117,82	118,95	120,09	121,22	122,35	123,49	3	0,34
11	124,62	125,75	126,88	128,02	129,15	130,28	131,42	132,55	133,68	134,82	4	0,46
12	135,95	137,08	138,21	139,35	140,48	141,61	142,75	143,88	145,01	146,14	5	0,57
											6	0,68
13	147,28	148,41	149,54	150,68	151,81	152,94	154,07	155,21	156,34	157,47	7	0,80
14	158,61	159,74	160,87	162,00	163,14	164,27	165,40	166,54	167,67	168,80	8	0,91
15	169,94	171,07	172,20	173,33	174,47	175,60	176,73	177,87	179,00	180,13	9	1,03
16	181,26	182,40	183,53	184,66	185,80	186,93	188,06	189,19	190,33	191,46		
17	192,59	193,73	194,86	195,99	197,12	198,26	199,39	200,52	201,66	202,79		
18	203,92	205,05	206,19	207,32	208,45	209,59	210,72	211,85	212,99	214,12		
19	215,25	216,38	217,52	218,65	219,78	220,92	222,05	223,18	224,31	225,45		
20	226,58	227,71	228,85	229,98	231,11	232,24	233,38	234,51	235,64	236,78		
21	237,91	239,04	240,17	241,31	242,44	243,57	244,71	245,84	246,97	248,11		
22	249,24	250,37	251,50	252,64	253,77	254,90	256,04	257,17	258,30	259,43		
23	260,57	261,70	262,83	263,97	265,10	266,23	267,36	268,50	269,63	270,76		
24	271,90	273,03	274,16	275,29	276,43	277,56	278,69	279,83	280,96	282,09		

704,50 = 11,345.

	00	10	20	30	40	50	60	70	80	90
0		1,13	2,27	3,40	4,54	5,67	6,81	7,94	9,08	10,21
1	11,35	12,48	13,61	14,75	15,88	17,02	18,15	19,29	20,42	21,56
2	22,69	23,82	24,96	26,09	27,23	28,36	29,50	30,63	31,77	32,90
3	34,04	35,17	36,30	37,44	38,57	39,71	40,84	41,98	43,11	44,25
4	45,38	46,51	47,65	48,78	49,92	51,05	52,19	53,32	54,46	55,59
5	56,73	57,86	58,99	60,13	61,26	62,40	63,53	64,67	65,80	66,94
6	68,07	69,20	70,34	71,47	72,61	73,74	74,88	76,01	77,15	78,28
7	79,42	80,55	81,68	82,82	83,95	85,09	86,22	87,36	88,49	89,63
8	90,76	91,89	93,03	94,16	95,30	96,43	97,57	98,70	99,84	100,97
9	102,11	103,24	104,37	105,51	106,64	107,78	108,91	110,05	111,18	112,32
10	113,45	114,58	115,72	116,85	117,99	119,12	120,26	121,39	122,53	123,66
11	124,80	125,93	127,06	128,20	129,33	130,47	131,60	132,74	133,87	135,01
12	136,14	137,27	138,41	139,54	140,68	141,81	142,95	144,08	145,22	146,35
13	147,49	148,62	149,75	150,89	152,02	153,16	154,29	155,43	156,56	157,70
14	158,83	159,96	161,10	162,23	163,37	164,50	165,64	166,77	167,91	169,04
15	170,18	171,31	172,44	173,58	174,71	175,85	176,98	178,12	179,25	180,39
16	181,52	182,65	183,79	184,92	186,06	187,19	188,33	189,46	190,60	191,73
17	192,87	194,00	195,13	196,27	197,40	198,54	199,67	200,81	201,94	203,08
18	204,21	205,34	206,48	207,61	208,75	209,88	211,02	212,15	213,29	214,42
19	215,56	216,69	217,82	218,96	220,09	221,23	222,36	223,50	224,63	225,77
20	226,90	228,03	229,17	230,30	231,44	232,57	233,71	234,84	235,98	237,11
21	238,25	239,38	240,51	241,65	242,78	243,92	245,05	246,19	247,32	248,46
22	249,59	250,72	251,86	252,99	254,13	255,26	256,40	257,53	258,67	259,80
23	260,94	262,07	263,20	264,34	265,47	266,61	267,74	268,88	270,01	271,15
24	272,28	273,41	274,55	275,68	276,82	277,95	279,09	280,22	281,36	282,49

dif.

113		114	
1	0,11	1	0,11
2	0,23	2	0,23
3	0,34	3	0,34
4	0,45	4	0,46
5	0,57	5	0,57
6	0,68	6	0,68
7	0,79	7	0,80
8	0,90	8	0,91
9	1,02	9	1,03

703,50 = 11,360.

	00	10	20	30	40	50	60	70	80	90
0		1,14	2,27	3,41	4,54	5,68	6,82	7,95	9,09	10,22
1	11,36	12,50	13,63	14,77	15,90	17,04	18,18	19,31	20,45	21,58
2	22,72	23,86	24,99	26,13	27,26	28,40	29,54	30,67	31,81	32,94
3	34,08	35,22	36,35	37,49	38,62	39,76	40,90	42,03	43,17	44,30
4	· 45,44	46,58	47,71	48,85	49,98	51,12	52,26	53,39	54,53	55,66
5	56,80	57,94	59,07	60,21	61,34	62,48	63,62	64,75	65,89	67,02
6	68,16	69,30	70,43	71,57	72,70	73,84	74,98	76,11	77,25	78,38
7	79,52	80,66	81,79	82,93	84,06	85,20	86,34	87,47	88,61	89,74
8	90,88	92,02	93,15	94,29	95,42	96,56	97,70	98,83	99,97	101,10
9	102,24	103,38	104,51	105,65	106,78	107,92	109,06	110,19	111,33	112,46
10	113,60	114,74	115,87	117,01	118,14	119,28	120,42	121,55	122,69	123,82
11	124,96	126,10	127,23	128,37	129,50	130,64	131,78	132,91	134,05	135,18
12	136,32	137,46	138,59	139,73	140,86	142,00	143,14	144,27	145,41	146,54
13	147,68	148,82	149,95	151,09	152,22	153,36	154,50	155,68	156,77	157,90
14	159,04	160,18	161,31	162,45	163,58	164,72	165,86	166,99	168,13	169,26
15	170,40	171,54	172,67	173,81	174,94	176,08	177,22	178,35	179,49	180,62
16	181,76	182,90	184,03	185,17	186,30	187,44	188,58	189,71	190,85	191,98
17	193,12	194,26	195,39	196,53	197,66	198,80	199,94	201,07	202,21	203,34
18	204,48	205,62	206,75	207,89	209,02	210,16	211,30	212,43	213,57	214,70
19	215,84	216,98	218,11	219,25	220,38	221,52	222,66	223,79	224,93	226,06
20	227,20	228,34	229,47	230,61	231,74	232,88	234,02	235,15	236,29	237,42
21	238,56	239,70	240,83	241,97	243,10	244,24	245,38	246,51	247,65	248,78
22	249,92	251,06	252,19	253,33	254,46	255,60	256,74	257,87	259,01	260,14
23	261,28	262,42	263,55	264,69	265,82	266,96	268,10	269,23	270,37	271,50
24	272,64	273,78	274,91	276,05	277,18	278,32	279,46	280,59	281,73	282,86

dif.

113		114	
1	0,11	1	0,11
2	0,23	2	0,23
3	0,34	3	0,34
4	0,45	4	0,46
5	0,57	5	0,57
6	0,68	6	0,68
7	0,79	7	0,80
8	0,90	8	0,91
9	1,02	9	1,03

702,50 = 11,377.

	00	10	20	30	40	50	60	70	80	90
0		1,14	2,28	3,41	4,55	5,69	6,83	7,96	9,10	10,24
1	11,38	12,51	13,65	14,79	15,93	17,07	18,20	19,34	20,48	21,62
2	22,75	23,89	25,03	26,17	27,30	28,44	29,58	30,72	31,86	32,99
3	34,13	35,27	36,41	37,54	38,68	39,82	40,96	42,09	43,23	44,37
4	45,51	46,65	47,78	48,92	50,06	51,20	52,33	53,47	54,61	55,75
5	56,89	58,02	59,16	60,30	61,44	62,57	63,71	64,85	65,99	67,12
6	68,26	69,40	70,54	71,68	72,81	73,95	75,09	76,23	77,36	78,50
7	79,64	80,78	81,91	83,05	84,19	85,33	86,47	87,60	88,74	89,88
8	91,02	92,15	93,29	94,43	95,57	96,70	97,84	98,98	100,12	101,26
9	102,39	103,53	104,67	105,81	106,94	108,08	109,22	110,36	111,49	112,63
10	113,77	114,91	116,05	117,18	118,32	119,46	120,60	121,73	122,87	124,01
11	125,15	126,28	127,42	128,56	129,70	130,84	131,97	133,11	134,25	135,39
12	136,52	137,66	138,80	139,94	141,07	142,21	143,35	144,49	145,63	146,76
13	147,90	149,04	150,18	151,31	152,45	153,59	154,73	155,86	157,00	158,14
14	159,28	160,42	161,55	162,69	163,83	164,97	166,10	167,24	168,38	169,52
15	170,66	171,79	172,93	174,07	175,21	176,34	177,48	178,62	179,76	180,89
16	182,03	183,17	184,31	185,45	186,58	187,72	188,86	190,00	191,13	192,27
17	193,41	194,55	195,68	196,82	197,96	199,10	200,24	201,37	202,51	203,65
18	204,79	205,92	207,06	208,20	209,34	210,47	211,61	212,75	213,89	215,03
19	216,16	217,30	218,44	219,58	220,71	221,85	222,99	224,13	225,26	226,40
20	227,54	228,68	229,82	230,95	232,09	233,23	234,37	235,50	236,64	237,78
21	238,92	240,05	241,19	242,33	243,47	244,61	245,74	246,88	248,02	249,16
22	250,29	251,43	252,57	253,71	254,84	255,98	257,12	258,26	259,40	260,53
23	261,67	262,81	263,95	265,08	266,22	267,36	268,50	269,63	270,77	271,91
24	273,05	274,19	275,32	276,46	277,60	278,74	279,87	281,01	282,15	283,29

dif.

113

1	0,11
2	0,23
3	0,34
4	0,45
5	0,57
6	0,68
7	0,79
8	0,90
9	1,02

114

1	0,11
2	0,23
3	0,34
4	0,46
5	0,57
6	0,68
7	0,80
8	0,91
9	1,03

701,50 = 11,393.

	00	10	20	30	40	50	60	70	80	90	dif.		
0		1,14	2,28	3,42	4,56	5,70	6,84	7,98	9,11	10,25	113		
						.					1	0,11
1	11,39	12,53	13,67	14,81	15,95	17,09	18,23	19,37	20,51	21,65	2	0,23
2	22,79	23,93	25,06	26,20	27,34	28,48	29,62	30,76	31,90	33,04	3	0,34
3	34,18	35,32	36,46	37,60	38,74	39,88	41,01	42,15	43,29	44,43	4	0,45
											5	0,57
4	45,57	46,71	47,85	48,99	50,13	51,27	52,41	53,55	54,69	55,83	6	0,68
5	56,97	58,10	59,24	60,38	61,52	62,66	63,80	64,94	66,08	67,22	7	0,79
6	68,36	69,50	70,64	71,78	72,92	74,05	75,19	76,33	77,47	78,61	8	0,90
											9	1,02
7	79,75	80,89	82,03	83,17	84,31	85,45	86,59	87,73	88,87	90,00		
8	91,14	92,28	93,42	94,56	95,70	96,84	97,98	99,12	100,26	101,40	114	
9	102,54	103,68	104,82	105,95	107,09	108,23	109,37	110,51	111,65	112,79	1	0,11
											2	0,23
10	113,93	115,07	116,21	117,35	118,49	119,63	120,77	121,91	123,04	124,18	3	0,34
11	125,32	126,46	127,60	128,74	129,88	131,02	132,16	133,30	134,44	135,58	4	0,46
12	136,72	137,86	138,99	140,13	141,27	142,41	143,55	144,69	145,83	146,97	5	0,57
											6	0,68
13	148,11	149,25	150,39	151,53	152,67	153,81	154,94	156,08	157,22	158,36	7	0,80
14	159,50	160,64	161,78	162,92	164,06	165,20	166,34	167,48	168,62	169,76	8	0,91
15	170,90	172,03	173,17	174,31	175,45	176,59	177,73	178,87	180,01	181,15	9	1,03
16	182,29	183,43	184,57	185,71	186,85	187,98	189,02	190,16	191,30	192,44		
17	193,68	194,82	195,96	197,10	198,24	199,38	200,52	201,66	202,80	203,93		
18	205,07	206,21	207,35	208,49	209,63	210,77	211,91	213,05	214,19	215,33		
19	216,47	217,61	218,75	219,88	221,02	222,16	223,30	224,44	225,58	226,72		
20	227,86	229,00	230,14	231,28	232,42	233,56	234,70	235,84	236,97	238,11		
21	239,25	240,39	241,53	242,67	243,81	244,95	246,09	247,23	248,37	249,51		
22	250,65	251,79	252,92	254,06	255,20	256,34	257,48	258,62	259,76	260,90		
23	262,04	263,18	264,32	265,46	266,60	267,74	268,87	270,01	271,15	272,29		
24	273,43	274,57	275,71	276,85	277,99	279,13	280,27	281,41	282,55	283,69		

700,50 = 11,410.

	00	10	20	30	40	50	60	70	80	90	dif.
0		1,14	2,28	3,42	4,56	5,71	6,85	7,99	9,13	10,27	114
1	11,41	12,55	13,69	14,83	15,97	17,12	18,26	19,40	20,54	21,68	
2	22,82	23,96	25,10	26,24	27,38	28,53	29,67	30,81	31,95	33,09	
3	34,23	35,37	36,51	37,65	38,79	39,94	41,08	42,22	43,36	44,50	
4	45,64	46,78	47,92	49,06	50,20	51,35	52,49	53,63	54,77	55,91	
5	57,05	58,19	59,33	60,47	61,61	62,76	63,90	65,04	66,18	67,32	
6	68,46	69,60	70,74	71,88	73,02	74,17	75,31	76,45	77,59	78,73	
7	79,87	81,01	82,15	83,29	84,43	85,58	86,72	87,86	89,00	90,14	
8	91,28	92,42	93,56	94,70	95,84	96,99	98,13	99,27	100,41	101,55	
9	102,69	103,83	104,97	106,11	107,25	108,40	109,54	110,68	111,82	112,96	
10	114,10	115,24	116,38	117,52	118,66	119,81	120,95	122,09	123,23	124,37	
11	125,51	126,65	127,79	128,93	130,07	131,22	132,36	133,50	134,64	135,78	
12	136,92	138,06	139,20	140,34	141,48	142,63	143,77	144,91	146,05	147,19	
13	148,33	149,47	150,61	151,75	152,89	154,04	155,18	156,32	157,46	158,60	
14	159,74	160,88	162,02	163,16	164,30	165,45	166,59	167,73	168,87	170,01	
15	171,15	172,29	173,43	174,57	175,71	176,86	178,00	179,14	180,28	181,42	
16	182,56	183,70	184,84	185,98	187,12	188,27	189,41	190,55	191,69	192,83	
17	193,97	195,11	196,25	197,39	198,53	199,68	200,82	201,96	203,10	204,24	
18	205,38	206,52	207,66	208,80	209,94	211,09	212,23	213,37	214,51	215,65	
19	216,79	217,93	219,07	220,21	221,35	222,50	223,64	224,78	225,92	227,06	
20	228,20	229,34	230,48	231,62	232,76	233,91	235,05	236,19	237,33	238,47	
21	239,61	240,75	241,89	243,03	244,17	245,32	246,46	247,60	248,74	249,88	
22	251,02	252,16	253,30	254,44	255,58	256,73	257,87	259,01	260,15	261,29	
23	262,43	263,57	264,71	265,85	266,99	268,14	269,28	270,42	271,56	272,70	
24	273,84	274,98	276,12	277,26	278,40	279,55	280,69	281,83	282,97	284,11	

dif. 114:

1	0,11
2	0,23
3	0,34
4	0,46
5	0,57
6	0,68
7	0,80
8	0,91
9	1,03

dif. 115:

1	0,12
2	0,23
3	0,35
4	0,46
5	0,58
6	0,69
7	0,81
8	0,92
9	1,04

699,50 = 11,426.

	00	10	20	30	40	50	60	70	80	90	dif.
0		1,14	2,29	3,43	4,57	5,71	6,86	8,00	9,14	10,28	114
											1 0,11
1	11,43	12,57	13,71	14,85	16,00	17,14	18,28	19,42	20,57	21,71	2 0,23
2	22,85	23,99	25,14	26,28	27,42	28,57	29,71	30,85	31,99	33,14	3 0,34
3	34,28	35,42	36,56	37,71	38,85	39,99	41,13	42,28	43,42	44,56	4 0,46
											5 0,57
4	45,70	46,85	47,99	49,13	50,27	51,42	52,56	53,70	54,84	55,99	6 0,68
5	57,13	58,27	59,42	60,56	61,70	62,84	63,99	65,13	66,27	67,41	7 0,80
6	68,56	69,70	70,84	71,98	73,13	74,27	75,41	76,55	77,70	78,84	8 0,91
											9 1,03
7	79,98	81,12	82,27	83,41	84,55	85,70	86,84	87,98	89,12	90,27	
8	91,41	92,55	93,69	94,84	95,98	97,12	98,26	99,41	100,55	101,69	115
9	102,83	103,98	105,12	106,26	107,40	108,55	109,69	110,83	111,97	113,12	1 0,11
											2 0,23
10	114,26	115,40	116,55	117,69	118,83	119,97	121,12	122,26	123,40	124,54	3 0,35
11	125,69	126,83	127,97	129,11	130,26	131,40	132,54	133,68	134,83	135,97	4 0,46
12	137,11	138,25	139,40	140,54	141,68	142,83	143,97	145,11	146,25	147,40	5 0,58
											6 0,69
13	148,54	149,68	150,82	151,97	153,11	154,25	155,39	156,54	157,68	158,82	7 0,81
14	159,96	161,11	162,25	163,39	164,53	165,68	166,82	167,96	169,10	170,25	8 0,92
15	171,39	172,53	173,68	174,82	175,96	177,10	178,25	179,39	180,53	181,67	9 1,04
16	182,82	183,96	185,10	186,24	187,39	188,53	189,67	190,81	191,96	193,10	
17	194,24	195,38	196,53	197,67	198,81	199,96	201,10	202,24	203,38	204,53	
18	205,67	206,81	207,95	209,10	210,24	211,38	212,52	213,67	214,81	215,95	
19	217,09	218,24	219,38	220,52	221,66	222,81	223,95	225,09	226,23	227,38	
20	228,52	229,66	230,81	231,95	233,09	234,23	235,38	236,52	237,66	238,80	
21	239,95	241,09	242,23	243,37	244,52	245,66	246,80	247,94	249,09	250,23	
22	251,37	252,51	253,66	254,80	255,94	257,09	258,23	259,37	260,51	261,66	
23	262,80	263,94	265,08	266,23	267,37	268,51	269,65	270,80	271,94	273,08	
24	274,22	275,37	276,51	277,65	278,79	279,94	281,08	282,22	283,36	284,51	

698,50 = 11,443.

	00	10	20	30	40	50	60	70	80	90	dif.
0		1,14	2,29	3,43	4,58	5,72	6,87	8,01	9,15	10,30	**114**
											1 0,11
1	11,44	12,59	13,73	14,88	16,02	17,16	18,31	19,45	20,60	21,74	2 0,23
2	22,89	24,03	25,17	26,32	27,46	28,61	29,75	30,90	32,04	33,18	3 0,34
3	34,33	35,47	36,62	37,76	38,91	40,05	41,19	42,34	43,48	44,63	4 0,46
											5 0,57
4	45,77	46,92	48,06	49,20	50,35	51,49	52,64	53,78	54,93	56,07	6 0,68
5	57,22	58,36	59,50	60,65	61,79	62,94	64,08	65,23	66,37	67,51	7 0,80
6	68,66	69,80	70,95	72,09	73,24	74,38	75,52	76,67	77,81	78,96	8 0,91
											9 1,03
7	80,10	81,25	82,39	83,53	84,68	85,82	86,97	88,11	89,26	90,40	
8	91,54	92,69	93,83	94,98	96,12	97,27	98,41	99,55	100,70	101,84	**115**
9	102,99	104,13	105,28	106,42	107,56	108,71	109,85	111,00	112,14	113,29	1 0,12
											2 0,23
10	114,43	115,57	116,72	117,86	119,01	120,15	121,30	122,44	123,58	124,73	3 0,35
11	125,87	127,02	128,16	129,31	130,45	131,59	132,74	133,88	135,03	136,17	4 0,46
12	137,32	138,46	139,60	140,75	141,89	143,04	144,18	145,33	146,47	147,61	5 0,58
											6 0,69
13	148,76	149,90	151,05	152,19	153,34	154,48	155,62	156,77	157,91	159,06	7 0,81
14	160,20	161,35	162,49	163,63	164,78	165,92	167,07	168,21	169,36	170,50	8 0,92
15	171,65	172,79	173,93	175,08	176,22	177,37	178,51	179,66	180,80	181,94	9 1,04
16	183,09	184,23	185,38	186,52	187,67	188,81	189,95	191,10	192,24	193,39	
17	194,53	195,68	196,82	197,96	199,11	200,25	201,40	202,54	203,69	204,83	
18	205,97	207,12	208,26	209,41	210,55	211,70	212,84	213,98	215,13	216,27	
19	217,42	218,56	219,71	220,85	221,99	223,14	224,28	225,43	226,57	227,72	
20	228,86	230,00	231,15	232,29	233,44	234,58	235,73	236,87	238,01	239,16	
21	240,30	241,45	242,59	243,74	244,88	246,02	247,17	248,31	249,46	250,60	
22	251,75	252,89	254,03	255,18	256,32	257,47	258,61	259,76	260,90	262,04	
23	263,19	264,33	265,48	266,62	267,77	268,91	270,05	271,20	272,34	273,49	
24	274,63	275,78	276,92	278,06	279,21	280,35	281,50	282,64	283,79	284,93	

697,50 = 11,457.

	00	10	20	30	40	50	60	70	80	90	dif.
0		1,15	2,29	3,44	4,58	5,73	6,87	8,02	9,17	10,31	114
1	11,46	12,60	13,75	14,89	16,04	17,19	18,33	19,48	20,62	21,77	1 0,11
2	22,91	24,06	25,21	26,35	27,50	28,64	29,79	30,93	32,08	33,23	2 0,23
3	.34,37	35,52	36,66	37,81	38,95	40,10	41,25	42,39	43,54	44,68	3 0,34
											4 0,46
4	45,83	46,97	48,12	49,27	50,41	51,56	52,70	53,85	54,99	56,14	5 0,57
5	57,29	58,43	59,58	60,72	61,87	63,01	64,16	65,30	66,45	67,60	6 0,68
6	68,74	69,89	71,03	72,18	73,32	74,47	75,62	76,76	77,91	79,05	7 0,80
											8 0,91
7	80,20	81,34	82,49	83,64	84,78	85,93	87,07	88,22	89,36	90,51	9 1,03
8	91,66	92,80	93,95	95,09	96,24	97,38	98,53	99,68	100,82	101,97	115
9	103,11	104,26	105,40	106,55	107,70	108,84	109,99	111,13	112,28	113,42	1 0,12
											2 0,23
10	114,57	115,72	116,86	118,01	119,15	120,30	121,44	122,59	123,74	124,88	3 0,35
11	126,03	127,17	128,32	129,46	130,61	131,76	132,90	134,05	135,19	136,34	4 0,46
12	137,48	138,63	139,78	140,92	142,07	143,21	144,36	145,50	146,65	147,80	5 0,58
											6 0,69
13	148,94	150,09	151,23	152,38	153,52	154,67	155,82	156,96	158,11	159,25	7 0,81
14	160,40	161,54	162,69	163,84	164,98	166,13	167,27	168,42	169,56	170,71	8 0,92
15	171,86	173,00	174,15	175,29	176,44	177,58	178,73	179,87	181,02	182,17	9 1,04
16	183,31	184,46	185,60	186,75	187,89	189,04	190,19	191,33	192,48	193,62	
17	194,77	195,91	197,06	198,21	199,35	200,50	201,64	202,79	203,93	205,08	
18	206,23	207,37	208,52	209,66	210,81	211,95	213,10	214,25	215,39	216,54	
19	217,68	218,83	219,97	221,12	222,27	223,41	224,56	225,70	226,85	227,99	
20	229,14	230,29	231,43	232,58	233,72	234,87	236,01	237,16	238,31	239,45	
21	240,60	241,74	242,89	244,03	245,18	246,33	247,47	248,62	249,76	250,91	
22	252,05	253,20	254,35	255,49	256,64	257,78	258,93	260,07	261,22	262,37	
23	263,51	264,66	265,80	266,95	268,09	269,24	270,39	271,53	272,68	273,82	
24	274,97	276,11	277,26	278,41	279,55	280,70	281,84	282,99	284,13	285,28	

696,50 = 11,474.

	00	10	20	30	40	50	60	70	80	90	dif.
0		1,15	2,29	3,44	4,59	5,74	6,88	8,03	9,18	10,33	114
											1 0,11
1	11,47	12,62	13,77	14,92	16,06	17,21	18,36	19,51	20,65	21,80	2 0,23
2	22,95	24,10	25,24	26,39	27,54	28,69	29,83	30,98	32,13	33,27	3 0,34
3	34,42	35,57	36,72	37,86	39,01	40,16	41,31	42,45	43,60	44,75	4 0,46
											5 0,57
4	45,90	47,04	48,19	49,34	50,49	51,63	52,78	53,93	55,08	56,22	6 0,68
5	57,37	58,52	59,66	60,81	61,96	63,11	64,25	65,40	66,55	67,70	7 0,80
6	68,84	69,99	71,14	72,29	73,43	74,58	75,73	76,88	78,02	79,17	8 0,91
											9 1,03
7	80,32	81,47	82,61	83,76	84,91	86,06	87,20	88,35	89,50	90,64	
8	91,79	92,94	94,09	95,23	96,38	97,53	98,68	99,82	100,97	102,12	115
9	103,27	104,41	105,56	106,71	107,86	109,00	110,15	111,30	112,45	113,59	1 0,12
											2 0,23
10	114,74	115,89	117,03	118,18	119,33	120,48	121,62	122,77	123,92	125,07	3 0,35
11	126,21	127,36	128,51	129,66	130,80	131,95	133,10	134,25	135,39	136,54	4 0,46
12	137,69	138,84	139,98	141,13	142,28	143,43	144,57	145,72	146,87	148,01	5 0,58
											6 0,69
13	149,16	150,31	151,46	152,60	153,75	154,90	156,05	157,19	158,34	159,49	7 0,81
14	160,64	161,78	162,93	164,08	165,23	166,37	167,52	168,67	169,82	170,96	8 0,92
15	172,11	173,26	174,40	175,55	176,70	177,85	178,99	180,14	181,29	182,44	9 1,04
16	183,58	184,73	185,88	187,03	188,17	189,32	190,47	191,62	192,76	193,91	
17	195,06	196,21	197,35	198,50	199,65	200,80	201,94	203,09	204,24	205,38	
18	206,53	207,68	208,83	209,97	211,12	212,27	213,42	214,56	215,71	216,86	
19	218,01	219,15	220,30	221,45	222,60	223,74	224,89	226,04	227,19	228,33	
20	229,48	230,63	231,77	232,92	234,07	235,22	236,36	237,51	238,66	239,81	
21	240,95	242,10	243,25	244,40	245,54	246,69	247,84	248,99	250,13	251,28	
22	252,43	253,58	254,72	255,87	257,02	258,17	259,31	260,46	261,61	262,75	
23	263,90	265,05	266,20	267,34	268,49	269,64	270,79	271,93	273,08	274,23	
24	275,38	276,52	277,67	278,82	279,97	281,11	282,26	283,41	284,56	285,70	

695,50 = 11,491.

	00	10	20	30	40	50	60	70	80	90		dif.
0		1,15	2,30	3,45	4,60	5,75	6,89	8,04	9,19	10,34		114
											1	0,11
1	11,49	12,64	13,79	14,94	16,09	17,24	18,39	19,53	20,68	21,83	2	0,23
2	22,98	24,13	25,28	26,43	27,58	28,73	29,88	31,03	32,17	33,32	3	0,34
3	34,47	35,62	36,77	37,92	39,07	40,22	41,37	42,52	43,67	44,81	4	0,46
											5	0,57
4	45,96	47,11	48,26	49,41	50,56	51,71	52,86	54,01	55,16	56,31	6	0,68
5	57,46	58,60	59,75	60,90	62,05	63,20	64,35	65,50	66,65	67,80	7	0,80
6	68,95	70,10	71,24	72,39	73,54	74,69	75,84	76,99	78,14	79,29	8	0,91
											9	1,03
7	80,44	81,59	82,74	83,88	85,03	86,18	87,33	88,48	89,63	90,78		
8	91,93	93,08	94,23	95,38	96,52	97,67	98,82	99,97	101,12	102,27		115
9	103,42	104,57	105,72	106,87	108,02	109,16	110,31	111,46	112,61	113,76	1	0,12
											2	0,23
10	114,91	116,06	117,21	118,36	119,51	120,66	121,80	122,95	124,10	125,25	3	0,35
11	126,40	127,55	128,70	129,85	131,00	132,15	133,30	134,44	135,59	136,74	4	0,46
12	137,89	139,04	140,19	141,34	142,49	143,64	144,79	145,94	147,08	148,23	5	0,58
											6	0,69
13	149,38	150,53	151,68	152,83	153,98	155,13	156,28	157,43	158,58	159,72	7	0,81
14	160,87	162,02	163,17	164,32	165,47	166,62	167,77	168,92	170,07	171,22	8	0,92
15	172,37	173,51	174,66	175,81	176,96	178,11	179,26	180,41	181,56	182,71	9	1,04
16	183,86	185,01	186,15	187,30	188,45	189,60	190,75	191,90	193,05	194,20		
17	195,35	196,50	197,65	198,79	199,94	201,09	202,24	203,39	204,54	205,69		
18	206,84	207,99	209,14	210,29	211,43	212,58	213,73	214,88	216,03	217,18		
19	218,33	219,48	220,63	221,78	222,93	224,07	225,22	226,37	227,52	228,67		
20	229,82	230,97	232,12	233,27	234,42	235,57	236,71	237,86	239,01	240,16		
21	241,31	242,46	243,61	244,76	245,91	247,06	248,21	249,35	250,50	251,65		
22	252,80	253,95	255,10	256,25	257,40	258,55	259,70	260,85	261,99	263,14		
23	264,29	265,44	266,59	267,74	268,89	270,04	271,19	272,34	273,49	274,63		
24	275,78	276,93	278,08	279,23	280,38	281,53	282,68	283,83	284,98	286,13		

694,50 = 11,507.

	00	10	20	30	40	50	60	70	80	90	dif.
0		1,15	2,30	3,45	4,60	5,75	6,90	8,05	9,21	10,36	115
1	11,51	12,66	13,81	14,96	16,11	17,26	18,41	19,56	20,71	21,86	
2	23,01	24,16	25,32	26,47	27,62	28,77	29,92	31,07	32,22	33,37	
3	34,52	35,67	36,82	37,97	39,12	40,27	41,43	42,58	43,73	44,88	
4	46,03	47,18	48,33	49,48	50,63	51,78	52,93	54,08	55,23	56,38	
5	57,54	58,69	59,84	60,99	62,14	63,29	64,44	65,59	66,74	67,89	
6	69,04	70,19	71,34	72,49	73,64	74,80	75,95	77,10	78,25	79,40	
7	80,55	81,70	82,85	84,00	85,15	86,30	87,45	88,60	89,75	90,91	
8	92,06	93,21	94,36	95,51	96,66	97,81	98,96	100,11	101,26	102,41	
9	103,56	104,71	105,86	107,02	108,17	109,32	110,47	111,62	112,77	113,92	
10	115,07	116,22	117,37	118,52	119,67	120,82	121,97	123,12	124,28	125,43	
11	126,58	127,73	128,88	130,03	131,18	132,33	133,48	134,63	135,78	136,93	
12	138,08	139,23	140,39	141,54	142,69	143,84	144,99	146,14	147,29	148,44	
13	149,59	150,74	151,89	153,04	154,19	155,34	156,50	157,65	158,80	159,95	
14	161,10	162,25	163,40	164,55	165,70	166,85	168,00	169,15	170,30	171,45	
15	172,61	173,76	174,91	176,06	177,21	178,36	179,51	180,66	181,81	182,96	
16	184,11	185,26	186,41	187,56	188,71	189,87	191,02	192,17	193,32	194,47	
17	195,62	196,77	197,92	199,07	200,22	201,37	202,52	203,67	204,82	205,98	
18	207,13	208,28	209,43	210,58	211,73	212,88	214,03	215,18	216,33	217,48	
19	218,63	219,78	220,93	222,09	223,24	224,39	225,54	226,69	227,84	228,99	
20	230,14	231,29	232,44	233,59	234,74	235,89	237,04	238,19	239,35	240,50	
21	241,65	242,80	243,95	245,10	246,25	247,40	248,55	249,70	250,85	252,00	
22	253,15	254,30	255,46	256,61	257,76	258,91	260,06	261,21	262,36	263,51	
23	264,66	265,81	266,96	268,11	269,26	270,41	271,57	272,72	273,87	275,02	
24	276,17	277,32	278,47	279,62	280,77	281,92	283,07	284,22	285,37	286,52	

Difference column (dif.):

115		116	
1	0,12	1	0,12
2	0,23	2	0,23
3	0,35	3	0,35
4	0,46	4	0,46
5	0,58	5	0,58
6	0,69	6	0,70
7	0,81	7	0,81
8	0,92	8	0,93
9	1,04	9	1,04

693,50 = 11,524.

	00	10	20	30	40	50	60	70	80	90
0		1,15	2,30	3,46	4,61	5,76	6,91	8,07	9,22	10,37
1	11,52	12,68	13,83	14,98	16,13	17,29	18,44	19,59	20,74	21,90
2	23,05	24,20	25,35	26,51	27,66	28,81	29,96	31,11	32,27	33,42
3	34,57	35,72	36,88	38,03	39,18	40,33	41,49	42,64	43,79	44,94
4	46,10	47,25	48,40	49,55	50,71	51,86	53,01	54,16	55,32	56,47
5	57,62	58,77	59,92	61,08	62,23	63,38	64,53	65,69	66,84	67,99
6	69,14	70,30	71,45	72,60	73,75	74,91	76,06	77,21	78,36	79,52
7	80,67	81,82	82,97	84,13	85,28	86,43	87,58	88,73	89,89	91,04
8	92,19	93,34	94,50	95,65	96,80	97,95	99,11	100,26	101,41	102,56
9	103,72	104,87	106,02	107,17	108,33	109,48	110,63	111,78	112,94	114,09
10	115,24	116,39	117,54	118,70	119,85	121,00	122,15	123,31	124,46	125,61
11	126,76	127,92	129,07	130,22	131,37	132,53	133,68	134,83	135,98	137,14
12	138,29	139,44	140,59	141,75	142,90	144,05	145,20	146,35	147,51	148,66
13	149,81	150,96	152,12	153,27	154,42	155,57	156,73	157,88	159,03	160,18
14	161,34	162,49	163,64	164,79	165,95	167,10	168,25	169,40	170,56	171,71
15	172,86	174,01	175,16	176,32	177,47	178,62	179,77	180,93	182,08	183,23
16	184,38	185,54	186,69	187,84	188,99	190,15	191,30	192,45	193,60	194,76
17	195,91	197,06	198,21	199,37	200,52	201,67	202,82	203,97	205,13	206,28
18	207,43	208,58	209,74	210,89	212,04	213,19	214,35	215,50	216,65	217,80
19	218,96	220,11	221,26	222,41	223,57	224,72	225,87	227,02	228,18	229,33
20	230,48	231,63	232,78	233,94	235,09	236,24	237,39	238,55	239,70	240,85
21	242,00	243,16	244,31	245,46	246,61	247,77	248,92	250,07	251,22	252,38
22	253,53	254,68	255,83	256,99	258,14	259,29	260,44	261,59	262,75	263,90
23	265,05	266,20	267,36	268,51	269,66	270,81	271,97	273,12	274,27	275,42
24	276,58	277,73	278,88	280,03	281,19	282,34	283,49	284,64	285,80	286,95

dif.

115

1	0,12
2	0,23
3	0,35
4	0,46
5	0,58
6	0,69
7	0,81
8	0,92
9	1,04

116

1	0,12
2	0,23
3	0,35
4	0,46
5	0,58
6	0,70
7	0,81
8	0,93
9	1,04

692,50 = 11,540.

	00	10	20	30	40	50	60	70	80	90	dif.
0		1,15	2,31	3,46	4,62	5,77	6,92	8,08	9,23	10,39	115
											1 0,12
1	11,54	12,69	13,85	15,00	16,16	17,31	18,46	19,62	20,77	21,93	2 0,23
2	23,08	24,23	25,39	26,54	27,70	28,85	30,00	31,16	32,31	33,47	3 0,35
3	34,62	35,77	36,93	38,08	39,24	40,39	41,54	42,70	43,85	45,01	4 0,46
											5 0,58
4	46,16	47,31	48,47	49,62	50,78	51,93	53,08	54,24	55,39	56,55	6 0,69
5	57,70	58,85	60,01	61,16	62,32	63,47	64,62	65,78	66,93	68,09	7 0,81
6	69,24	70,39	71,55	72,70	73,86	75,01	76,16	77,32	78,47	79,63	8 0,92
											9 1,04
7	80,78	81,93	83,09	84,24	85,40	86,55	87,70	88,86	90,01	91,17	
8	92,32	93,47	94,63	95,78	96,94	98,09	99,24	100,40	101,55	102,71	116
9	103,86	105,01	106,17	107,32	108,48	109,63	110,78	111,94	113,09	114,25	1 0,12
											2 0,23
10	115,40	116,55	117,71	118,86	120,02	121,17	122,32	123,48	124,63	125,79	3 0,35
11	126,94	128,09	129,25	130,40	131,56	132,71	133,86	135,02	136,17	137,33	4 0,46
12	138,48	139,63	140,79	141,94	143,10	144,25	145,40	146,56	147,71	148,87	5 0,58
											6 0,70
13	150,02	151,17	152,33	153,48	154,64	155,79	156,94	158,10	159,25	160,41	7 0,81
14	161,56	162,71	163,87	165,02	166,18	167,33	168,48	169,64	170,79	171,95	8 0,93
15	173,10	174,25	175,41	176,56	177,72	178,87	180,02	181,18	182,33	183,49	9 1,04
16	184,64	185,79	186,95	188,10	189,26	190,41	191,56	192,72	193,87	195,03	
17	196,18	197,33	198,49	199,64	200,80	201,95	203,10	204,26	205,41	206,57	
18	207,72	208,87	210,03	211,18	212,34	213,49	214,64	215,80	216,95	218,11	
19	219,26	220,41	221,57	222,72	223,88	225,03	226,18	227,34	228,49	229,65	
20	230,80	231,95	233,11	234,26	235,42	236,57	237,72	238,88	240,03	241,19	
21	242,34	243,49	244,65	245,80	246,96	248,11	249,26	250,42	251,57	252,73	
22	253,88	255,03	256,19	257,34	258,50	259,65	260,80	261,96	263,11	264,27	
23	265,42	266,57	267,73	268,88	270,04	271,19	272,34	273,50	274,65	275,81	
24	276,96	278,11	279,27	280,42	281,58	282,73	283,88	285,04	286,19	287,35	

691,50 = 11,558.

	00	10	20	30	40	50	60	70	80	90
0		1,16	2,31	3,47	4,62	5,78	6,93	8,09	9,25	10,40
1	11,56	12,71	13,87	15,03	16,18	17,34	18,49	19,65	20,80	21,96
2	23,12	24,27	25,43	26,58	27,74	28,90	30,05	31,21	32,36	33,52
3	34,67	35,83	36,99	38,14	39,30	40,45	41,61	42,76	43,92	45,08
4	46,23	47,39	48,54	49,70	50,86	52,01	53,17	54,32	55,48	56,63
5	57,79	58,95	60,10	61,26	62,41	63,57	64,72	65,88	67,04	68,19
6	69,35	70,50	71,66	72,82	73,97	75,13	76,28	77,44	78,59	79,75
7	80,91	82,06	83,22	84,37	85,53	86,69	87,84	89,00	90,15	91,31
8	92,46	93,62	94,78	95,93	97,09	98,24	99,40	100,55	101,71	102,87
9	104,02	105,18	106,33	107,49	108,65	109,80	110,96	112,11	113,27	114,42
10	115,58	116,74	117,89	119,05	120,20	121,36	122,51	123,67	124,83	125,98
11	127,14	128,29	129,45	130,61	131,76	132,92	134,07	135,23	136,38	137,54
12	138,70	139,85	141,01	142,16	143,32	144,48	145,63	146,79	147,94	149,10
13	150,25	151,41	152,57	153,72	154,88	156,03	157,19	158,34	159,50	160,66
14	161,81	162,97	164,12	165,28	166,44	167,59	168,75	169,90	171,06	172,21
15	173,37	174,53	175,68	176,84	177,99	179,15	180,30	181,46	182,62	183,77
16	184,93	186,08	187,24	188,40	189,55	190,71	191,86	193,02	194,17	195,33
17	196,49	197,64	198,80	199,95	201,11	202,27	203,42	204,58	205,73	206,89
18	208,04	209,20	210,36	211,51	212,67	213,82	214,98	216,13	217,29	218,45
19	219,60	220,76	221,91	223,07	224,23	225,38	226,54	227,69	228,85	230,00
20	231,16	232,32	233,47	234,63	235,78	236,94	238,09	239,25	240,41	241,56
21	242,72	243,87	245,03	246,19	247,34	248,50	249,65	250,81	251,96	253,12
22	254,28	255,43	256,59	257,74	258,90	260,06	261,21	262,37	263,52	264,68
23	265,83	266,99	268,15	269,30	270,46	271,61	272,77	273,92	275,08	276,24
24	277,39	278,55	279,70	280,86	282,02	283,17	284,33	285,48	286,64	287,79

dif.

115		116	
1	0,12	1	0,12
2	0,23	2	0,23
3	0,35	3	0,35
4	0,46	4	0,46
5	0,58	5	0,58
6	0,69	6	0,70
7	0,81	7	0,81
8	0,92	8	0,93
9	1,04	9	1,04

690,50 = 11,575.

	00	10	20	30	40	50	60	70	80	90
0		1,16	2,32	3,47	4,63	5,79	6,95	8,10	9,26	10,42
1	11,58	12,73	13,89	15,05	16,21	17,36	18,52	19,68	20,84	21,99
2	23,15	24,31	25,47	26,62	27,78	28,94	30,10	31,25	32,41	33,57
3	34,73	35,88	37,04	38,20	39,36	40,51	41,67	42,83	43,99	45,14
4	46,30	47,46	48,62	49,77	50,93	52,09	53,25	54,40	55,56	56,72
5	57,88	59,03	60,19	61,35	62,51	63,66	64,82	65,98	67,14	68,29
6	69,45	70,61	71,77	72,92	74,08	75,24	76,40	77,55	78,71	79,87
7	81,03	82,18	83,34	84,50	85,66	86,81	87,97	89,13	90,29	91,44
8	92,60	93,76	94,92	96,07	97,23	98,39	99,55	100,70	101,86	103,02
9	104,18	105,33	106,49	107,65	108,81	109,96	111,12	112,28	113,44	114,59
10	115,75	116,91	118,07	119,22	120,38	121,54	122,70	123,85	125,01	126,17
11	127,33	128,48	129,64	130,80	131,96	133,11	134,27	135,43	136,59	137,74
12	138,90	140,06	141,22	142,37	143,53	144,69	145,85	147,00	148,16	149,32
13	150,48	151,63	152,79	153,95	155,11	156,26	157,42	158,58	159,74	160,89
14	162,05	163,21	164,37	165,52	166,68	167,84	169,00	170,15	171,31	172,47
15	173,63	174,78	175,94	177,10	178,26	179,41	180,57	181,73	182,89	184,04
16	185,20	186,36	187,52	188,67	189,83	190,99	192,15	193,30	194,46	195,62
17	196,78	197,93	199,09	200,25	201,41	202,56	203,72	204,88	206,04	207,19
18	208,35	209,51	210,67	211,82	212,98	214,14	215,30	216,45	217,61	218,77
19	219,93	221,08	222,24	223,40	224,56	225,71	226,87	228,03	229,19	230,34
20	231,50	232,66	233,82	234,97	236,13	237,29	238,45	239,60	240,76	241,92
21	243,08	244,23	245,39	246,55	247,71	248,86	250,02	251,18	252,34	253,49
22	254,65	255,81	256,97	258,12	259,28	260,44	261,60	262,75	263,91	265,07
23	266,23	267,38	268,54	269,70	270,86	272,01	273,17	274,33	275,49	276,64
24	277,80	278,96	280,12	281,27	282,43	283,59	284,75	285,90	287,06	288,22

dif.

115		116	
1	0,12	1	0,12
2	0,23	2	0,23
3	0,35	3	0,35
4	0,46	4	0,46
5	0,58	5	0,58
6	0,69	6	0,70
7	0,81	7	0,81
8	0,92	8	0,93
9	1,04	9	1,04

689,50 = 11,592.

	00	10	20	30	40	50	60	70	80	90
0		1,16	2,32	3,48	4,64	5,80	6,96	8,11	9,27	10,43
1	11,59	12,75	13,91	15,07	16,23	17,39	18,55	19,71	20,87	22,02
2	23,18	24,34	25,50	26,66	27,82	28,98	30,14	31,30	32,46	33,62
3	34,78	35,94	37,09	38,25	39,41	40,57	41,73	42,89	44,05	45,21
4	46,37	47,53	48,69	49,85	51,00	52,16	53,32	54,48	55,64	56,80
5	57,96	59,12	60,28	61,44	62,60	63,76	64,92	66,07	67,23	68,39
6	69,55	70,71	71,87	73,03	74,19	75,35	76,51	77,67	78,83	79,98
7	81,14	82,30	83,46	84,62	85,78	86,94	88,10	89,26	90,42	91,58
8	92,74	93,90	95,05	96,21	97,37	98,53	99,69	100,85	102,01	103,17
9	104,33	105,49	106,65	107,81	108,96	110,12	111,28	112,44	113,60	114,76
10	115,92	117,08	118,24	119,40	120,56	121,72	122,88	124,03	125,19	126,35
11	127,51	128,67	129,83	130,99	132,15	133,31	134,47	135,63	136,79	137,94
12	139,10	140,26	141,42	142,58	143,74	144,90	146,06	147,22	148,38	149,54
13	150,70	151,86	153,01	154,17	155,33	156,49	157,65	158,81	159,97	161,13
14	162,29	163,45	164,61	165,77	166,92	168,08	169,24	170,40	171,56	172,72
15	173,88	175,04	176,20	177,36	178,52	179,68	180,84	181,99	183,15	184,31
16	185,47	186,63	187,79	188,95	190,11	191,27	192,43	193,59	194,75	195,90
17	197,06	198,22	199,38	200,54	201,70	202,86	204,02	205,18	206,34	207,50
18	208,66	209,82	210,97	212,13	213,29	214,45	215,61	216,77	217,93	219,09
19	220,25	221,41	222,57	223,73	224,88	226,04	227,20	228,36	229,52	230,68
20	231,84	233,00	234,16	235,32	236,48	237,64	238,80	239,95	241,11	242,27
21	243,43	244,59	245,75	246,91	248,07	249,23	250,39	251,55	252,71	253,86
22	255,02	256,18	257,34	258,50	259,66	260,82	261,98	263,14	264,30	265,46
23	266,62	267,78	268,93	270,09	271,25	272,41	273,57	274,73	275,89	277,05
24	278,21	279,37	280,53	281,69	282,84	284,00	285,16	286,32	287,48	288,64

dif.

115		116	
1	0,12	1	0,12
2	0,23	2	0,23
3	0,35	3	0,35
4	0,46	4	0,46
5	0,58	5	0,58
6	0,69	6	0,70
7	0,81	7	0,81
8	0,92	8	0,93
9	1,04	9	1,04

688,50 = 11,608.

	00	10	20	30	40	50	60	70	80	90
0		1,16	2,32	3,48	4,64	5,80	6,96	8,13	9,29	10,45
1	11,61	12,77	13,93	15,09	16,25	17,41	18,57	19,73	20,89	22,06
2	23,22	24,38	25,54	26,70	27,86	29,02	30,18	31,34	32,50	33,66
3	34,82	35,98	37,15	38,31	39,47	40,63	41,79	42,95	44,11	45,27
4	46,43	47,59	48,75	49,91	51,08	52,24	53,40	54,56	55,72	56,88
5	58,04	59,20	60,36	61,52	62,68	63,84	65,00	66,17	67,33	68,49
6	69,65	70,81	71,97	73,13	74,29	75,45	76,61	77,77	78,93	80,10
7	81,26	82,42	83,58	84,74	85,90	87,06	88,22	89,38	90,54	91,70
8	92,86	94,02	95,19	96,35	97,51	98,67	99,83	100,99	102,15	103,31
9	104,47	105,63	106,79	107,95	109,12	110,28	111,44	112,60	113,76	114,92
10	116,08	117,24	118,40	119,56	120,72	121,88	123,04	124,21	125,37	126,53
11	127,69	128,85	130,01	131,17	132,33	133,49	134,65	135,81	136,97	138,14
12	139,30	140,46	141,62	142,78	143,94	145,10	146,26	147,42	148,58	149,74
13	150,90	152,06	153,23	154,39	155,55	156,71	157,87	159,03	160,19	161,35
14	162,51	163,67	164,83	165,99	167,16	168,32	169,48	170,64	171,80	172,96
15	174,12	175,28	176,44	177,60	178,76	179,92	181,08	182,25	183,41	184,57
16	185,73	186,89	188,05	189,21	190,37	191,53	192,69	193,85	195,01	196,18
17	197,34	198,50	199,66	200,82	201,98	203,14	204,30	205,46	206,62	207,78
18	208,94	210,10	211,27	212,43	213,59	214,75	215,91	217,07	218,23	219,39
19	220,55	221,71	222,87	224,03	225,20	226,36	227,52	228,68	229,84	231,00
20	232,16	233,32	234,48	235,64	236,80	237,96	239,12	240,29	241,45	242,61
21	243,77	244,93	246,09	247,25	248,41	249,57	250,73	251,89	253,05	254,22
22	255,38	256,54	257,70	258,86	260,02	261,18	262,34	263,50	264,66	265,82
23	266,98	268,14	269,31	270,47	271,63	272,79	273,95	275,11	276,27	277,43
24	278,59	279,75	280,91	282,07	283,24	284,40	285,56	286,72	287,88	289,04

dif.

116

1	0,12
2	0,23
3	0,35
4	0,46
5	0,58
6	0,70
7	0,81
8	0,93
9	1,04

117

1	0,12
2	0,23
3	0,35
4	0,47
5	0,59
6	0,70
7	0,82
8	0,94
9	1,05

687,50 = 11,625.

	00	10	20	30	40	50	60	70	80	90	dif.
0		1,16	2,33	3,49	4,65	5,81	6,98	8,14	9,30	10,46	116
											1 0,12
1	11,63	12,79	13,95	15,11	16,28	17,44	18,60	19,76	20,93	22,09	2 0,23
2	23,25	24,41	25,58	26,74	27,90	29,06	30,23	31,39	32,55	33,71	3 0,35
3	34,88	36,04	37,20	38,36	39,53	40,69	41,85	43,01	44,18	45,34	4 0,46
											5 0,58
4	46,50	47,66	48,83	49,99	51,15	52,31	53,48	54,64	55,80	56,96	6 0,70
5	58,13	59,29	60,45	61,61	62,78	63,94	65,10	66,26	67,43	68,59	7 0,81
6	69,75	70,91	72,08	73,24	74,40	75,56	76,73	77,89	79,05	80,21	8 0,93
											9 1,04
7	81,38	82,54	83,70	84,86	86,03	87,19	88,35	89,51	90,68	91,84	
8	93,00	94,16	95,33	96,49	97,65	98,81	99,98	101,14	102,30	103,46	117
9	104,63	105,79	106,95	108,11	109,28	110,44	111,60	112,76	113,93	115,09	1 0,12
											2 0,23
10	116,25	117,41	118,58	119,74	120,90	122,06	123,23	124,39	125,55	126,71	3 0,35
11	127,88	129,04	130,20	131,36	132,53	133,69	134,85	136,01	137,18	138,34	4 0,47
12	139,50	140,66	141,83	142,99	144,15	145,31	146,48	147,64	148,80	149,96	5 0,59
											6 0,70
13	151,13	152,29	153,45	154,61	155,78	156,94	158,10	159,26	160,43	161,59	7 0,82
14	162,75	163,91	165,08	166,24	167,40	168,56	169,73	170,89	172,05	173,21	8 0,94
15	174,38	175,54	176,70	177,86	179,03	180,19	181,35	182,51	183,68	184,84	9 1,05
16	186,00	187,16	188,33	189,49	190,65	191,81	192,98	194,14	195,30	196,46	
17	197,63	198,79	199,95	201,11	202,28	203,44	204,60	205,76	206,93	208,09	
18	209,25	210,41	211,58	212,74	213,90	215,06	216,23	217,39	218,55	219,71	
19	220,88	222,04	223,20	224,36	225,53	226,69	227,85	229,01	230,18	231,34	
20	232,50	233,66	234,83	235,99	237,15	238,31	239,48	240,64	241,80	242,96	
21	244,13	245,29	246,45	247,61	248,78	249,94	251,10	252,26	253,43	254,59	
22	255,75	256,91	258,08	259,24	260,40	261,56	262,73	263,89	265,05	266,21	
23	267,38	268,54	269,70	270,86	272,03	273,19	274,35	275,51	276,68	277,84	
24	279,00	280,16	281,33	282,49	283,65	284,81	285,98	287,14	288,30	289,46	

686,50 = 11,642.

	00	10	20	30	40	50	60	70	80	90	dif.	
0		1,16	2,33	3,49	4,66	5,82	6,99	8,15	9,31	10,48	116	
											1	0,12
1	11,64	12,81	13,97	15,13	16,30	17,46	18,63	19,79	20,96	22,12	2	0,23
2	23,28	24,45	25,61	26,78	27,94	29,11	30,27	31,43	32,60	33,76	3	0,35
3	34,93	36,09	37,25	38,42	39,58	40,75	41,91	43,08	44,24	45,40	4	0,46
											5	0,58
4	46,57	47,73	48,90	50,06	51,22	52,39	53,55	54,72	55,88	57,05	6	0,70
5	58,21	59,37	60,54	61,70	62,87	64,03	65,20	66,36	67,52	68,69	7	0,81
6	69,85	71,02	72,18	73,34	74,51	75,67	76,84	78,00	79,17	80,33	8	0,93
											9	1,04
7	81,49	82,66	83,82	84,99	86,15	87,32	88,48	89,64	90,81	91,97		
8	93,14	94,30	95,46	96,63	97,79	98,96	100,12	101,29	102,45	103,61	117	
9	104,78	105,94	107,11	108,27	109,43	110,60	111,76	112,93	114,09	115,26	1	0,12
											2	0,23
10	116,42	117,58	118,75	119,91	121,08	122,24	123,41	124,57	125,73	126,90	3	0,35
11	128,06	129,23	130,39	131,55	132,72	133,88	135,05	136,21	137,38	138,54	4	0,47
12	139,70	140,87	142,03	143,20	144,36	145,53	146,69	147,85	149,02	150,18	5	0,59
											6	0,70
13	151,35	152,51	153,67	154,84	156,00	157,17	158,33	159,50	160,66	161,82	7	0,82
14	162,99	164,15	165,32	166,48	167,64	168,81	169,97	171,14	172,30	173,47	8	0,94
15	174,63	175,79	176,96	178,12	179,29	180,45	181,62	182,78	183,94	185,11	9	1,05
16	186,27	187,44	188,60	189,76	190,93	192,09	193,26	194,42	195,59	196,75		
17	197,91	199,08	200,24	201,41	202,57	203,74	204,90	206,06	207,23	208,39		
18	209,56	210,72	211,88	213,05	214,21	215,38	216,54	217,71	218,87	220,03		
19	221,20	222,36	223,53	224,69	225,85	227,02	228,18	229,35	230,51	231,68		
20	232,84	234,00	235,17	236,33	237,50	238,66	239,83	240,99	242,15	243,32		
21	244,48	245,65	246,81	247,97	249,14	250,30	251,47	252,63	253,80	254,96		
22	256,12	257,29	258,45	259,62	260,78	261,95	263,11	264,27	265,44	266,60		
23	267,77	268,93	270,09	271,26	272,42	273,59	274,75	275,92	277,08	278,24		
24	279,41	280,57	281,74	282,90	284,06	285,23	286,39	287,56	288,72	289,89		

685,50 = 11,660.

	00	10	20	30	40	50	60	70	80	90		dif.
0		1,17	2,33	3,50	4,66	5,83	7,00	8,16	9,33	10,49		116
											1	0,12
1	11,66	12,83	13,99	15,16	16,32	17,49	18,66	19,82	20,99	22,15	2	0,23
2	23,32	24,49	25,65	26,82	27,98	29,15	30,32	31,48	32,65	33,81	3	0,35
3	34,98	36,15	37,31	38,48	39,64	40,81	41,98	43,14	44,31	45,47	4	0,46
											5	0,58
4	46,64	47,81	48,97	50,14	51,30	52,47	53,64	54,80	55,97	57,13	6	0,70
5	58,30	59,47	60,63	61,80	62,96	64,13	65,30	66,46	67,63	68,79	7	0,81
6	69,96	71,13	72,29	73,46	74,62	75,79	76,96	78,12	79,29	80,45	8	0,93
											9	1,04
7	81,62	82,79	83,95	85,12	86,28	87,45	88,62	89,78	90,95	92,11		
8	93,28	94,45	95,61	96,78	97,94	99,11	100,28	101,44	102,61	103,77		117
9	104,94	106,11	107,27	108,44	109,60	110,77	111,94	113,10	114,27	115,43	1	0,12
											2	0,23
10	116,60	117,77	118,93	120,10	121,26	122,43	123,60	124,76	125,93	127,09	3	0,35
11	128,26	129,43	130,59	131,76	132,92	134,09	135,26	136,42	137,59	138,75	4	0,47
12	139,92	141,09	142,25	143,42	144,58	145,75	146,92	148,08	149,25	150,41	5	0,59
											6	0,70
13	151,58	152,75	153,91	155,08	156,24	157,41	158,58	159,74	160,91	162,07	7	0,82
14	163,24	164,41	165,57	166,74	167,90	169,07	170,24	171,40	172,57	173,73	8	0,94
15	174,90	176,07	177,23	178,40	179,56	180,73	181,90	183,06	184,23	185,39	9	1,05
16	186,56	187,73	188,89	190,06	191,22	192,39	193,56	194,72	195,89	197,05		
17	198,22	199,39	200,55	201,72	202,88	204,05	205,22	206,38	207,55	208,71		
18	209,88	211,05	212,21	213,38	214,54	215,71	216,88	218,04	219,21	220,37		
19	221,54	222,71	223,87	225,04	226,20	227,37	228,54	229,70	230,87	232,03		
20	233,20	234,37	235,53	236,70	237,86	239,03	240,20	241,36	242,53	243,69		
21	244,86	246,03	247,19	248,36	249,52	250,69	251,86	253,02	254,19	255,35		
22	256,52	257,69	258,85	260,02	261,18	262,35	263,52	264,68	265,85	267,01		
23	268,18	269,35	270,51	271,68	272,84	274,01	275,18	276,34	277,51	278,67		
24	279,84	281,01	282,17	283,34	284,50	285,67	286,84	288,00	289,17	290,33		

684,50 = 11,676.

	00	10	20	30	40	50	60	70	80	90	dif.
0		1,17	2,34	3,50	4,67	5,84	7,01	8,17	9,34	10,51	116
1	11,68	12,84	14,01	15,18	16,35	17,51	18,68	19,85	21,02	22,18	
2	23,35	24,52	25,69	26,85	28,02	29,19	30,36	31,53	32,69	33,86	
3	35,03	36,20	37,36	38,53	39,70	40,87	42,03	43,20	44,37	45,54	
4	46,70	47,87	49,04	50,21	51,37	52,54	53,71	54,88	56,04	57,21	
5	58,38	59,55	60,72	61,88	63,05	64,22	65,39	66,55	67,72	68,89	
6	70,06	71,22	72,39	73,56	74,73	75,89	77,06	78,23	79,40	80,56	
7	81,73	82,90	84,07	85,23	86,40	87,57	88,74	89,91	91,07	92,24	
8	93,41	94,58	95,74	96,91	98,08	99,25	100,41	101,58	102,75	103,92	
9	105,08	106,25	107,42	108,59	109,75	110,92	112,09	113,26	114,42	115,59	
10	116,76	117,93	119,10	120,26	121,43	122,60	123,77	124,93	126,10	127,27	
11	128,44	129,60	130,77	131,94	133,11	134,27	135,44	136,61	137,78	138,94	
12	140,11	141,28	142,45	143,61	144,78	145,95	147,12	148,29	149,45	150,62	
13	151,79	152,96	154,12	155,29	156,46	157,63	158,79	159,96	161,13	162,30	
14	163,46	164,63	165,80	166,97	168,13	169,30	170,47	171,64	172,80	173,97	
15	175,14	176,31	177,48	178,64	179,81	180,98	182,15	183,31	184,48	185,65	
16	186,82	187,98	189,15	190,32	191,49	192,65	193,82	194,99	196,16	197,32	
17	198,49	199,66	200,83	201,99	203,16	204,33	205,50	206,67	207,83	209,00	
18	210,17	211,34	212,50	213,67	214,84	216,01	217,17	218,34	219,51	220,68	
19	221,84	223,01	224,18	225,35	226,51	227,68	228,85	230,02	231,18	232,35	
20	233,52	234,69	235,86	237,02	238,19	239,36	240,53	241,69	242,86	244,03	
21	245,20	246,36	247,53	248,70	249,87	251,03	252,20	253,37	254,54	255,70	
22	256,87	258,04	259,21	260,37	261,54	262,71	263,88	265,05	266,21	267,38	
23	268,55	269,72	270,88	272,05	273,22	274,39	275,55	276,72	277,89	279,06	
24	280,22	281,39	282,56	283,73	284,89	286,06	287,23	288,40	289,56	290,73	

Proportional parts (dif. column):

116		117	
1	0,12	1	0,12
2	0,23	2	0,23
3	0,35	3	0,35
4	0,46	4	0,47
5	0,58	5	0,59
6	0,70	6	0,70
7	0,81	7	0,82
8	0,93	8	0,94
9	1,04	9	1,05

683,50 = 11,693.

	00	10	20	30	40	50	60	70	80	90		dif.
0		1,17	2,34	3,51	4,68	5,85	7,02	8,19	9,35	10,52		116
											1	0,12
1	11,69	12,86	14,03	15,20	16,37	17,54	18,71	19,88	21,05	22,22	2	0,23
2	23,39	24,56	25,72	26,89	28,06	29,23	30,40	31,57	32,74	33,91	3	0,35
3	35,08	36,25	37,42	38,59	39,76	40,93	42,09	43,26	44,43	45,60	4	0,46
											5	0,58
4	46,77	47,94	49,11	50,28	51,45	52,62	53,79	54,96	56,13	57,30	6	0,70
5	58,47	59,63	60,80	61,97	63,14	64,31	65,48	66,65	67,82	68,99	7	0,81
6	70,16	71,33	72,50	73,67	74,84	76,00	77,17	78,34	79,51	80,68	8	0,93
											9	1,04
7	81,85	83,02	84,19	85,36	86,53	87,70	88,87	90,04	91,21	92,37		
8	93,54	94,71	95,88	97,05	98,22	99,39	100,56	101,73	102,90	104,07		117
9	105,24	106,41	107,58	108,74	109,91	111,08	112,25	113,42	114,59	115,76	1	0,12
											2	0,23
10	116,93	118,10	119,27	120,44	121,61	122,78	123,95	125,12	126,28	127,45	3	0,35
11	128,62	129,79	130,96	132,13	133,30	134,47	135,64	136,81	137,98	139,15	4	0,47
12	140,32	141,49	142,65	143,82	144,99	146,16	147,33	148,50	149,67	150,84	5	0,59
											6	0,70
13	152,01	153,18	154,35	155,52	156,69	157,86	159,02	160,19	161,36	162,53	7	0,82
14	163,70	164,87	166,04	167,21	168,38	169,55	170,72	171,89	173,06	174,23	8	0,94
15	175,40	176,56	177,73	178,90	180,07	181,24	182,41	183,58	184,75	185,92	9	1,05
16	187,09	188,26	189,43	190,60	191,77	192,93	194,10	195,27	196,44	197,61		
17	198,78	199,95	201,12	202,29	203,46	204,63	205,80	206,97	208,14	209,30		
18	210,47	211,64	212,81	213,98	215,15	216,32	217,49	218,66	219,83	221,00		
19	222,17	223,34	224,51	225,67	226,84	228,01	229,18	230,35	231,52	232,69		
20	233,86	235,03	236,20	237,37	238,54	239,71	240,88	242,05	243,21	244,38		
21	245,55	246,72	247,89	249,06	250,23	251,40	252,57	253,74	254,91	256,08		
22	257,25	258,42	259,58	260,75	261,92	263,09	264,26	265,43	266,60	267,77		
23	268,94	270,11	271,28	272,45	273,62	274,79	275,95	277,12	278,29	279,46		
24	280,63	281,80	282,97	284,14	285,31	286,48	287,65	288,82	289,99	291,16		

682,50 = 11,710.

	00	10	20	30	40	50	60	70	80	90	dif.
0		1,17	2,34	3,51	4,68	5,86	7,03	8,20	9,37	10,54	117
											1 0,12
1	11,71	12,88	14,05	15,22	16,39	17,57	18,74	19,91	21,08	22,25	2 0,23
2	23,42	24,59	25,76	26,93	28,10	29,28	30,45	31,62	32,79	33,96	3 0,35
3	35,13	36,30	37,47	38,64	39,81	40,99	42,16	43,33	44,50	45,67	4 0,47
											5 0,59
4	46,84	48,01	49,18	50,35	51,52	52,70	53,87	55,04	56,21	57,38	6 0,70
5	58,55	59,72	60,89	62,06	63,23	64,41	65,58	66,75	67,92	69,09	7 0,82
6	70,26	71,43	72,60	73,77	74,94	76,12	77,29	78,46	79,63	80,80	8 0,94
											9 ·1,05
7	81,97	83,14	84,31	85,48	86,65	87,83	89,00	90,17	91,34	92,51	
8	93,68	94,85	96,02	·97,19	98,36	99,54	100,71	101,88	103,05	104,22	118
9	105,39	106,56	107,73	108,90	110,07	111,25	112,42	113,59	114,76	115,93	1 0,12
											2 0,24
10	117,10	118,27	119,44	120,61	121,78	122,96	124,13	125,30	126,47	127,64	3 0,35
11	128,81	129,98	131,15	132,32	133,49	134,67	135,84	137,01	138,18	139,35	4 0,47
12	140,52	141,69	142,86	144,03	145,20	146,38	147,55	148,72	149,89	151,06	5 0,59
											6 0,71
13	152,23	153,40	154,57	155,74	156,91	158,09	159,26	160,43	161,60	162,77	7 0,83
14	163,94	165,11	166,28	167,45	168,62	169,80	170,97	172,14	173,31	174,48	8 0,94
15	175,65	176,82	177,99	179,16	180,33	181,51	182,68	183,85	185,02	186,19	9 1,06
16	187,36	188,53	189,70	190,87	192,04	193,22	194,39	195,56	196,73	197,90	
17	199,07	200,24	201,41	202,58	203,75	204,93	206,10	207,27	208,44	209,61	
18	210,78	211,95	213,12	214,29	215,46	216,64	217,81	218,98	220,15	221,32	
19	222,49	223,66	224,83	226,00	227,17	228,35	229,52	230,69	231,86	233,03	
20	234,20	235,37	236,54	237,71	238,88	240,06	241,23	242,40	243,57	244,74	
21	245,91	247,08	248,25	249,42	250,59	251,77	252,94	254,11	255,28	256,45	
22	257,62	258,79	259,96	261,13	262,30	263,48	264,65	265,82	266,99	268,16	
23	269,33	270,50	271,67	272,84	274,01	275,19	276,36	277,53	278,70	279,87	
24	281,04	282,21	283,38	284,55	285,72	286,90	288,07	289,24	290,41	291,58	

681,50 = 11,728.

	00	10	20	30	40	50	60	70	80	90
0		1,17	2,35	3,52	4,69	5,86	7,04	8,21	9,38	10,56
1	11,73	12,90	14,07	15,25	16,42	17,59	18,76	19,94	21,11	22,28
2	23,46	24,63	25,80	26,97	28,15	29,32	30,49	31,67	32,84	34,01
3	35,18	36,36	37,53	38,70	39,88	41,05	42,22	43,39	44,57	45,74
4	46,91	48,08	49,26	50,43	51,60	52,78	53,95	55,12	56,29	57,47
5	58,64	59,81	60,99	62,16	63,33	64,50	65,68	66,85	68,02	69,20
6	70,37	71,54	72,71	73,89	75,06	76,23	77,40	78,58	79,75	80,92
7	82,10	83,27	84,44	85,61	86,79	87,96	89,13	90,31	91,48	92,65
8	93,82	95,00	96,17	97,34	98,52	99,69	100,86	102,03	103,21	104,38
9	105,55	106,72	107,90	109,07	110,24	111,42	112,59	113,76	114,93	116,11
10	117,28	118,45	119,63	120,80	121,97	123,14	124,32	125,49	126,66	127,84
11	129,01	130,18	131,35	132,53	133,70	134,87	136,04	137,22	138,39	139,56
12	140,74	141,91	143,08	144,25	145,43	146,60	147,77	148,95	150,12	151,29
13	152,46	153,64	154,81	155,98	157,16	158,33	159,50	160,67	161,85	163,02
14	164,19	165,36	166,54	167,71	168,88	170,06	171,23	172,40	173,57	174,75
15	175,92	177,09	178,27	179,44	180,61	181,78	182,96	184,13	185,30	186,48
16	187,65	188,82	189,99	191,17	192,34	193,51	194,68	195,86	197,03	198,20
17	199,38	200,55	201,72	202,89	204,07	205,24	206,41	207,59	208,76	209,93
18	211,10	212,28	213,45	214,62	215,80	216,97	218,14	219,31	220,49	221,66
19	222,83	224,00	225,18	226,35	227,52	228,70	229,87	231,04	232,21	233,39
20	234,56	235,73	236,91	238,08	239,25	240,42	241,60	242,77	243,94	245,12
21	246,29	247,46	248,63	249,81	250,98	252,15	253,32	254,50	255,67	256,84
22	258,02	259,19	260,36	261,53	262,71	263,88	265,05	266,23	267,40	268,57
23	269,74	270,92	272,09	273,26	274,44	275,61	276,78	277,95	279,13	280,30
24	281,47	282,64	283,82	284,99	286,16	287,34	288,51	289,68	290,85	292,03

dif.

117		118	
1	0,12	1	0,12
2	0,23	2	0,24
3	0,35	3	0,35
4	0,47	4	0,47
5	0,59	5	0,59
6	0,70	6	0,71
7	0,82	7	0,83
8	0,94	8	0,94
9	1,05	9	1,06

680,50 = 11,745.

	00	10	20	30	40	50	60	70	80	90	dif.	
0		1,17	2,35	3,52	4,70	5,87	7,05	8,22	9,40	10,57		117
											1	0,12
1	11,75	12,92	14,09	15,27	16,44	17,62	18,79	19,97	21,14	22,32	2	0,23
2	23,49	24,66	25,84	27,01	28,19	29,36	30,54	31,71	32,89	34,06	3	0,35
3	35,24	36,41	37,58	38,76	39,93	41,11	42,28	43,46	44,63	45,81	4	0,47
											5	0,59
4	46,98	48,15	49,33	50,50	51,68	52,85	54,03	55,20	56,38	57,55	6	0,70
5	58,73	59,90	61,07	62,25	63,42	64,60	65,77	66,95	68,12	69,30	7	0,82
6	70,47	71,64	72,82	73,99	75,17	76,34	77,52	78,69	79,87	81,04	8	0,94
											9	1,05
7	82,22	83,39	84,56	85,74	86,91	88,09	89,26	90,44	91,61	92,79		
8	93,96	95,13	96,31	97,48	98,66	99,83	101,01	102,18	103,36	104,53		118
9	105,71	106,88	108,05	109,23	110,40	111,58	112,75	113,93	115,10	116,28	1	0,12
											2	0,24
10	117,45	118,62	119,80	120,97	122,15	123,32	124,50	125,67	126,85	128,02	3	0,35
11	129,20	130,37	131,54	132,72	133,89	135,07	136,24	137,42	138,59	139,77	4	0,47
12	140,94	142,11	143,29	144,46	145,64	146,81	147,99	149,16	150,34	151,51	5	0,59
											6	0,71
13	152,69	153,86	155,03	156,21	157,38	158,56	159,73	160,91	162,08	163,26	7	0,83
14	164,43	165,60	166,78	167,95	169,13	170,30	171,48	172,65	173,83	175,00	8	0,94
15	176,18	177,35	178,52	179,70	180,87	182,05	183,22	184,40	185,57	186,75	9	1,06
16	187,92	189,09	190,27	191,44	192,62	193,79	194,97	196,14	197,32	198,49		
17	199,67	200,84	202,01	203,19	204,36	205,54	206,71	207,89	209,06	210,24		
18	211,41	212,58	213,76	214,93	216,11	217,28	218,46	219,63	220,81	221,98		
19	223,16	224,33	225,50	226,68	227,85	229,03	230,20	231,38	232,55	233,73		
20	234,90	236,07	237,25	238,42	239,60	240,77	241,95	243,12	244,30	245,47		
21	246,65	247,82	248,99	250,17	251,34	252,52	253,69	254,87	256,04	257,22		
22	258,39	259,56	260,74	261,91	263,09	264,26	265,44	266,61	267,79	268,96		
23	270,14	271,31	272,48	273,66	274,83	276,01	277,18	278,36	279,53	280,71		
24	281,88	283,05	284,23	285,40	286,58	287,75	288,93	290,10	291,28	292,45		

679,50 = 11,761.

	00	10	20	30	40	50	60	70	80	90	dif.
0		1,18	2,35	3,53	4,70	5,88	7,06	8,23	9,41	10,58	117
1	11,76	12,94	14,11	15,29	16,47	17,64	18,82	19,99	21,17	22,35	
2	23,52	24,70	25,87	27,05	28,23	29,40	30,58	31,75	32,93	34,11	
3	35,28	36,46	37,64	38,81	39,99	41,16	42,34	43,52	44,69	45,87	
4	47,04	48,22	49,40	50,57	51,75	52,92	54,10	55,28	56,45	57,63	
5	58,81	59,98	61,16	62,33	63,51	64,69	65,86	67,04	68,21	69,39	
6	70,57	71,74	72,92	74,09	75,27	76,45	77,62	78,80	79,97	81,15	
7	82,33	83,50	84,68	85,86	87,03	88,21	89,38	90,56	91,74	92,91	
8	94,09	95,26	96,44	97,62	98,79	99,97	101,14	102,32	103,50	104,67	118
9	105,85	107,03	108,20	109,38	110,55	111,73	112,91	114,08	115,26	116,43	
10	117,61	118,79	119,96	121,14	122,31	123,49	124,67	125,84	127,02	128,19	
11	129,37	130,55	131,72	132,90	134,08	135,25	136,43	137,60	138,78	139,96	
12	141,13	142,31	143,48	144,66	145,84	147,01	148,19	149,36	150,54	151,72	
13	152,89	154,07	155,25	156,42	157,60	158,77	159,95	161,13	162,30	163,48	
14	164,65	165,83	167,01	168,18	169,36	170,53	171,71	172,89	174,06	175,24	
15	176,42	177,59	178,77	179,94	181,12	182,30	183,47	184,65	185,82	187,00	
16	188,18	189,35	190,53	191,70	192,88	194,06	195,23	196,41	197,58	198,76	
17	199,94	201,11	202,29	203,47	204,64	205,82	206,99	208,17	209,35	210,52	
18	211,70	212,87	214,05	215,23	216,40	217,58	218,75	219,93	221,11	222,28	
19	223,46	224,64	225,81	226,99	228,16	229,34	230,52	231,69	232,87	234,04	
20	235,22	236,40	237,57	238,75	239,92	241,10	242,28	243,45	244,63	245,80	
21	246,98	248,16	249,33	250,51	251,69	252,86	254,04	255,21	256,39	257,57	
22	258,74	259,92	261,09	262,27	263,45	264,62	265,80	266,97	268,15	269,33	
23	270,50	271,68	272,86	274,03	275,21	276,38	277,56	278,74	279,91	281,09	
24	282,26	283,44	284,62	285,79	286,97	288,14	289,32	290,50	291,67	292,85	

dif. 117:

1	0,12
2	0,23
3	0,35
4	0,47
5	0,59
6	0,70
7	0,82
8	0,94
9	1,05

dif. 118:

1	0,12
2	0,24
3	0,35
4	0,47
5	0,59
6	0,71
7	0,83
8	0,94
9	1,06

Höhentabelle I.

678,50 = 11,780.

	00	10	20	30	40	50	60	70	80	90		dif.
0		1,18	2,36	3,53	4,71	5,89	7,07	8,25	9,42	10,60		117
											1	0,12
1	11,78	12,96	14,14	15,31	16,49	17,67	18,85	20,03	21,20	22,38	2	0,23
2	23,56	24,74	25,92	27,09	28,27	29,45	30,63	31,81	32,98	34,16	3	0,35
3	35,34	36,52	37,70	38,87	40,05	41,23	42,41	43,59	44,76	45,94	4	0,47
											5	0,59
4	47,12	48,30	49,48	50,65	51,83	53,01	54,19	55,37	56,54	57,72	6	0,70
5	58,90	60,08	61,26	62,43	63,61	64,79	65,97	67,15	68,32	69,50	7	0,82
6	70,68	71,86	73,04	74,21	75,39	76,57	77,75	78,93	80,10	81,28	8	0,94
											9	1,05
7	82,46	83,64	84,82	85,99	87,17	88,35	89,53	90,71	91,88	93,06		
8	94,24	95,42	96,60	97,77	98,95	100,13	101,31	102,49	103,66	104,84		118
9	106,02	107,20	108,38	109,55	110,73	111,91	113,09	114,27	115,44	116,62	1	0,12
											2	0,24
10	117,80	118,98	120,16	121,33	122,51	123,69	124,87	126,05	127,22	128,40	3	0,35
11	129,58	130,76	131,94	133,11	134,29	135,47	136,65	137,83	139,00	140,18	4	0,47
12	141,36	142,54	143,72	144,89	146,07	147,25	148,43	149,61	150,78	151,96	5	0,59
											6	0,71
13	153,14	154,32	155,50	156,67	157,85	159,03	160,21	161,39	162,56	163,74	7	0,83
14	164,92	166,10	167,28	168,45	169,63	170,81	171,99	173,17	174,34	175,52	8	0,94
15	176,70	177,88	179,06	180,23	181,41	182,59	183,77	184,95	186,12	187,30	9	1,06
16	188,48	189,66	190,84	192,01	193,19	194,37	195,55	196,73	197,90	199,08		
17	200,26	201,44	202,62	203,79	204,97	206,15	207,33	208,51	209,68	210,86		
18	212,04	213,22	214,40	215,57	216,75	217,93	219,11	220,29	221,46	222,64		
19	223,82	225,00	226,18	227,35	228,53	229,71	230,89	232,07	233,24	234,42		
20	235,60	236,78	237,96	239,13	240,31	241,49	242,67	243,85	245,02	246,20		
21	247,38	248,56	249,74	250,91	252,09	253,27	254,45	255,63	256,80	257,98		
22	259,16	260,34	261,52	262,69	263,87	265,05	266,23	267,41	268,58	269,76		
23	270,94	272,12	273,30	274,47	275,65	276,83	278,01	279,19	280,36	281,54		
24	282,72	283,90	285,08	286,25	287,43	288,61	289,79	290,97	292,14	293,32		

677,50 = 11,796.

	00	10	20	30	40	50	60	70	80	90
0		1,18	2,36	3,54	4,72	5,90	7,08	8,26	9,44	10,62
1	11,80	12,98	14,16	15,33	16,51	17,69	18,87	20,05	21,23	22,41
2	23,59	24,77	25,95	27,13	28,31	29,49	30,67	31,85	33,03	34,21
3	35,39	36,57	37,75	38,93	40,11	41,29	42,47	43,65	44,82	46,00
4	47,18	48,36	49,54	50,72	51,90	53,08	54,26	55,44	56,62	57,80
5	58,98	60,16	61,34	62,52	63,70	64,88	66,06	67,24	68,42	69,60
6	70,78	71,96	73,14	74,31	75,49	76,67	77,85	79,03	80,21	81,39
7	82,57	83,75	84,93	86,11	87,29	88,47	89,65	90,83	92,01	93,19
8	94,37	95,55	96,73	97,91	99,09	100,27	101,45	102,63	103,80	104,98
9	106,16	107,34	108,52	109,70	110,88	112,06	113,24	114,42	115,60	116,78
10	117,96	119,14	120,32	121,50	122,68	123,86	125,04	126,22	127,40	128,58
11	129,76	130,94	132,12	133,29	134,47	135,65	136,83	138,01	139,19	140,37
12	141,55	142,73	143,91	145,09	146,27	147,45	148,63	149,81	150,99	152,17
13	153,35	154,53	155,71	156,89	158,07	159,25	160,43	161,61	162,78	163,96
14	165,14	166,32	167,50	168,68	169,86	171,04	172,22	173,40	174,58	175,76
15	176,94	178,12	179,30	180,48	181,66	182,84	184,02	185,20	186,38	187,56
16	188,74	189,92	191,10	192,27	193,45	194,63	195,81	196,99	198,17	199,35
17	200,53	201,71	202,89	204,07	205,25	206,43	207,61	208,79	209,97	211,15
18	212,33	213,51	214,69	215,87	217,05	218,23	219,41	220,59	221,76	222,94
19	224,12	225,30	226,48	227,66	228,84	230,02	231,20	232,38	233,56	234,74
20	235,92	237,10	238,28	239,46	240,64	241,82	243,00	244,18	245,36	246,54
21	247,72	248,90	250,08	251,25	252,43	253,61	254,79	255,97	257,15	258,33
22	259,51	260,69	261,87	263,05	264,23	265,41	266,59	267,77	268,95	270,13
23	271,31	272,49	273,67	274,85	276,03	277,21	278,39	279,57	280,74	281,92
24	283,10	284,28	285,46	286,64	287,82	289,00	290,18	291,36	292,54	293,72

dif.

	117		118
1	0,12	1	0,12
2	0,23	2	0,24
3	0,35	3	0,35
4	0,47	4	0,47
5	0,59	5	0,59
6	0,70	6	0,71
7	0,82	7	0,83
8	0,94	8	0,94
9	1,05	9	1,06

676,50 = 11,814.

	00	10	20	30	40	50	60	70	80	90	dif.
0		1,18	2,36	3,54	4,73	5,91	7,09	8,27	9,45	10,63	118
											1 0,12
1	11,81	13,00	14,18	15,36	16,54	17,72	18,90	20,08	21,27	22,45	2 0,24
2	23,63	24,81	25,99	27,17	28,35	29,54	30,72	31,90	33,08	34,26	3 0,35
3	35,44	36,62	37,80	38,99	40,17	41,35	42,53	43,71	44,89	46,07	4 0,47
											5 0,59
4	47,26	48,44	49,62	50,80	51,98	53,16	54,34	55,53	56,71	57,89	6 0,71
5	59,07	60,25	61,43	62,61	63,80	64,98	66,16	67,34	68,52	69,70	7 0,83
6	70,88	72,07	73,25	74,43	75,61	76,79	77,97	79,15	80,34	81,52	8 0,94
											9 1,06
7	82,70	83,88	85,06	86,24	87,42	88,61	89,79	90,97	92,15	93,33	
8	94,51	95,69	96,87	98,06	99,24	100,42	101,60	102,78	103,96	105,14	119
9	106,33	107,51	108,69	109,87	111,05	112,23	113,41	114,60	115,78	116,96	1 0,12
											2 0,24
10	118,14	119,32	120,50	121,68	122,87	124,05	125,23	126,41	127,59	128,77	3 0,36
11	129,95	131,14	132,32	133,50	134,68	135,86	137,04	138,22	139,41	140,59	4 0,48
12	141,77	142,95	144,13	145,31	146,49	147,68	148,86	150,04	151,22	152,40	5 0,60
											6 0,71
13	153,58	154,76	155,94	157,13	158,31	159,49	160,67	161,85	163,03	164,21	7 0,83
14	165,40	166,58	167,76	168,94	170,12	171,30	172,48	173,67	174,85	176,03	8 0,95
15	177,21	178,39	179,57	180,75	181,94	183,12	184,30	185,48	186,66	187,84	9 1,07
16	189,02	190,21	191,39	192,57	193,75	194,93	196,11	197,29	198,48	199,66	
17	200,84	202,02	203,20	204,38	205,56	206,75	207,93	209,11	210,29	211,47	
18	212,65	213,83	215,01	216,20	217,38	218,56	219,74	220,92	222,10	223,28	
19	224,47	225,65	226,83	228,01	229,19	230,37	231,55	232,74	233,92	235,10	
20	236,28	237,46	238,64	239,82	241,01	242,19	243,37	244,55	245,73	246,91	
21	248,09	249,28	250,46	251,64	252,82	254,00	255,18	256,36	257,55	258,73	
22	259,91	261,09	262,27	263,45	264,63	265,82	267,00	268,18	269,36	270,54	
23	271,72	272,90	274,08	275,27	276,45	277,63	278,81	279,99	281,17	282,35	
24	283,54	284,72	285,90	287,08	288,26	289,44	290,62	291,81	292,99	294,17	

675,50 = 11,831.

	00	10	20	30	40	50	60	70	80	90	dif.	
0		1,18	2,37	3,55	4,73	5,92	7,10	8,28	9,46	10,65	118	
											1	0,12
1	11,83	13,01	14,20	15,38	16,56	17,75	18,93	20,11	21,30	22,48	2	0,24
2	23,66	24,85	26,03	27,21	28,39	29,58	30,76	31,94	33,13	34,31	3	0,35
3	35,49	36,68	37,86	39,04	40,23	41,41	42,59	43,77	44,96	46,14	4	0,47
											5	0,59
4	47,32	48,51	49,69	50,87	52,06	53,24	54,42	55,61	56,79	57,97	6	0,71
5	59,16	60,34	61,52	62,70	63,89	65,07	66,25	67,44	68,62	69,80	7	0,83
6	70,99	72,17	73,35	74,54	75,72	76,90	78,08	79,27	80,45	81,63	8	0,94
											9	1,06
7	82,82	84,00	85,18	86,37	87,55	88,73	89,92	91,10	92,28	93,46		
8	94,65	95,83	97,01	98,20	99,38	100,56	101,75	102,93	104,11	105,30	119	
9	106,48	107,66	108,85	110,03	111,21	112,39	113,58	114,76	115,94	117,13	1	0,12
											2	0,24
10	118,31	119,49	120,68	121,86	123,04	124,23	125,41	126,59	127,77	128,96	3	0,36
11	130,14	131,32	132,51	133,69	134,87	136,06	137,24	138,42	139,61	140,79	4	0,48
12	141,97	143,16	144,34	145,52	146,70	147,89	149,07	150,25	151,44	152,62	5	0,60
											6	0,71
13	153,80	154,99	156,17	157,35	158,54	159,72	160,90	162,08	163,27	164,45	7	0,83
14	165,63	166,82	168,00	169,18	170,37	171,55	172,73	173,92	175,10	176,28	8	0,95
15	177,47	178,65	179,83	181,01	182,20	183,38	184,56	185,75	186,93	188,11	9	1,07
16	189,30	190,48	191,66	192,85	194,03	195,21	196,39	197,58	198,76	199,94		
17	201,13	202,31	203,49	204,68	205,86	207,04	208,23	209,41	210,59	211,77		
18	212,96	214,14	215,32	216,51	217,69	218,87	220,06	221,24	222,42	223,61		
19	224,79	225,97	227,16	228,34	229,52	230,70	231,89	233,07	234,25	235,44		
20	236,62	237,80	238,99	240,17	241,35	242,54	243,72	244,90	246,08	247,27		
21	248,45	249,63	250,82	252,00	253,18	254,37	255,55	256,73	257,92	259,10		
22	260,28	261,47	262,65	263,83	265,01	266,20	267,38	268,56	269,75	270,93		
23	272,11	273,30	274,48	275,66	276,85	278,03	279,21	280,39	281,58	282,76		
24	283,94	285,13	286,31	287,49	288,68	289,86	291,04	292,23	293,41	294,59		

674,50 = 11,849.

	00	10	20	30	40	50	60	70	80	90
0		1,18	2,37	3,55	4,74	5,92	7,11	8,29	9,48	10,66
1	11,85	13,03	14,22	15,40	16,59	17,77	18,96	20,14	21,33	22,51
2	23,70	24,88	26,07	27,25	28,44	29,62	30,81	31,99	33,18	34,36
3	35,55	36,73	37,92	39,10	40,29	41,47	42,66	43,84	45,03	46,21
4	47,40	48,58	49,77	50,95	52,14	53,32	54,51	55,69	56,88	58,06
5	59,25	60,43	61,61	62,80	63,98	65,17	66,35	67,54	68,72	69,91
6	71,09	72,28	73,46	74,65	75,83	77,02	78,20	79,39	80,57	81,76
7	82,94	84,13	85,31	86,50	87,68	88,87	90,05	91,24	92,42	93,61
8	94,79	95,98	97,16	98,35	99,53	100,72	101,90	103,09	104,27	105,46
9	106,64	107,83	109,01	110,20	111,38	112,57	113,75	114,94	116,12	117,31
10	118,49	119,67	120,86	122,04	123,23	124,41	125,60	126,78	127,97	129,15
11	130,34	131,52	132,71	133,89	135,08	136,26	137,45	138,63	139,82	141,00
12	142,19	143,37	144,56	145,74	146,93	148,11	149,30	150,48	151,67	152,85
13	154,04	155,22	156,41	157,59	158,78	159,96	161,15	162,33	163,52	164,70
14	165,89	167,07	168,26	169,44	170,63	171,81	173,00	174,18	175,37	176,55
15	177,74	178,92	180,10	181,29	182,47	183,66	184,84	186,03	187,21	188,40
16	189,58	190,77	191,95	193,14	194,32	195,51	196,69	197,88	199,06	200,25
17	201,43	202,62	203,80	204,99	206,17	207,36	208,54	209,73	210,91	212,10
18	213,28	214,47	215,65	216,84	218,02	219,21	220,39	221,58	222,76	223,95
19	225,13	226,32	227,50	228,69	229,87	231,06	232,24	233,43	234,61	235,80
20	236,98	238,16	239,35	240,53	241,72	242,90	244,09	245,27	246,46	247,64
21	248,83	250,01	251,20	252,38	253,57	254,75	255,94	257,12	258,31	259,49
22	260,68	261,86	263,05	264,23	265,42	266,60	267,79	268,97	270,16	271,34
23	272,53	273,71	274,90	276,08	277,27	278,45	279,64	280,82	282,01	283,19
24	284,38	285,56	286,75	287,93	289,12	290,30	291,49	292,67	293,86	295,04

dif.

118		119	
1	0,12	1	0,12
2	0,24	2	0,24
3	0,35	3	0,36
4	0,47	4	0,48
5	0,59	5	0,60
6	0,71	6	0,71
7	0,83	7	0,83
8	0,94	8	0,95
9	1,06	9	1,07

673,50 = 11,866.

	00	10	20	30	40	50	60	70	80	90	dif.
0		1,19	2,37	3,56	4,75	5,93	7,12	8,31	9,49	10,68	118
											1 0,12
1	11,87	13,05	14,24	15,43	16,61	17,80	18,99	20,17	21,36	22,55	2 0,24
2	23,73	24,92	26,11	27,29	28,48	29,67	30,85	32,04	33,22	34,41	3 0,35
3	35,60	36,78	37,97	39,16	40,34	41,53	42,72	43,90	45,09	46,28	4 0,47
											5 0,59
4	47,46	48,65	49,84	51,02	52,21	53,40	54,58	55,77	56,96	58,14	6 0,71
5	59,33	60,52	61,70	62,89	64,08	65,26	66,45	67,64	68,82	70,01	7 0,83
6	71,20	72,38	73,57	74,76	75,94	77,13	78,32	79,50	80,69	81,88	8 0,94
											9 1,06
7	83,06	84,25	85,44	86,62	87,81	89,00	90,18	91,37	92,55	93,74	
8	94,93	96,11	97,30	98,49	99,67	100,86	102,05	103,23	104,42	105,61	119
9	106,79	107,98	109,17	110,35	111,54	112,73	113,91	115,10	116,29	117,47	1 0,12
											2 0,24
10	118,66	119,85	121,03	122,22	123,41	124,59	125,78	126,97	128,15	129,34	3 0,36
11	130,53	131,71	132,90	134,09	135,27	136,46	137,65	138,83	140,02	141,21	4 0,48
12	142,39	143,58	144,77	145,95	147,14	148,33	149,51	150,70	151,88	153,07	5 0,60
											6 0,71
13	154,26	155,44	156,63	157,82	159,00	160,19	161,38	162,56	163,75	164,94	7 0,83
14	166,12	167,31	168,50	169,68	170,87	172,06	173,24	174,43	175,62	176,80	8 0,95
15	177,99	179,18	180,36	181,55	182,74	183,92	185,11	186,30	187,48	188,67	9 1,07
16	189,86	191,04	192,23	193,42	194,60	195,79	196,98	198,16	199,35	200,54	
17	201,72	202,91	204,10	205,28	206,47	207,66	208,84	210,03	211,21	212,40	
18	213,59	214,77	215,96	217,15	218,33	219,52	220,71	221,89	223,08	224,27	
19	225,45	226,64	227,83	229,01	230,20	231,39	232,57	233,76	234,95	236,13	
20	237,32	238,51	239,69	240,88	242,07	243,25	244,44	245,63	246,81	248,00	
21	249,19	250,37	251,56	252,75	253,93	255,12	256,31	257,49	258,68	259,87	
22	261,05	262,24	263,43	264,61	265,80	266,99	268,17	269,36	270,54	271,73	
23	272,92	274,10	275,29	276,48	277,66	278,85	280,04	281,22	282,41	283,60	
24	284,78	285,97	287,16	288,34	289,53	290,72	291,90	293,09	294,28	295,46	

672,50 = 11,884.

	00	10	20	30	40	50	60	70	80	90	dif.
0		1,19	2,38	3,57	4,75	5,94	7,13	8,32	9,51	10,70	118
											1 0,12
1	11,88	13,07	14,26	15,45	16,64	17,83	19,01	20,20	21,39	22,58	2 0,24
2	23,77	24,96	26,14	27,33	28,52	29,71	30,90	32,09	33,28	34,46	3 0,35
3	35,65	36,84	38,03	39,22	40,41	41,59	42,78	43,97	45,16	46,35	4 0,47
											5 0,59
4	47,54	48,72	49,91	51,10	52,29	53,48	54,67	55,85	57,04	58,23	6 0,71
5	59,42	60,61	61,80	62,99	64,17	65,36	66,55	67,74	68,93	70,12	7 0,83
6	71,30	72,49	73,68	74,87	76,06	77,25	78,43	79,62	80,81	82,00	8 0,94
											9 1,06
7	83,19	84,38	85,56	86,75	87,94	89,13	90,32	91,51	92,70	93,88	
8	95,07	96,26	97,45	98,64	99,83	101,01	102,20	103,39	104,58	105,77	119
9	106,96	108,14	109,33	110,52	111,71	112,90	114,09	115,27	116,46	117,65	1 0,12
											2 0,24
10	118,84	120,03	121,22	122,41	123,59	124,78	125,97	127,16	128,35	129,54	3 0,36
11	130,72	131,91	133,10	134,29	135,48	136,67	137,85	139,04	140,23	141,42	4 0,48
12	142,61	143,80	144,98	146,17	147,36	148,55	149,74	150,93	152,12	153,30	5 0,60
											6 0,71
13	154,49	155,68	156,87	158,06	159,25	160,43	161,62	162,81	164,00	165,19	7 0,83
14	166,38	167,56	168,75	169,94	171,13	172,32	173,51	174,69	175,88	177,07	8 0,95
15	178,26	179,45	180,64	181,83	183,01	184,20	185,39	186,58	187,77	188,96	9 1,07
16	190,14	191,33	192,52	193,71	194,90	196,09	197,27	198,46	199,65	200,84	
17	202,03	203,22	204,40	205,59	206,78	207,97	209,16	210,35	211,54	212,72	
18	213,91	215,10	216,29	217,48	218,67	219,85	221,04	222,23	223,42	224,61	
19	225,80	226,98	228,17	229,36	230,55	231,74	232,93	234,11	235,30	236,49	
20	237,68	238,87	240,06	241,25	242,43	243,62	244,81	246,00	247,19	248,38	
21	249,56	250,75	251,94	253,13	254,32	255,51	256,69	257,88	259,07	260,26	
22	261,45	262,64	263,82	265,01	266,20	267,39	268,58	269,77	270,96	272,14	
23	273,33	274,52	275,71	276,90	278,09	279,27	280,46	281,65	282,84	284,03	
24	285,22	286,40	287,59	288,78	289,97	291,16	292,35	293,53	294,72	295,91	

671,50 = 11,903.

	00	10	20	30	40	50	60	70	80	90	dif.
0		1,19	2,38	3,57	4,76	5,95	7,14	8,33	9,52	10,71	119
1	11,90	13,09	14,28	15,47	16,66	17,85	19,04	20,24	21,43	22,62	
2	23,81	25,00	26,19	27,38	28,57	29,76	30,95	32,14	33,33	34,52	
3	35,71	36,90	38,09	39,28	40,47	41,66	42,85	44,04	45,23	46,42	
4	47,61	48,80	49,99	51,18	52,37	53,56	54,75	55,94	57,13	58,32	
5	59,52	60,71	61,90	63,09	64,28	65,47	66,66	67,85	69,04	70,23	
6	71,42	72,61	73,80	74,99	76,18	77,37	78,56	79,75	80,94	82,13	
7	83,32	84,51	85,70	86,89	88,08	89,27	90,46	91,65	92,84	94,03	
8	95,22	96,41	97,60	98,79	99,99	101,18	102,37	103,56	104,75	105,94	
9	107,13	108,32	109,51	110,70	111,89	113,08	114,27	115,46	116,65	117,84	
10	119,03	120,22	121,41	122,60	123,79	124,98	126,17	127,36	128,55	129,74	
11	130,93	132,12	133,31	134,50	135,69	136,88	138,07	139,27	140,46	141,65	
12	142,84	144,03	145,22	146,41	147,60	148,79	149,98	151,17	152,36	153,55	
13	154,74	155,93	157,12	158,31	159,50	160,69	161,88	163,07	164,26	165,45	
14	166,64	167,83	169,02	170,21	171,40	172,59	173,78	174,97	176,16	177,35	
15	178,55	179,74	180,93	182,12	183,31	184,50	185,69	186,88	188,07	189,26	
16	190,45	191,64	192,83	194,02	195,21	196,40	197,59	198,78	199,97	201,16	
17	202,35	203,54	204,73	205,92	207,11	208,30	209,49	210,68	211,87	213,06	
18	214,25	215,44	216,63	217,82	219,02	220,21	221,40	222,59	223,78	224,97	
19	226,16	227,35	228,54	229,73	230,92	232,11	233,30	234,49	235,68	236,87	
20	238,06	239,25	240,44	241,63	242,82	244,01	245,20	246,39	247,58	248,77	
21	249,96	251,15	252,34	253,53	254,72	255,91	257,10	258,30	259,49	260,68	
22	261,87	263,06	264,25	265,44	266,63	267,82	269,01	270,20	271,39	272,58	
23	273,77	274,96	276,15	277,34	278,53	279,72	280,91	282,10	283,29	284,48	
24	285,67	286,86	288,05	289,24	290,43	291,62	292,81	294,00	295,19	296,38	

dif.

119		120	
1	0,12	1	0,12
2	0,24	2	0,24
3	0,36	3	0,36
4	0,48	4	0,48
5	0,60	5	0,60
6	0,71	6	0,72
7	0,83	7	0,84
8	0,95	8	0,96
9	1,07	9	1,08

670,50 = 11,920.

	00	10	20	30	40	50	60	70	80	90
0		1,19	2,38	3,58	4,77	5,96	7,15	8,34	9,54	10,73
1	11,92	13,11	14,30	15,50	16,69	17,88	19,07	20,26	21,46	22,65
2	23,84	25,03	26,22	27,42	28,61	29,80	30,99	32,18	33,38	34,57
3	35,76	36,95	38,14	39,34	40,53	41,72	42,91	44,10	45,30	46,49
4	47,68	48,87	50,06	51,26	52,45	53,64	54,83	56,02	57,22	58,41
5	59,60	60,79	61,98	63,18	64,37	65,56	66,75	67,94	69,14	70,33
6	71,52	72,71	73,90	75,10	76,29	77,48	78,67	79,86	81,06	82,25
7	83,44	84,63	85,82	87,02	88,21	89,40	90,59	91,78	92,98	94,17
8	95,36	96,55	97,74	98,94	100,13	101,32	102,51	103,70	104,90	106,09
9	107,28	108,47	109,66	110,86	112,05	113,24	114,43	115,62	116,82	118,01
10	119,20	120,39	121,58	122,78	123,97	125,16	126,35	127,54	128,74	129,93
11	131,12	132,31	133,50	134,70	135,89	137,08	138,27	139,46	140,66	141,85
12	143,04	144,23	145,42	146,62	147,81	149,00	150,19	151,38	152,58	153,77
13	154,96	156,15	157,34	158,54	159,73	160,92	162,11	163,30	164,50	165,69
14	166,88	168,07	169,26	170,46	171,65	172,84	174,03	175,22	176,42	177,61
15	178,80	179,99	181,18	182,38	183,57	184,76	185,95	187,14	188,34	189,53
16	190,72	191,91	193,10	194,30	195,49	196,68	197,87	199,06	200,26	201,45
17	202,64	203,83	205,02	206,22	207,41	208,60	209,79	210,98	212,18	213,37
18	214,56	215,75	216,94	218,14	219,33	220,52	221,71	222,90	224,10	225,29
19	226,48	227,67	228,86	230,06	231,25	232,44	233,63	234,82	236,02	237,21
20	238,40	239,59	240,78	241,98	243,17	244,36	245,55	246,74	247,94	249,13
21	250,32	251,51	252,70	253,90	255,09	256,28	257,47	258,66	259,86	261,05
22	262,24	263,43	264,62	265,82	267,01	268,20	269,39	270,58	271,78	272,97
23	274,16	275,35	276,54	277,74	278,93	280,12	281,31	282,50	283,70	284,89
24	286,08	287,27	288,46	289,66	290,85	292,04	293,23	294,42	295,62	296,81

dif.

119

1	0,12
2	0,24
3	0,36
4	0,48
5	0,60
6	0,71
7	0,83
8	0,95
9	1,07

120

1	0,12
2	0,24
3	0,36
4	0,48
5	0,60
6	0,72
7	0,84
8	0,96
9	1,08

669,50 = 11,938.

	00·	10	20	30	40	50	60	70	80	90	dif.
0		1,19	2,39	3,58	4,78	5,97	7,16	8,36	9,55	10,74	119
1	11,94	13,13	14,33	15,52	16,71	17,91	19,10	20,29	21,49	22,68	
2	23,88	25,07	26,26	27,46	28,65	29,85	31,04	32,23	33,43	34,62	
3	35,81	37,01	38,20	39,40	40,59	41,78	42,98	44,17	45,36	46,56	
4	47,75	48,95	50,14	51,33	52,53	53,72	54,91	56,11	57,30	58,50	
5	59,69	60,88	62,08	63,27	64,47	65,66	66,85	68,05	69,24	70,43	
6	71,63	72,82	74,02	75,21	76,40	77,60	78,79	79,98	81,18	82,37	
7	83,57	84,76	85,95	87,15	88,34	89,54	90,73	91,92	93,12	94,31	
8	95,50	96,70	97,89	99,09	100,28	101,47	102,67	103,86	105,05	106,25	120
9	107,44	108,64	109,83	111,02	112,22	113,41	114,60	115,80	116,99	118,19	
10	119,38	120,57	121,77	122,96	124,16	125,35	126,54	127,74	128,93	130,12	
11	131,32	132,51	133,71	134,90	136,09	137,29	138,48	139,67	140,87	142,06	
12	143,26	144,45	145,64	146,84	148,03	149,23	150,42	151,61	152,81	154,00	
13	155,19	156,39	157,58	158,78	159,97	161,16	162,36	163,55	164,74	165,94	
14	167,13	168,33	169,52	170,71	171,91	173,10	174,29	175,49	176,68	177,88	
15	179,07	180,26	181,46	182,65	183,85	185,04	186,23	187,43	188,62	189,81	
16	191,01	192,20	193,40	194,59	195,78	196,98	198,17	199,36	200,56	201,75	
17	202,95	204,14	205,33	206,53	207,72	208,92	210,11	211,30	212,50	213,69	
18	214,88	216,08	217,27	218,47	219,66	220,85	222,05	223,24	224,43	225,63	
19	226,82	228,02	229,21	230,40	231,60	232,79	233,98	235,18	236,37	237,57	
20	238,76	239,95	241,15	242,34	243,54	244,73	245,92	247,12	248,31	249,50	
21	250,70	251,89	253,09	254,28	255,47	256,67	257,86	259,05	260,25	261,44	
22	262,64	263,83	265,02	266,22	267,41	268,61	269,80	270,99	272,19	273,38	
23	274,57	275,77	276,96	278,16	279,35	280,54	281,74	282,93	284,12	285,32	
24	286,51	287,71	288,90	290,09	291,29	292,48	293,67	294,87	296,06	297,26	

dif. 119:

1	0,12
2	0,24
3	0,36
4	0,48
5	0,60
6	0,71
7	0,83
8	0,95
9	1,07

dif. 120:

1	0,12
2	0,24
3	0,36
4	0,48
5	0,60
6	0,72
7	0,84
8	0,96
9	1,08

668,50 = 11,956.

	00	10	20	30	40	50	60	70	80	90
0		1,20	2,39	3,59	4,78	5,98	7,17	8,37	9,56	10,76
1	11,96	13,15	14,35	15,54	16,74	17,93	19,13	20,33	21,52	22,72
2	23,91	25,11	26,30	27,50	28,69	29,89	31,09	32,28	33,48	34,67
3	35,87	37,06	38,26	39,45	40,65	41,85	43,04	44,24	45,43	46,63
4	47,82	49,02	50,22	51,41	52,61	53,80	55,00	56,19	57,39	58,58
5	59,78	60,98	62,17	63,37	64,56	65,76	66,95	68,15	69,34	70,54
6	71,74	72,93	74,13	75,32	76,52	77,71	78,91	80,11	81,30	82,50
7	83,69	84,89	86,08	87,28	88,47	89,67	90,87	92,06	93,26	94,45
8	95,65	96,84	98,04	99,23	100,43	101,63	102,82	104,02	105,21	106,41
9	107,60	108,80	110,00	111,19	112,39	113,58	114,78	115,97	117,17	118,36
10	119,56	120,76	121,95	123,15	124,34	125,54	126,73	127,93	129,12	130,32
11	131,52	132,71	133,91	135,10	136,30	137,49	138,69	139,89	141,08	142,28
12	143,47	144,67	145,86	147,06	148,25	149,45	150,65	151,84	153,04	154,23
13	155,43	156,62	157,82	159,01	160,21	161,41	162,60	163,80	164,99	166,19
14	167,38	168,58	169,78	170,97	172,17	173,36	174,56	175,75	176,95	178,14
15	179,34	180,54	181,73	182,93	184,12	185,32	186,51	187,71	188,90	190,10
16	191,30	192,49	193,69	194,88	196,08	197,27	198,47	199,67	200,86	202,06
17	203,25	204,45	205,64	206,84	208,03	209,23	210,43	211,62	212,82	214,01
18	215,21	216,40	217,60	218,79	219,99	221,19	222,38	223,58	224,77	225,97
19	227,16	228,36	229,56	230,75	231,95	233,14	234,34	235,53	236,73	237,92
20	239,12	240,32	241,51	242,71	243,90	245,10	246,29	247,49	248,68	249,88
21	251,08	252,27	253,47	254,66	255,86	257,05	258,25	259,45	260,64	261,84
22	263,03	264,23	265,42	266,62	267,81	269,01	270,21	271,40	272,60	273,79
23	274,99	276,18	277,38	278,57	279,77	280,97	282,16	283,36	284,55	285,75
24	286,94	288,14	289,34	290,53	291,73	292,92	294,12	295,31	296,51	297,70

dif.

	119		120
1	0,12	1	0,12
2	0,24	2	0,24
3	0,36	3	0,36
4	0,48	4	0,48
5	0,60	5	0,60
6	0,71	6	0,72
7	0,83	7	0,84
8	0,95	8	0,96
9	1,07	9	1,08

667,50 = 11,973.

	00	10	20	30	40	50	60	70	80	90	dif.
0		1,20	2,39	3,59	4,79	5,99	7,18	8,38	9,58	10,78	119
1	11,97	13,17	14,37	15,56	16,76	17,96	19,16	20,35	21,55	22,75	
2	23,95	25.14	26,34	27,54	28,74	29,93	31,13	32,33	33,52	34,72	
3	35,92	37,12	38,31	39,51	40,71	41,91	43,10	44,30	45,50	46,69	
4	47,89	49,09	50,29	51,48	52,68	53,88	55,08	56,27	57,47	58,67	
5	59,87	61,06	62,26	63,46	64,65	65,85	67,05	68,25	69,44	70,64	
6	71,84	73,04	74,23	75,43	76,63	77,82	79,02	80,22	81,42	82,61	
7	83,81	85,01	86,21	87,40	88,60	89,80	90,99	92,19	93.39	94,59	
8	95,78	96.98	98.18	99.38	100,57	101,77	102,97	104,17	105,36	106,56	
9	107,76	108.95	110,15	111,35	112,45	113,74	114,94	116,14	117,34	118,53	
10	119,73	120,93	122,12	123,32	124,52	125,72	126,91	128,11	129,31	130,51	
11	131,70	132,90	134,10	135,29	136,49	137,69	138,89	140,08	141,28	142,48	
12	143,68	144,87	146,07	147,27	148,47	149,66	150,86	152,06	153,25	154,45	
13	155,65	156,85	158,04	159,24	160,44	161,64	162,83	164,03	165,23	166,42	
14	167,62	168,82	170,02	171,21	172,41	173,61	174 81	176,00	177,20	178,40	
15	179,60	180,79	181,99	183,19	184,38	185,58	186,78	187,98	189,17	190,37	
16	191,57	192,77	193,96	195,16	196,36	197,55	198,75	199,95	201,15	202,34	
17	203,54	204,74	205,94	207,13	208,33	209,53	210,72	211,92	213,12	214,32	
18	215,51	216,71	217,91	219,11	220,30	221,50	222,70	223,90	225,09	226,29	
19	227,49	228,68	229,88	231,08	232,28	233,47	234,67	235,87	237,07	238,26	
20	239,46	240,66	241,85	243,05	244,25	245,45	246,64	247,84	249,04	250,24	
21	251,43	252,63	253,83	255,02	256,22	257,42	258,62	259,81	261,01	262,21	
22	263,41	264.60	265,80	267,00	268,20	269,39	270,59	271,79	272,98	274,18	
23	275,38	276,58	277,77	278,97	280,17	281,37	282,56	283,76	284,96	286,15	
24	287,35	288,55	289,75	290,94	292.14	293,34	294,54	295,73	296.93	298,13	

dif. column:

	119		120
1	0,12	1	0,12
2	0,24	2	0,24
3	0,36	3	0,36
4	0,48	4	0,48
5	0,60	5	0,60
6	0,71	6	0,72
7	0,83	7	0,84
8	0,95	8	0,96
9	1,07	9	1,08

666,50 = 11,991.

	00	10	20	30	40	50	60	70	80	90	dif.
0		1,20	2,40	3,60	4,80	6,00	7,19	8,39	9,59	10,79	119
											1 0,12
1	11,99	13,19	14,39	15,59	16,79	17,99	19,19	20,38	21,58	22,78	2 0,24
2	23,98	25,18	26,38	27,58	28,78	29,98	31,18	32,38	33,57	34,77	3 0,36
3	35,97	37,17	38,37	39,57	40,77	41,97	43,17	44,37	45,57	46,76	4 0,48
											5 0,60
4	47,96	49,16	50,36	51,56	52,76	53,96	55,16	56,36	57,56	58,76	6 0,71
5	59,96	61,15	62,35	63,55	64,75	65,95	67,15	68,35	69,55	70,75	7 0,83
6	71,95	73,15	74,34	75,54	76,74	.77,94	79,14	80,34	81,54	82,74	8 0,95
											9 1,07
7	83,94	85,14	86,34	87,53	88,73	89,93	91,13	92,33	93,53	94,73	
8	95,93	97,13	98,33	99,53	100,72	101,92	103,12	104,32	105,52	106,72	120
9	107,92	109,12	110,32	111,52	112,72	113,91	115,11	116,31	117,51	118,71	1 0,12
											2 0,24
10	119,91	121,11	122,31	123,51	124,71	125,91	127,10	128,30	129,50	130,70	3 0,36
11	131,90	133,10	134,30	135,50	136,70	137,90	139,10	140,29	141,49	142,69	4 0,48
12	143,89	145,09	146,29	147,49	148,69	149,89	151,09	152,29	153,48	154,68	5 0,60
											6 0,72
13	155,88	157,08	158,28	159,48	160,68	161,88	163,08	164,28	165,48	166,67	7 0,84
14	167,87	169,07	170,27	171,47	172,67	173,87	175,07	176,27	177,47	178,67	8 0,96
15	179,87	181,06	182,26	183,46	184,66	185,86	187,06	188,26	189,46	190,66	9 1,08
16	191,86	193,06	194,25	195,45	196,65	197,85	199,05	200,25	201,45	202,65	
17	203,85	205,05	206,25	207,44	208,64	209,84	211,04	212,24	213,44	214,64	
18	215,84	217,04	218,24	219,44	220,63	221,83	223,03	224,23	225,43	226,63	
19	227,83	229,03	230,23	231,43	232,63	233,82	235,02	236,22	237,42	238,62	
20	239,82	241,02	242,22	243,42	244,62	245,82	247,01	248,21	249,41	250,61	
21	251,81	253,01	254,21	255,41	256,61	257,81	259,01	260,20	261,40	262,60	
22	263,80	265,00	266,20	267,40	268,60	269,80	271,00	272,20	273,39	274,59	
23	275,79	276,99	278,19	279,39	280,59	281,79	282,99	284,19	285,39	286,58	
24	287,78	288,98	290,18	291,38	292,58	293,78	294,98	296,18	297,38	298,58	

665,50 = 12,010.

	00	10	20	30	40	50	60	70	80	90	dif.	
0		1,20	2,40	3,60	4,80	6,01	7,21	8,41	9,61	10,81	120	
											1	0,12
1	12,01	13,21	14,41	15,61	16,81	18,02	19,22	20,42	21,62	22,82	2	0,24
2	24,02	25,22	26,42	27,62	28,82	30,03	31,23	32,43	33,63	34,83	3	0,36
3	36,03	37,23	38,43	39,63	40,83	42,04	43,24	44,44	45,64	46,84	4	0,48
											5	0,60
4	48,04	49,24	50,44	51,64	52,84	54,05	55,25	56,45	57,65	58,85	6	0,72
5	60,05	61,25	62,45	63,65	64,85	66,06	67,26	68,46	69,66	70,86	7	0,84
6	72,06	73,26	74,46	75,66	76,86	78,07	79,27	80,47	81,67	82,87	8	0,96
											9	1,08
7	84,07	85,27	86,47	87,67	88,87	90,08	91,28	92,48	93,68	94,88		
8	96,08	97,28	98,48	99,68	100,88	102,09	103,29	104,49	105,69	106,89	121	
9	108,09	109,29	110,49	111,69	112,89	114,10	115,30	116,50	117,70	118,90	1	0,12
											2	0,24
10	120,10	121,30	122,50	123,70	124,90	126,11	127,31	128,51	129,71	130,91	3	0,36
11	132,11	133,31	134,51	135,71	136,91	138,12	139,32	140,52	141,72	142,92	4	0,48
12	144,12	145,32	146,52	147,72	148,92	150,13	151,33	152,53	153,73	154,93	5	0,61
											6	0,73
13	156,13	157,33	158,53	159,73	160,93	162,14	163,34	164,54	165,74	166,94	7	0,85
14	168,14	169,34	170,54	171,74	172,94	174,15	175,35	176,55	177,75	178,95	8	0,97
15	180,15	181,35	182,55	183,75	184,95	186,16	187,36	188,56	189,76	190,96	9	1,09
16	192,16	193,36	194,56	195,76	196,96	198,17	199,37	200,57	201,77	202,97		
17	204,17	205,37	206,57	207,77	208,97	210,18	211,38	212,58	213,78	214,98		
18	216,18	217,38	218,58	219,78	220,98	222,19	223,39	224,59	225,79	226,99		
19	228,19	229,39	230,59	231,79	232,99	234,20	235,40	236,60	237,80	239,00		
20	240,20	241,40	242,60	243,80	245,00	246,21	247,41	248,61	249,81	251,01		
21	252,21	253,41	254,61	255,81	257,01	258,22	259,42	260,62	261,82	263,02		
22	264,22	265,42	266,62	267,82	269,02	270,23	271,43	272,63	273,83	275,03		
23	276,23	277,43	278,63	279,83	281,03	282,24	283,44	284,64	285,84	287,04		
24	288,24	289,44	290,64	291,84	293,04	294,25	295,45	296,65	297,85	299,05		

8*

664,50 = 12,028.

	00	10	20	30	40	50	60	70	80	90
0		1,20	2,41	3,61	4,81	6,01	7,22	8,42	9,62	10,83
1	12,03	13,23	14,43	15,64	16,84	18,04	19,24	20,45	21,65	22,85
2	24,06	25,26	26,46	27,66	28,87	30,07	31,27	32,48	33,68	34,88
3	36,08	37,29	38,49	39,69	40,90	42,10	43,30	44,50	45,71	46,91
4	48,11	49,31	50,52	51,72	52,92	54,13	55,33	56,53	57,73	58,94
5	60,14	61,34	62,55	63,75	64,95	66,15	67,36	68,56	69,76	70,97
6	72,17	73,37	74,57	75,78	76,98	78,18	79,38	80,59	81,79	82,99
7	84,20	85,40	86,60	87,80	89,01	90,21	91,41	92,62	93,82	95,02
8	96,22	97,43	98,63	99,83	101,04	102,24	103,44	104,64	105,85	107,05
9	108,25	109,45	110,66	111,86	113,06	114,27	115,47	116,67	117,87	119,08
10	120,28	121,48	122,69	123,89	125,09	126,29	127,50	128,70	129,90	131,11
11	132,31	133,51	134,71	135,92	137,12	138,32	139,52	140,73	141,93	143,13
12	144,34	145,54	146,74	147,94	149,15	150,35	151,55	152,76	153,96	155,16
13	156,36	157,57	158,77	159,97	161,18	162,38	163,58	164,78	165,99	167,19
14	168,39	169,59	170,80	172,00	173,20	174,41	175,61	176,81	178,01	179,22
15	180,42	181,62	182,83	184,03	185,23	186,43	187,64	188,84	190,04	191,25
16	192,45	193,65	194,85	196,06	197,26	198,46	199,66	200,87	202,07	203,27
17	204,48	205,68	206,88	208,08	209,29	210,49	211,69	212,90	214,10	215,30
18	216,50	217,71	218,91	220,11	221,32	222,52	223,72	224,92	226,13	227,33
19	228,53	229,73	230,94	232,14	233,34	234,55	235,75	236,95	238,15	239,36
20	240,56	241,76	242,97	244,17	245,37	246,57	247,78	248,98	250,18	251,39
21	252,59	253,79	254,99	256,20	257,40	258,60	259,80	261,01	262,21	263,41
22	264,62	265,82	267,02	268,22	269,43	270,63	271,83	273,04	274,24	275,44
23	276,64	277,85	279,05	280,25	281,46	282,66	283,86	285,06	286,27	287,47
24	288,67	289,87	291,08	292,28	293,48	294,69	295,89	297,09	298,29	299,50

dif.

120		121	
1	0,12	1	0,12
2	0,24	2	0,24
3	0,36	3	0,36
4	0,48	4	0,48
5	0,60	5	0,61
6	0,72	6	0,73
7	0,84	7	0,85
8	0,96	8	0,97
9	1,08	9	1,09

663,50 = 12,046.

	00	10	20	30	40	50	60	70	80	90	dif.
0		1,20	2,41	3,61	4,82	6,02	7,23	8,43	9,64	10,84	120
											1 | 0,12
1	12,05	13,25	14,46	15,66	16,86	18,07	19,27	20,48	21,68	22,89	2 | 0,24
2	24,09	25,30	26,50	27,71	28,91	30,12	31,32	32,52	33,73	34,93	3 | 0,36
3	36,14	37,34	38,55	39,75	40,96	42,16	43,37	44,57	45,77	46,98	4 | 0,48
											5 | 0,60
4	48,18	49,39	50,59	51,80	53,00	54,21	55,41	56,62	57,82	59,03	6 | 0,72
5	60,23	61,43	62,64	63,84	65,05	66,25	67,46	68,66	69,87	71,07	7 | 0,84
6	72,28	73,48	74,69	75,89	77,09	78,30	79,50	80,71	81,91	83,12	8 | 0,96
											9 | 1,08
7	84,32	85,53	86,73	87,94	89,14	90,35	91,55	92,75	93,96	95,16	
8	96,37	97,57	98,78	99,98	101,19	102,39	103,60	104,80	106,00	107,21	121
9	108,41	109,62	110,82	112,03	113,23	114,44	115,64	116,85	118,05	119,26	1 | 0,12
											2 | 0,24
10	120,46	121,66	122,87	124,07	125,28	126,48	127,69	128,89	130,10	131,30	3 | 0,36
11	132,51	133,71	134,92	136,12	137,32	138,53	139,73	140,94	142,14	143,35	4 | 0,48
12	144,55	145,76	146,96	148,17	149,37	150,58	151,78	152,98	154,19	155,39	5 | 0,61
											6 | 0,73
13	156,60	157,80	159,01	160,21	161,42	162,62	163,83	165,03	166,23	167,44	7 | 0,85
14	168,64	169,85	171,05	172,26	173,46	174,67	175,87	177,08	178,28	179,49	8 | 0,97
15	180,69	181,89	183,10	184,30	185,51	186,71	187,92	189,12	190,33	191,53	9 | 1,09
16	192,74	193,94	195,15	196,35	197,55	198,76	199,96	201,17	202,37	203,58	
17	204,78	205,99	207,19	208,40	209,60	210,81	212,01	213,21	214,42	215,62	
18	216,83	218,03	219,24	220,44	221,65	222,85	224,06	225,26	226,46	227,67	
19	228,87	230,08	231,28	232,49	233,69	234,90	236,10	237,31	238,51	239,72	
20	240,92	242,12	243,33	244,53	245,74	246,94	248,15	249,35	250,56	251,76	
21	252,97	254,17	255,38	256,58	257,78	258,99	260,19	261,40	262,60	263,81	
22	265,01	266,22	267,42	268,63	269,83	271,04	272,24	273,44	274,65	275,85	
23	277,06	278,26	279,47	280,67	281,88	283,08	284,29	285,49	286,69	287,90	
24	289,10	290,31	291,51	292,72	293,92	295,13	296,33	297,54	298,74	299,95	

662,50 = 12,063.

	00	10	20	30	40	50	60	70	80	90
0		1,21	2,41	3,62	4,83	6,03	7,24	8,44	9,65	10,86
1	12,06	13,27	14,48	15,68	16,89	18,09	19,30	20,51	21,71	22,92
2	24,13	25,33	26,54	27,74	28,95	30,16	31,36	32,57	33,78	34,98
3	36,19	37,40	38,60	39,81	41,01	42,22	43,43	44,63	45,84	47,05
4	48,25	49,46	50,66	51,87	53,08	54,28	55,49	56,70	57,90	59,11
5	60,32	61,52	62,73	63,93	65,14	66,35	67,55	68,76	69,97	71,17
6	72,38	73,58	74,79	76,00	77,20	78,41	79,62	80,82	82,03	83,23
7	84,44	85,65	86,85	88,06	89,27	90,47	91,68	92,89	94,09	95,30
8	96,50	97,71	98,92	100,12	101,33	102,54	103,74	104,95	106,15	107,36
9	108,57	109,77	110,98	112,19	113,39	114,60	115,80	117,01	118,22	119,42
10	120,63	121,84	123,04	124,25	125,46	126,66	127,87	129,07	130,28	131,49
11	132,69	133,90	135,11	136,31	137,52	138,72	139,93	141,14	142,34	143,55
12	144,76	145,96	147,17	148,37	149,58	150,79	151,99	153,20	154,41	155,61
13	156,82	158,03	159,23	160,44	161,64	162,85	164,06	165,26	166,47	167,68
14	168,88	170,09	171,29	172,50	173,71	174,91	176,12	177,33	178,53	179,74
15	180,95	182,15	183,36	184,56	185,77	186,98	188,18	189,39	190,60	191,80
16	193,01	194,21	195,42	196,63	197,83	199,04	200,25	201,45	202,66	203,86
17	205,07	206,28	207,48	208,69	209,90	211,10	212,31	213,52	214,72	215,93
18	217,13	218,34	219,55	220,75	221,96	223,17	224,37	225,58	226,78	227,99
19	229,20	230,40	231,61	232,82	234,02	235,23	236,43	237,64	238,85	240,05
20	241,26	242,47	243,67	244,88	246,09	247,29	248,50	249,70	250,91	252,12
21	253,32	254,53	255,74	256,94	258,15	259,35	260,56	261,77	262,97	264,18
22	265,39	266,59	267,80	269,00	270,21	271,42	272,62	273,83	275,04	276,24
23	277,45	278,66	279,86	281,07	282,27	283,48	284,69	285,89	287,10	288,31
24	289,51	290,72	291,92	293,13	294,34	295,54	296,75	297,96	299,16	300,37

dif.

120		121	
1	0,12	1	0,12
2	0,24	2	0,24
3	0,36	3	0,36
4	0,48	4	0,48
5	0,60	5	0,61
6	0,72	6	0,73
7	0,84	7	0,85
8	0,96	8	0,97
9	1,08	9	1,09

661,50 = 12,081.

	00	10	20	30	40	50	60	70	80	90	dif.	
0		1,21	2,42	3,62	4,83	6,04	7,25	8,46	9,66	10,87	120	
											1	0,12
1	12,08	13,29	14,50	15,71	16,91	18,12	19,33	20,54	21,75	22,95	2	0,24
2	24,16	25,37	26,58	27,79	28,99	30,20	31,41	32,62	33,83	35,03	3	0,36
3	36,24	37,45	38,66	39,87	41,08	42,28	43,49	44,70	45,91	47,12	4	0,48
											5	0,60
4	48,32	49,53	50,74	51,95	53,16	54,36	55,57	56,78	57,99	59,20	6	0,72
5	60,41	61,61	62,82	64,03	65,24	66,45	67,65	68,86	70,07	71,28	7	0,84
6	72,49	73,69	74,90	76,11	77,32	78,53	79,73	80,94	82,15	83,36	8	0,96
											9	1,08
7	84,57	85,78	86,98	88,19	89,40	90,61	91,82	93,02	94,23	95,44		
8	96,65	97,86	99,06	100,27	101,48	102,69	103,90	105,10	106,31	107,52	121	
9	108,73	109,94	111,15	112,35	113,56	114,77	115,98	117,19	118,39	119,60	1	0,12
											2	0,24
10	120,81	122,02	123,23	124,43	125,64	126,85	128,06	129,27	130,47	131,68	3	0,36
11	132,89	134,10	135,31	136,52	137,72	138,93	140,14	141,35	142,56	143,76	4	0,48
12	144,97	146,18	147,39	148,60	149,80	151,01	152,22	153,43	154,64	155,84	5	0,61
											6	0,73
13	157,05	158,26	159,47	160,68	161,89	163,09	164,30	165,51	166,72	167,93	7	0,85
14	169,13	170,34	171,55	172,76	173,97	175,17	176,38	177,59	178,80	180,01	8	0,97
15	181,22	182,42	183,63	184,84	186,05	187,26	188,46	189,67	190,88	192,09	9	1,09
16	193,30	194,50	195,71	196,92	198,13	199,34	200,54	201,75	202,96	204,17		
17	205,38	206,59	207,79	209,00	210,21	211,42	212,63	213,83	215,04	216,25		
18	217,46	218,67	219,87	221,08	222,29	223,50	224,71	225,91	227,12	228,33		
19	229,54	230,75	231,96	233,16	234,37	235,58	236,79	238,00	239,20	240,41		
20	241,62	242,83	244,04	245,24	246,45	247,66	248,87	250,08	251,28	252,49		
21	253,70	254,91	256,12	257,33	258,53	259,74	260,95	262,16	263,37	264,57		
22	265,78	266,99	268,20	269,41	270,61	271,82	273,03	274,24	275,45	276,65		
23	277,86	279,07	280,28	281,49	282,70	283,90	285,11	286,32	287,53	288,74		
24	289,94	291,15	292,36	293,57	294,78	295,98	297,19	298,40	299,61	300,82		

660,50 = 12,100.

	00	10	20	30	40	50	60	70	80	90	dif.
0		1,21	2,42	3,63	4,84	6,05	7,26	8,47	9,68	10,89	121
1	12,10	13,31	14,52	15,73	16,94	18,15	19,36	20,57	21,78	22,99	
2	24,20	25,41	26,62	27,83	29,04	30,25	31,46	32,67	33,88	35,09	
3	36,30	37,51	38,72	39,93	41,14	42,35	43,56	44,77	45,98	47,19	
4	48,40	49,61	50,82	52,03	53,24	54,45	55,66	56,87	58,08	59,29	
5	60,50	61,71	62,92	64,13	65,34	66,55	67,76	68,97	70,18	71,39	
6	72,60	73,81	75,02	76,23	77,44	78,65	79,86	81,07	82,28	83,49	
7	84,70	85,91	87,12	88,33	89,54	90,75	91,96	93,17	94,38	95,59	
8	96,80	98,01	99,22	100,43	101,64	102,85	104,06	105,27	106,48	107,69	
9	108,90	110,11	111,32	112,53	113,74	114,95	116,16	117,37	118,58	119,79	
10	121,00	122,21	123,42	124,63	125,84	127,05	128,26	129,47	130,68	131,89	
11	133,10	134,31	135,52	136,73	137,94	139,15	140,36	141,57	142,78	143,99	
12	145,20	146,41	147,62	148,83	150,04	151,25	152,46	153,67	154,88	156,09	
13	157,30	158,51	159,72	160,93	162,14	163,35	164,56	165,77	166,98	168,19	
14	169,40	170,61	171,82	173,03	174,24	175,45	176,66	177,87	179,08	180,29	
15	181,50	182,71	183,92	185,13	186,34	187,55	188,76	189,97	191,18	192,39	
16	193,60	194,81	196,02	197,23	198,44	199,65	200,86	202,07	203,28	204,49	
17	205,70	206,91	208,12	209,33	210,54	211,75	212,96	214,17	215,38	216,59	
18	217,80	219,01	220,22	221,43	222,64	223,85	225,06	226,27	227,48	228,69	
19	229,90	231,11	232,32	233,53	234,74	235,95	237,16	238,37	239,58	240,79	
20	242,00	243,21	244,42	245,63	246,84	248,05	249,26	250,47	251,68	252,89	
21	254,10	255,31	256,52	257,73	258,94	260,15	261,36	262,57	263,78	264,99	
22	266,20	267,41	268,62	269,83	271,04	272,25	273,46	274,67	275,88	277,09	
23	278,30	279,51	280,72	281,93	283,14	284,35	285,56	286,77	287,98	289,19	
24	290,40	291,61	292,82	294,03	295,24	296,45	297,66	298,87	300,08	301,29	

dif.:

1	0,12
2	0,24
3	0,36
4	0,48
5	0,61
6	0,73
7	0,85
8	0,97
9	1,09

659,50 = 12,118.

	00	10	20	30	40	50	60	70	80	90	dif.
0		1,21	2,42	3,64	4,85	6,06	7,27	8,48	9,69	10,91	121
											1 | 0,12
1	12,12	13,33	14,54	15,75	16,97	18,18	19,39	20,60	21,81	23,02	2 | 0,24
2	24,24	25,45	26,66	27,87	29,08	30,30	31,51	32,72	33,93	35,14	3 | 0,36
3	36,35	37,57	38,78	39,99	41,20	42,41	43,62	44,84	46,05	47,26	4 | 0,48
											5 | 0,61
4	48,47	49,68	50,90	52,11	53,32	54,53	55,74	56,95	58,17	59,38	6 | 0,73
5	60,59	61,80	63,01	64,23	65,44	66,65	67,86	69,07	70,28	71,50	7 | 0,85
6	72,71	73,92	75,13	76,34	77,56	78,77	79,98	81,19	82,40	83,61	8 | 0,97
											9 | 1,09
7	84,83	86,04	87,25	88,46	89,67	90,89	92,10	93,31	94,52	95,73	
8	96,94	98,16	99,37	100,58	101,79	103,00	104,21	105,43	106,64	107,85	122
9	109,06	110,27	111,49	112,70	113,91	115,12	116,33	117,54	118,76	119,97	1 | 0,12
											2 | 0,24
10	121,18	122,39	123,60	124,82	126,03	127,24	128,45	129,66	130,87	132,09	3 | 0,37
11	133,30	134,51	135,72	136,93	138,15	139,36	140,57	141,78	142,99	144,20	4 | 0,49
12	145,42	146,63	147,84	149,05	150,26	151,48	152,69	153,90	155,11	156,32	5 | 0,61
											6 | 0,73
13	157,53	158,75	159,96	161,17	162,38	163,59	164,80	166,02	167,23	168,44	7 | 0,85
14	169,65	170,86	172,08	173,29	174,50	175,71	176,92	178,13	179,35	180,56	8 | 0,98
15	181,77	182,98	184,19	185,41	186,62	187,83	189,04	190,25	191,46	192,68	9 | 1,10
16	193,89	195,10	196,31	197,52	198,74	199,95	201,16	202,37	203,58	204,79	
17	206,01	207,22	208,43	209,64	210,85	212,07	213,28	214,49	215,70	216,91	
18	218,12	219,34	220,55	221,76	222,97	224,18	225,39	226,61	227,82	229,03	
19	230,24	231,45	232,67	233,88	235,09	236,30	237,51	238,72	239,94	241,15	
20	242,36	243,57	244,78	246,00	247,21	248,42	249,63	250,84	252,05	253,27	
21	254,48	255,69	256,90	258,11	259,33	260,54	261,75	262,96	264,17	265,38	
22	266,60	267,81	269,02	270,23	271,44	272,66	273,87	275,08	276,29	277,50	
23	278,71	279,93	281,14	282,35	283,56	284,77	285,98	287,20	288,41	289,62	
24	290,83	292,04	293,26	294,47	295,68	296,89	298,10	299,31	300,53	301,74	

658,50 = 12,137.

	00	10	20	30	40	50	60	70	80	90
0		1,21	2,43	3,64	4,85	6,07	7,28	8,50	9,71	10,92
1	12,14	13,35	14,56	15,78	16,99	18,21	19,42	20,63	21,85	23,06
2	24,27	25,49	26,70	27,92	29,13	30,34	31,56	32,77	33,98	35,20
3	36,41	37,62	38,84	40,05	41,27	42,48	43,69	44,91	46,12	47,33
4	48,55	49,76	50,98	52,19	53,40	54,62	55,83	57,04	58,26	59,47
5	60,69	61,90	63,11	64,33	65,54	66,75	67,97	69,18	70,39	71,61
6	72,82	74,04	75,25	76,46	77,68	78,89	80,10	81,32	82,53	83,75
7	84,96	86,17	87,39	88,60	89,81	91,03	92,24	93,45	94,67	95,88
8	97,10	98,31	99,52	100,74	101,95	103,16	104,38	105,59	106,81	108,02
9	109,23	110,45	111,66	112,87	114,09	115,30	116,52	117,73	118,94	120,16
10	121,37	122,58	123,80	125,01	126,22	127,44	128,65	129,87	131,08	132,29
11	133,51	134,72	135,93	137,15	138,36	139,58	140,79	142,00	143,22	144,43
12	145,64	146,86	148,07	149,29	150,50	151,71	152,93	154,14	155,35	156,57
13	157,78	158,99	160,21	161,42	162,64	163,85	165,06	166,28	167,49	168,70
14	169,92	171,13	172,35	173,56	174,77	175,99	177,20	178,41	179,63	180,84
15	182,06	183,27	184,48	185,70	186,91	188,12	189,34	190,55	191,76	192,98
16	194,19	195,41	196,62	197,83	199,05	200,26	201,47	202,69	203,90	205,12
17	206,33	207,54	208,76	209,97	211,18	212,40	213,61	214,82	216,04	217,25
18	218,47	219,68	220,89	222,11	223,32	224,53	225,75	226,96	228,18	229,39
19	230,60	231,82	233,03	234,24	235,46	236,67	237,89	239,10	240,31	241,53
20	242,74	243,95	245,17	246,38	247,59	248,81	250,02	251,24	252,45	253,66
21	254,88	256,09	257,30	258,52	259,73	260,95	262,16	263,37	264,59	265,80
22	267,01	268,23	269,44	270,66	271,87	273,08	274,30	275,51	276,72	277,94
23	279,15	280,36	281,58	282,79	284,01	285,22	286,43	287,65	288,86	290,07
24	291,29	292,50	293,72	294,93	296,14	297,36	298,57	299,78	301,00	302,21

dif.

121		122	
1	0,12	1	0,12
2	0,24	2	0,24
3	0,36	3	0,37
4	0,48	4	0,49
5	0,61	5	0,61
6	0,73	6	0,73
7	0,85	7	0,85
8	0,97	8	0,98
9	1,09	9	1,10

657,50 = 12,155.

	00	10	20	30	40	50	60	70	80	90	dif.
0		1,22	2,43	3,65	4,86	6,08	7,29	8,51	9,72	10,94	121
											1 0,12
1	12,16	13,37	14,59	15,80	17,02	18,23	19,45	20,66	21,88	23,09	2 0,24
2	24,31	25,53	26,74	27,96	29,17	30,39	31,60	32,82	34,03	35,25	3 0,36
3	36,47	37,68	38,90	40,11	41,33	42,54	43,76	44,97	46,19	47,40	4 0,48
											5 0,61
4	48,62	49,84	51,05	52,27	53,48	54,70	55,91	57,13	58,34	59,56	6 0,73
5	60,78	61,99	63,21	64,42	65,64	66,85	68,07	69,28	70,50	71,71	7 0,85
6	72,93	74,15	75,36	76,58	77,79	79,01	80,22	81,44	82,65	83,87	8 0,97
											9 1,09
7	85,09	86,30	87,52	88,73	89,95	91,16	92,38	93,59	94,81	96,02	
8	97,24	98,46	99,67	100,89	102,10	103,32	104,53	105,75	106,96	108,18	122
9	109,40	110,61	111,83	113,04	114,26	115,47	116,69	117,90	119,12	120,33	1 0,12
											2 0,24
10	121,55	122,77	123,98	125,20	126,41	127,63	128,84	130,06	131,27	132,49	3 0,37
11	133,71	134,92	136,14	137,35	138,57	139,78	141,00	142,21	143,43	144,64	4 0,49
12	145,86	147,08	148,29	149,51	150,72	151,94	153,15	154,37	155,58	156,80	5 0,61
											6 0,73
13	158,02	159,23	160,45	161,66	162,88	164,09	165,31	166,52	167,74	168,95	7 0,85
14	170,17	171,39	172,60	173,82	175,03	176,25	177,46	178,68	179,89	181,11	8 0,98
15	182,33	183,54	184,76	185,97	187,19	188,40	189,62	190,83	192,05	193,26	9 1,10
16	194,48	195,70	196,91	198,13	199,34	200,56	201,77	202,99	204,20	205,42	
17	206,64	207,85	209,07	210,28	211,50	212,71	213,93	215,14	216,36	217,57	
18	218,79	220,01	221,22	222,44	223,65	224,87	226,08	227,30	228,51	229,73	
19	230,95	232,16	233,38	234,59	235,81	237,02	238,24	239,45	240,67	241,88	
20	243,10	244,32	245,53	246,75	247,96	249,18	250,39	251,61	252,82	254,04	
21	255,26	256,47	257,69	258,90	260,12	261,33	262,55	263,76	264,98	266,19	
22	267,41	268,63	269,84	271,06	272,27	273,49	274,70	275,92	277,13	278,35	
23	279,57	280,78	282,00	283,21	284,43	285,64	286,86	288,07	289,29	290,50	
24	291,72	292,94	294,15	295,37	296,58	297,80	299,01	300,23	301,44	302,66	

656,50 = 12,173.

	00	10	20	30	40	50	60	70	80	90	dif.
0		1,22	2,43	3,65	4,87	6,09	7,30	8,52	9,74	10,96	121
1	12,17	13,39	14,61	15,82	17,04	18,26	19,48	20,69	21,91	23,13	
2	24,35	25,56	26,78	28,00	29,22	30,43	31,65	32,87	34,08	35,30	
3	36,52	37,74	38,95	40,17	41,39	42,61	43,82	45,04	46,26	47,47	
4	48,69	49,91	51,13	52,34	53,56	54,78	56,00	57,21	58,43	59,65	
5	60,87	62,08	63,30	64,52	65,73	66,95	68,17	69,39	70,60	71,82	
6	73,04	74,26	75,47	76,69	77,91	79,12	80,34	81,56	82,78	83,99	
7	85,21	86,43	87,65	88,86	90,08	91,30	92,51	93,73	94,95	96,17	
8	97,38	98,60	99,82	101,04	102,25	103,47	104,69	105,91	107,12	108,34	122
9	109,56	110,77	111,99	113,21	114,43	115,64	116,86	118,08	119,30	120,51	
10	121,73	122,95	124,16	125,38	126,60	127,82	129,03	130,25	131,47	132,69	
11	133,90	135,12	136,34	137,55	138,77	139,99	141,21	142,42	143,64	144,86	
12	146,08	147,29	148,51	149,73	150,95	152,16	153,38	154,60	155,81	157,03	
13	158,25	159,47	160,68	161,90	163,12	164,34	165,55	166,77	167,99	169,20	
14	170,42	171,64	172,86	174,07	175,29	176,51	177,73	178,94	180,16	181,38	
15	182,60	183,81	185,03	186,25	187,46	188,68	189,90	191,12	192,33	193,55	
16	194,77	195,99	197,20	198,42	199,64	200,85	202,07	203,29	204,51	205,72	
17	206,94	208,16	209,38	210,59	211,81	213,03	214,24	215,46	216,68	217,90	
18	219,11	220,33	221,55	222,77	223,98	225,20	226,42	227,64	228,85	230,07	
19	231,29	232,50	233,72	234,94	236,16	237,37	238,59	239,81	241,03	242,24	
20	243,46	244,68	245,89	247,11	248,33	249,55	250,76	251,98	253,20	254,42	
21	255,63	256,85	258,07	259,28	260,50	261,72	262,94	264,15	265,37	266,59	
22	267,81	269,02	270,24	271,46	272,68	273,89	275,11	276,33	277,54	278,76	
23	279,98	281,20	282,41	283,63	284,85	286,07	287,28	288,50	289,72	290,93	
24	292,15	293,37	294,59	295,80	297,02	298,24	299,46	300,67	301,89	303,11	

Differenzen (dif.):

121		122	
1	0,12	1	0,12
2	0,24	2	0,24
3	0,36	3	0,37
4	0,48	4	0,49
5	0,61	5	0,61
6	0,73	6	0,73
7	0,85	7	0,85
8	0,97	8	0,98
9	1,09	9	1,10

655,50 = 12,192.

	00	10	20	30	40	50	60	70	80	90	dif.
0		1,22	2,44	3,66	4,88	6,10	7,32	8,53	9,75	10,97	121
											1 0,12
1	12,19	13,41	14,63	15,85	17,07	18,29	19,51	20,73	21,95	23,16	2 0,24
2	24,38	25,60	26,82	28,04	29,26	30,48	31,70	32,92	34,14	35,36	3 0,36
3	36,58	37,80	39,01	40,23	41,45	42,67	43,89	45,11	46,33	47,55	4 0,48
											5 0,61
4	48,77	49,99	51,21	52,43	53,64	54,86	56,08	57,30	58,52	59,74	6 0,73
5	60,96	62,18	63,40	64,62	65,84	67,06	68,28	69,49	70,71	71,93	7 0,85
6	73,15	74,37	75,59	76,81	78,03	79,25	80,47	81,69	82,91	84,12	8 0,97
											9 1,09
7	85,34	86,56	87,78	89,00	90,22	91,44	92,66	93,88	95,10	96,32	
8	97,54	98,76	99,97	101,19	102,41	103,63	104,85	106,07	107,29	108,51	122
9	109,73	110,95	112,17	113,39	114,60	115,82	117,04	118,26	119,48	120,70	1 0,12
											2 0,24
10	121,92	123,14	124,36	125,58	126,80	128,02	129,24	130,45	131,67	132,89	3 0,37
11	134,11	135,33	136,55	137,77	138,99	140,21	141,43	142,65	143,87	145,08	4 0,49
12	146,30	147,52	148,74	149,96	151,18	152,40	153,62	154,84	156,06	157,28	5 0,61
											6 0,73
13	158,50	159,72	160,93	162,15	163,37	164,59	165,81	167,03	168,25	169,47	7 0,85
14	170,69	171,91	173,13	174,35	175,56	176,78	178,00	179,22	180,44	181,66	8 0,98
15	182,88	184,10	185,32	186,54	187,76	188,98	190,20	191,41	192,63	193,85	9 1,10
16	195,07	196,29	197,51	198,73	199,95	201,17	202,39	203,61	204,83	206,04	
17	207,26	208,48	209,70	210,92	212,14	213,36	214,58	215,80	217,02	218,24	
18	219,46	220,68	221,89	223,11	224,33	225,55	226,77	227,99	229,21	230,43	
19	231,65	232,87	234,09	235,31	236,52	237,74	238,96	240,18	241,40	242,62	
20	243,84	245,06	246,28	247,50	248,72	249,94	251,16	252,37	253,59	254,81	
21	256,03	257,25	258,47	259,69	260,91	262,13	263,35	264,57	265,79	267,00	
22	268,22	269,44	270,66	271,88	273,10	274,32	275,54	276,76	277,98	279,20	
23	280,42	281,64	282,85	284,07	285,29	286,51	287,73	288,95	290,17	291,39	
24	292,61	293,83	295,05	296,27	297,48	298,70	299,92	301,14	302,36	303,58	

654,50 = 12,212.

	00	10	20	30	40	50	60	70	80	90	dif.
0		1,22	2,44	3,66	4,88	6,11	7,33	8,55	9,77	10,99	122
1	12,21	13,43	14,65	15,88	17,10	18,32	19,54	20,76	21,98	23,20	1 0,12
2	24,42	25,65	26,87	28,09	29,31	30,53	31,75	32,97	34,19	35,41	2 0,24
3	36,64	37,86	39,08	40,30	41,52	42,74	43,96	45,18	46,41	47,63	3 0,37
											4 0,49
											5 0,61
4	48,85	50,07	51,29	52,51	53,73	54,95	56,18	57,40	58,62	59,84	6 0,73
5	61,06	62,28	63,50	64,72	65,94	67,17	68,39	69,61	70,83	72,05	7 0,85
6	73,27	74,49	75,71	76,94	78,16	79,38	80,60	81,82	83,04	84,26	8 0,98
											9 1,10
7	85,48	86,71	87,93	89,15	90,37	91,59	92,81	94,03	95,25	96,47	
8	97,70	98,92	100,14	101,36	102,58	103,80	105,02	106,24	107,47	108,69	123
9	109,91	111,13	112,35	113,57	114,79	116,01	117,24	118,46	119,68	120,90	1 0,12
											2 0,25
10	122,12	123,34	124,56	125,78	127,00	128,23	129,45	130,67	131,89	133,11	3 0,37
11	134,33	135,55	136,77	138,00	139,22	140,44	141,66	142,88	144,10	145,32	4 0,49
12	146,54	147,77	148,99	150,21	151,43	152,65	153,87	155,09	156,31	157,53	5 0,62
											6 0,74
13	158,76	159,98	161,20	162,42	163,64	164,86	166,08	167,30	168,53	169,75	7 0,86
14	170,97	172,19	173,41	174,63	175,85	177,07	178,30	179,52	180,74	181,96	8 0,98
15	183,18	184,40	185,62	186,84	188,06	189,29	190,51	191,73	192,95	194,17	9 1,11
16	195,39	196,61	197,83	199,06	200,28	201,50	202,72	203,94	205,16	206,38	
17	207,60	208,83	210,05	211,27	212,49	213,71	214,93	216,15	217,37	218,59	
18	219,82	221,04	222,26	223,48	224,70	225,92	227,14	228,36	229,59	230,81	
19	232,03	233,25	234,47	235,69	236,91	238,13	239,36	240,58	241,80	243,02	
20	244,24	245,46	246,68	247,90	249,12	250,35	251,57	252,79	254,01	255,23	
21	256,45	257,67	258,89	260,12	261,34	262,56	263,78	265,00	266,22	267,44	
22	268,66	269,89	271,11	272,33	273,55	274,77	275,99	277,21	278,43	279,65	
23	280,88	282,10	283,32	284,54	285,76	286,98	288,20	289,42	290,65	291,87	
24	293,09	294,31	295,53	296,75	297,97	299,19	300,42	301,64	302,86	304,08	

653,50 = 12,230.

	00	10	20	30	40	50	60	70	80	90	dif.
0		1,22	2,45	3,67	4,89	6,12	7,54	8,56	9,78	11,01	122
1	12,23	13,45	14,68	15,90	17,12	18,35	19,57	20,79	22,01	23,24	
2	24,46	25,68	26,91	28,13	29,35	30,58	31,80	33,02	34,24	35,47	
3	36,69	37,91	39,14	40,36	41,58	42,81	44,03	45,25	46,47	47,70	
4	48,92	50,14	51,37	52,59	53,81	55,04	56,26	57,48	58,70	59,93	
5	61,15	62,37	63,60	64,82	66,04	67,27	68,49	69,71	70,93	72,16	
6	73,38	74,60	75,83	77,05	78,27	79,50	80,72	81,94	83,16	84,39	
7	85,61	86,83	88,06	89,28	90,50	91,73	92,95	94,17	95,39	96,62	
8	97,84	99,06	100,29	101,51	102,73	103,96	105,18	106,40	107,62	108,85	123
9	110,07	111,29	112,52	113,74	114,96	116,19	117,41	118,63	119,85	121,08	
10	122,30	123,52	124,75	125,97	127,19	128,42	129,64	130,86	132,08	133,31	
11	134,53	135,75	136,98	138,20	139,42	140,65	141,87	143,09	144,31	145,54	
12	146,76	147,98	149,21	150,43	151,65	152,88	154,10	155,32	156,54	157,77	
13	158,99	160,21	161,44	162,66	163,88	165,11	166,33	167,55	168,77	170,00	
14	171,22	172,44	173,67	174,89	176,11	177,34	178,56	179,78	181,00	182,23	
15	183,45	184,67	185,90	187,12	188,34	189,57	190,79	192,01	193,23	194,46	
16	195,68	196,90	198,13	199,35	200,57	201,80	203,02	204,24	205,46	206,69	
17	207,91	209,13	210,36	211,58	212,80	214,03	215,25	216,47	217,69	218,92	
18	220,14	221,36	222,59	223,81	225,03	226,26	227,48	228,70	229,92	231,15	
19	232,37	233,59	234,82	236,04	237,26	238,49	239,71	240,93	242,15	243,38	
20	244,60	245,82	247,05	248,27	249,49	250,72	251,94	253,16	254,38	255,61	
21	256,83	258,05	259,28	260,50	261,72	262,95	264,17	265,39	266,61	267,84	
22	269,06	270,28	271,51	272,73	273,95	275,18	276,40	277,62	278,84	280,07	
23	281,29	282,51	283,74	284,96	286,18	287,41	288,63	289,85	291,07	292,30	
24	293,52	294,74	295,97	297,19	298,41	299,64	300,86	302,08	303,30	304,53	

dif. (122):

1	0,12
2	0,24
3	0,37
4	0,49
5	0,61
6	0,73
7	0,85
8	0,98
9	1,10

dif. (123):

1	0,12
2	0,25
3	0,37
4	0,49
5	0,62
6	0,74
7	0,86
8	0,98
9	1,11

652,50 = 12,249.

	00	10	20	30	40	50	60	70	80	90	dif.
0		1,22	2,45	3,67	4,90	6,12	7,35	8,57	9,80	11,02	122
											1 0,12
1	12,25	13,47	14,70	15,92	17,15	18,37	19,60	20,82	22,05	23,27	2 0,24
2	24,50	25,72	26,95	28,17	29,40	30,62	31,85	33,07	34,30	35,52	3 0,37
3	36,75	37,97	39,20	40,42	41,65	42,87	44,10	45,32	46,55	47,77	4 0,49
											5 0,61
4	49,00	50,22	51,45	52,67	53,90	55,12	56,35	57,57	58,80	60,02	6 0,73
5	61,25	62,47	63,69	64,92	66,14	67,37	68,59	69,82	71,04	72,27	7 0,85
6	73,49	74,72	75,94	77,17	78,39	79,62	80,84	82,07	83,29	84,52	8 0,98
											9 1,10
7	85,74	86,97	88,19	89,42	90,64	91,87	93,09	94,32	95,54	96,77	
8	97,99	99,22	100,44	101,67	102,89	104,12	105,34	106,57	107,79	109,02	123
9	110,24	111,47	112,69	113,92	115,14	116,37	117,59	118,82	120,04	121,27	1 0,12
											2 0,25
10	122,49	123,71	124,94	126,16	127,39	128,61	129,84	131,06	132,29	133,51	3 0,37
11	134,74	135,96	137,19	138,41	139,64	140,86	142,09	143,31	144,54	145,76	4 0,49
12	146,99	148,21	149,44	150,66	151,89	153,11	154,34	155,56	156,79	158,01	5 0,62
											6 0,74
13	159,24	160,46	161,69	162,91	164,14	165,36	166,59	167,81	169,04	170,26	7 0,86
14	171,49	172,71	173,94	175,16	176,39	177,61	178,84	180,06	181,29	182,51	8 0,98
15	183,74	184,96	186,18	187,41	188,63	189,86	191,08	192,31	193,53	194,76	9 1,11
16	195,98	197,21	198,43	199,66	200,88	202,11	203,33	204,56	205,78	207,01	
17	208,23	209,46	210,68	211,91	213,13	214,36	215,58	216,81	218,03	219,26	
18	220,48	221,71	222,93	224,16	225,38	226,61	227,83	229,06	230,28	231,51	
19	232,73	233,96	235,18	236,41	237,63	238,86	240,08	241,31	242,53	243,76	
20	244,98	246,20	247,43	248,65	249,88	251,10	252,33	253,55	254,78	256,00	
21	257,23	258,45	259,68	260,90	262,13	263,35	264,58	265,80	267,03	268,25	
22	269,48	270,70	271,93	273,15	274,38	275,60	276,83	278,05	279,28	280,50	
23	281,73	282,95	284,18	285,40	286,63	287,85	289,08	290,30	291,53	292,75	
24	293,98	295,20	296,43	297,65	298,88	300,10	301,33	302,55	303,78	305,00	

651,50 = 12,267.

	00	10	20	30	40	50	60	70	80	90	dif.	
0		1,23	2,45	3,68	4,91	6,13	7,36	8,59	9,81	11,04	122	
											1	0,12
•1	12,27	13,49	14,72	15,95	17,17	18,40	19,63	20,85	22,08	23,31	2	0,24
2	24,53	25,76	26,99	28,21	29,44	30,67	31,89	33,12	34,35	35,57	3	0,37
3	36,80	38,03	39,25	40,48	41,71	42,93	44,16	45,39	46,61	47,84	4	0,49
											5	0,61
4	49,07	50,29	51,52	52,75	53,97	55,20	56,43	57,65	58,88	60,11	6	0,73
5	61,34	62,56	63,79	65,02	66,24	67,47	68,70	69,92	71,15	72,38	7	0,85
6	73,60	74,83	76,06	77,28	78,51	79,74	80,96	82,19	83,42	84,64	8	0,98
											9	1,10
7	85,87	87,10	88,32	89,55	90,78	92,00	93,23	94,46	95,68	96,91		
8	98,14	99,36	100,59	101,82	103,04	104,27	105,50	106,72	107,95	109,18	123	
9	110,40	111,63	112,86	114,08	115,31	116,54	117,76	118,99	120,22	121,44	1	0,12
											2	0,25
10	122,67	123,90	125,12	126,35	127,58	128,80	130,03	131,26	132,48	133,71	3	0,37
11	134,94	136,16	137,39	138,62	139,84	141,07	142,30	143,52	144,75	145,98	4	0,49
12	147,20	148,43	149,66	150,88	152,11	153,34	154,56	155,79	157,02	158,24	5	0,62
											6	0,74
13	159,47	160,70	161,92	163,15	164,38	165,60	166,83	168,06	169,28	170,51	7	0,86
14	171,74	172,96	174,19	175,42	176,64	177,87	179,10	180,32	181,55	182,78	8	0,98
15	184,01	185,23	186,46	187,69	188,91	190,14	191,37	192,59	193,82	195,05	9	1,11
16	196,27	197,50	198,73	199,95	201,18	202,41	203,63	204,86	206,09	207,31		
17	208,54	209,77	210,99	212,22	213,45	214,67	215,90	217,13	218,35	219,58		
18	220,81	222,03	223,26	224,49	225,71	226,94	228,17	229,39	230,62	231,85		
19	233,07	234,30	235,53	236,75	237,98	239,21	240,43	241,66	242,89	244,11		
20	245,34	246,57	247,79	249,02	250,25	251,47	252,70	253,93	255,15	256,38		
21	257,61	258,83	260,06	261,29	262,51	263,74	264,97	266,19	267,42	268,65		
22	269,87	271,10	272,33	273,55	274,78	276,01	277,23	278,46	279,69	280,91		
23	282,14	283,37	284,59	285,82	287,05	288,27	289,50	290,73	291,95	293,18		
24	294,41	295,63	296,86	298,09	299,31	300,54	301,77	302,99	304,22	305,45		

650,50 = 12,286.

	00	10	20	30	40	50	60	70	80	90	dif.
0		1,23	2,46	3,69	4,91	6,14	7,37	8,60	9,83	11,06	122
1	12,29	13,51	14,74	15,97	17,20	18,43	19,66	20,89	22,11	23,34	
2	24,57	25,80	27,03	28,26	29,49	30,72	31,94	33,17	34,40	35,63	
3	36,86	38,09	39,32	40,54	41,77	43,00	44,23	45,46	46,69	47,92	
4	49,14	50,37	51,60	52,83	54,06	55,29	56,52	57,74	58,97	60,20	
5	61,43	62,66	63,89	65,12	66,34	67,57	68,80	70,03	71,26	72,49	
6	73,72	74,94	76,17	77,40	78,63	79,86	81,09	82,32	83,54	84,77	
7	86,00	87,23	88,46	89,69	90,92	92,15	93,37	94,60	95,83	97,06	
8	98,29	99,52	100,75	101,97	103,20	104,43	105,66	106,89	108,12	109,35	123
9	110,57	111,80	113,03	114,26	115,49	116,72	117,95	119,17	120,40	121,63	
10	122,86	124,09	125,32	126,55	127,77	129,00	130,23	131,46	132,69	133,92	
11	135,15	136,37	137,60	138,83	140,06	141,29	142,52	143,75	144,97	146,20	
12	147,43	148,66	149,89	151,12	152,35	153,58	154,80	156,03	157,26	158,49	
13	159,72	160,95	162,18	163,40	164,63	165,86	167,09	168,32	169,55	170,78	
14	172,00	173,23	174,46	175,69	176,92	178,15	179,38	180,60	181,83	183,06	
15	184,29	185,52	186,75	187,98	189,20	190,43	191,66	192,89	194,12	195,35	
16	196,58	197,80	199,03	200,26	201,49	202,72	203,95	205,18	206,40	207,63	
17	208,86	210,09	211,32	212,55	213,78	215,01	216,23	217,46	218,69	219,92	
18	221,15	222,38	223,61	224,83	226,06	227,29	228,52	229,75	230,98	232,21	
19	233,43	234,66	235,89	237,12	238,35	239,58	240,81	242,03	243,26	244,49	
20	245,72	246,95	248,18	249,41	250,63	251,86	253,09	254,32	255,55	256,78	
21	258,01	259,23	260,46	261,69	262,92	264,15	265,38	266,61	267,83	269,06	
22	270,29	271,52	272,75	273,98	275,21	276,44	277,66	278,89	280,12	281,35	
23	282,58	283,81	285,04	286,26	287,49	288,72	289,95	291,18	292,41	293,64	
24	294,86	296,09	297,32	298,55	299,78	301,01	302,24	303,46	304,69	305,92	

dif. 122:

1	0,12
2	0,24
3	0,37
4	0,49
5	0,61
6	0,73
7	0,85
8	0,98
9	1,10

dif. 123:

1	0,12
2	0,25
3	0,37
4	0,49
5	0,62
6	0,74
7	0,86
8	0,98
9	1,11

649,50 = 12,306.

	00	10	20	30	40	50	60	70	80	90
0		1,23	2,46	3,69	4,92	6,15	7,38	8,61	9,84	11,08
1	12,31	13,54	14,77	16,00	17,23	18,46	19,69	20,92	22,15	23,38
2	24,61	25,84	27,07	28,30	29,53	30,77	32,00	33,23	34,46	35,69
3	36,92	38,15	39,38	40,61	41,84	43,07	44,30	45,53	46,76	47,99
4	49,22	50,45	51,69	52,92	54,15	55,38	56,61	57,84	59,07	60,30
5	61,53	62,76	63,99	65,22	66,45	67,68	68,91	70,14	71,37	72,61
6	73,84	75,07	76,30	77,53	78,76	79,99	81,22	82,45	83,68	84,91
7	86,14	87,37	88,60	89,83	91,06	92,30	93,53	94,76	95,99	97,22
8	98,45	99,68	100,91	102,14	103,37	104,60	105,83	107,06	108,29	109,52
9	110,75	111,98	113,22	114,45	115,68	116,91	118,14	119,37	120,60	121,83
10	123,06	124,29	125,52	126,75	127,98	129,21	130,44	131,67	132,90	134,14
11	135,37	136,60	137,83	139,06	140,29	141,52	142,75	143,98	145,21	146,44
12	147,67	148,90	150,13	151,36	152,59	153,83	155,06	156,29	157,52	158,75
13	159,98	161,21	162,44	163,67	164,90	166,13	167,36	168,59	169,82	171,05
14	172,28	173,51	174,75	175,98	177,21	178,44	179,67	180,90	182,13	183,36
15	184,59	185,82	187,05	188,28	189,51	190,74	191,97	193,20	194,43	195,67
16	196,90	198,13	199,36	200,59	201,82	203,05	204,28	205,51	206,74	207,97
17	209,20	210,43	211,66	212,89	214,12	215,36	216,59	217,82	219,05	220,28
18	221,51	222,74	223,97	225,20	226,43	227,66	228,89	230,12	231,35	232,58
19	233,81	235,04	236,28	237,51	238,74	239,97	241,20	242,43	243,66	244,89
20	246,12	247,35	248,58	249,81	251,04	252,27	253,50	254,73	255,96	257,20
21	258,43	259,66	260,89	262,12	263,35	264,58	265,81	267,04	268,27	269,50
22	270,73	271,96	273,19	274,42	275,65	276,89	278,12	279,35	280,58	281,81
23	283,04	284,27	285,50	286,73	287,96	289,19	290,42	291,65	292,88	294,11
24	295,34	296,57	297,81	299,04	300,27	301,50	302,73	303,96	305,19	306,42

dif.

123	
1	0,12
2	0,25
3	0,37
4	0,49
5	0,62
6	0,74
7	0,86
8	0,98
9	1,11

124	
1	0,12
2	0,25
3	0,37
4	0,50
5	0,62
6	0,74
7	0,87
8	0,99
9	1,12

648,50 = 12,324.

	00	10	20	30	40	50	60	70	80	90	dif.
0		1,23	2,46	3,70	4,93	6,16	7,39	8,63	9,86	11,09	123
1	12,32	13,56	14,79	16,02	17,25	18,49	19,72	20,95	22,18	23,42	
2	24,65	25,88	27,11	28,35	29,58	30,81	32,04	33,27	34,51	35,74	
3	36,97	38,20	39,44	40,67	41,90	43,13	44,37	45,60	46,83	48,06	
4	49,30	50,53	51,76	52,99	54,23	55,46	56,69	57,92	59,16	60,39	
5	61,62	62,85	64,08	65,32	66,55	67,78	69,01	70,25	71,48	72,71	
6	73,94	75,18	76,41	77,64	78,87	80,11	81,34	82,57	83,80	85,04	
7	86,27	87,50	88,73	89,97	91,20	92,43	93,66	94,89	96,13	97,36	
8	98,59	99,82	101,06	102,29	103,52	104,75	105,99	107,22	108,45	109,68	
9	110,92	112,15	113,38	114,61	115,85	117,08	118,31	119,54	120,78	122,01	
10	123,24	124,47	125,70	126,94	128,17	129,40	130,63	131,87	133,10	134,33	
11	135,56	136,80	138,03	139,26	140,49	141,73	142,96	144,19	145,42	146,66	
12	147,89	149,12	150,35	151,59	152,82	154,05	155,28	156,51	157,75	158,98	
13	160,21	161,44	162,68	163,91	165,14	166,37	167,61	168,84	170,07	171,30	
14	172,54	173,77	175,00	176,23	177,47	178,70	179,93	181,16	182,40	183,63	
15	184,86	186,09	187,32	188,56	189,79	191,02	192,25	193,49	194,72	195,95	
16	197,18	198,42	199,65	200,88	202,11	203,35	204,58	205,81	207,04	208,28	
17	209,51	210,74	211,97	213,21	214,44	215,67	216,90	218,13	219,37	220,60	
18	221,83	223,06	224,30	225,53	226,76	227,99	229,23	230,46	231,69	232,92	
19	234,16	235,39	236,62	237,85	239,09	240,32	241,55	242,78	244,02	245,25	
20	246,48	247,71	248,94	250,18	251,41	252,64	253,87	255,11	256,34	257,57	
21	258,80	260,04	261,27	262,50	263,73	264,97	266,20	267,43	268,66	269,90	
22	271,13	272,36	273,59	274,83	276,06	277,29	278,52	279,75	280,99	282,22	
23	283,45	284,68	285,92	287,15	288,38	289,61	290,85	292,08	293,31	294,54	
24	295,78	297,01	298,24	299,47	300,71	301,94	303,17	304,40	305,64	306,87	

dif. 123:

1	0,12
2	0,25
3	0,37
4	0,49
5	0,62
6	0,74
7	0,86
8	0,98
9	1,11

dif. 124:

1	0,12
2	0,25
3	0,37
4	0,50
5	0,62
6	0,74
7	0,87
8	0,99
9	1,12

647,50 = 12,343.

	00	10	20	30	40	50	60	70	80	90
0		1,23	2,47	3,70	4,94	6,17	7,41	8,64	9,87	11,11
1	12,34	13,58	14,81	16,05	17,28	18,51	19,75	20,98	22,22	23,45
2	24,69	25,92	27,15	28,39	29,62	30,86	32,09	33,33	34,56	35,79
3	37,03	38,26	39,50	40,73	41,97	43,20	44,43	45,67	46,90	48,14
4	49,37	50,61	51,84	53,07	54,31	55,54	56,78	58,01	59,25	60,48
5	61,72	62,95	64,18	65,42	66,65	67,89	69,12	70,36	71,59	72,82
6	74,06	75,29	76,53	77,76	79,00	80,23	81,46	82,70	83,93	85,17
7	86,40	87,64	88,87	90,10	91,34	92,57	93,81	95,04	96,28	97,51
8	98,74	99,98	101,21	102,45	103,68	104,92	106,15	107,38	108,62	109,85
9	111,09	112,32	113,56	114,79	116,02	117,26	118,49	119,73	120,96	122,20
10	123,43	124,66	125,90	127,13	128,37	129,60	130,84	132,07	133,30	134,54
11	135,77	137,01	138,24	139,48	140,71	141,94	143,18	144,41	145,65	146,88
12	148,12	149,35	150,58	151,82	153,05	154,29	155,52	156,76	157,99	159,22
13	160,46	161,69	162,93	164,16	165,40	166,63	167,86	169,10	170,33	171,57
14	172,80	174,04	175,27	176,50	177,74	178,97	180,21	181,44	182,68	183,91
15	185,15	186,38	187,61	188,85	190,08	191,32	192,55	193,79	195,02	196,25
16	197,49	198,72	199,96	201,19	202,43	203,66	204,89	206,13	207,36	208,60
17	209,83	211,07	212,30	213,53	214,77	216,00	217,24	218,47	219,71	220,94
18	222,17	223,41	224,64	225,88	227,11	228,35	229,58	230,81	232,05	233,28
19	234,52	235,75	236,99	238,22	239,45	240,69	241,92	243,16	244,39	245,63
20	246,86	248,09	249,33	250,56	251,80	253,03	254,27	255,50	256,73	257,97
21	259,20	260,44	261,67	262,91	264,14	265,37	266,61	267,84	269,08	270,31
22	271,55	272,78	274,01	275,25	276,48	277,72	278,95	280,19	281,42	282,65
23	283,89	285,12	286,36	287,59	288,83	290,06	291,29	292,53	293,76	295,00
24	296,23	297,47	298,70	299,93	301,17	302,40	303,64	304,87	306,11	307,34

dif.

	123		124
1	0,12	1	0,12
2	0,25	2	0,25
3	0,37	3	0,37
4	0,49	4	0,50
5	0,62	5	0,62
6	0,74	6	0,74
7	0,86	7	0,87
8	0,98	8	0,99
9	1,11	9	1,12

646,50 = 12,363.

	00	10	20	30	40	50	60	70	80	90	dif.
0		1,24	2,47	3,71	4,95	6,18	7,42	8,65	9,89	11,13	123
											1 | 0,12
1	12,36	13,60	14,84	16,07	17,31	18,54	19,78	21,02	22,25	23,49	2 | 0,25
2	24,73	25,96	27,20	28,43	29,67	30,91	32,14	33,38	34,62	35,85	3 | 0,37
3	37,09	38,33	39,56	40,80	42,03	43,27	44,51	45,74	46,98	48,22	4 | 0,49
											5 | 0,62
4	49,45	50,69	51,92	53,16	54,40	55,63	56,87	58,11	59,34	60,58	6 | 0,74
5	61,82	63,05	64,29	65,52	66,76	68,00	69,23	70,47	71,71	72,94	7 | 0,86
6	74,18	75,41	76,65	77,89	79,12	80,36	81,60	82,83	84,07	85,30	8 | 0,98
											9 | 1,11
7	86,54	87,78	89,01	90,25	91,49	92,72	93,96	95,20	96,43	97,67	
8	98,90	100,14	101,38	102,61	103,85	105,09	106,32	107,56	108,79	110,03	124
9	111,27	112,50	113,74	114,98	116,21	117,45	118,68	119,92	121,16	122,39	1 | 0,12
											2 | 0,25
10	123,63	124,87	126,10	127,34	128,58	129,81	131,05	132,28	133,52	134,76	3 | 0,37
11	135,99	137,23	138,47	139,70	140,94	142,17	143,41	144,65	145,88	147,12	4 | 0,50
12	148,36	149,59	150,83	152,06	153,30	154,54	155,77	157,01	158,25	159,48	5 | 0,62
											6 | 0,74
13	160,72	161,96	163,19	164,43	165,66	166,90	168,14	169,37	170,61	171,85	7 | 0,87
14	173,08	174,32	175,55	176,79	178,03	179,26	180,50	181,74	182,97	184,21	8 | 0,99
15	185,45	186,68	187,92	189,15	190,39	191,63	192,86	194,10	195,34	196,57	9 | 1,12
16	197,81	199,04	200,28	201,52	202,75	203,99	205,23	206,46	207,70	208,93	
17	210,17	211,41	212,64	213,88	215,12	216,35	217,59	218,83	220,06	221,30	
18	222,53	223,77	225,01	226,24	227,48	228,72	229,95	231,19	232,42	233,66	
19	234,90	236,13	237,37	238,61	239,84	241,08	242,31	243,55	244,79	246,02	
20	247,26	248,50	249,73	250,97	252,21	253,44	254,68	255,91	257,15	258,39	
21	259,62	260,86	262,10	263,33	264,57	265,80	267,04	268,28	269,51	270,75	
22	271,99	273,22	274,46	275,69	276,93	278,17	279,40	280,64	281,88	283,11	
23	284,35	285,59	286,82	288,06	289,29	290,53	291,77	293,00	294,24	295,48	
24	296,71	297,95	299,18	300,42	301,66	302,89	304,13	305,37	306,60	307,84	

645,50 = 12,381.

	00	10	20	30	40	50	60	70	80	90
0		1,24	2,48	3,71	· 4,95	6,19	7,43	8,67	9,90	11,14
1	12,38	13,62	14,86	16,10	17,33	18,57	19,81	21,05	22,29	23,52
2	24,76	26,00	27,24	28,48	29,71	30,95	32,19	33,43	34,67	35,90
3	37,14	38,38	39,62	40,86	42,10	43,33	44,57	45,81	47,05	48,29
4	49,52	50,76	52,00	53,24	54,48	55,71	56,95	58,19	59,43	60,67
5	61,91	63,14	64,38	65,62	66,86	68,10	69,33	70,57	71,81	73,05
6	74,29	75,52	76,76	78,00	79,24	80,48	81,71	82,95	84,19	85,43
7	86,67	87,91	89,14	90,38	91,62	92,86	94,10	95,33	96,57	97,81
8	99,05	100,29	101,52	102,76	104,00	105,24	106,48	107,71	108,95	110,19
9	111,43	112,67	113,91	115,14	116,38	117,62	118,86	120,10	121,33	122,57
10	123,81	125,05	126,29	127,52	128,76	130,00	131,24	132,48	133,71	134,95
11	136,19	137,43	138,67	139,91	141,14	142,38	143,62	144,86	146,10	147,33
12	148,57	149,81	151,05	152,29	153,52	154,76	156,00	157,24	158,48	159,71
13	160,95	162,19	163,43	164,67	165,91	167,14	168,38	169,62	170,86	172,10
14	173,33	174,57	175,81	177,05	178,29	179,52	180,76	182,00	183,24	184,48
15	185,72	186,95	188,19	189,43	190,67	191,91	193,14	194,38	195,62	196,86
16	198,10	199,33	200,57	201,81	203,05	204,29	205,52	206,76	208,00	209,24
17	210,48	211,72	212,95	214,19	215,43	216,67	217,91	219,14	220,38	221,62
18	222,86	224,10	225,33	226,57	227,81	229,05	230,29	231,52	232,76	234,00
19	235,24	236,48	237,72	238,95	240,19	241,43	242,67	243,91	245,14	246,38
20	247,62	248, 6	250,10	251,33	252,57	253,81	255,05	256,29	257,52	258,76
21	260,00	261,24	262,48	263,72	264,95	266,19	267,43	268,67	269,91	271,14
22	272,38	273,62	274,86	276,10	277,33	278,57	279,81	281,05	282,29	283,52
23	284,76	286,00	287,24	288,48	289,72	290,95	292,19	293,43	294,67	295,91
24	297,14	298,38	299,62	300,86	302,10	303,33	304,57	305,81	307,05	308,29

dif.

123
1	0,12
2	0,25
3	0,37
4	0,49
5	0,62
6	0,74
7	0,86
8	0,98
9	1,11

124
1	0,12
2	0,25
3	0,37
4	0,50
5	0,62
6	0,74
7	0,87
8	0,99
9	1,12

644,50 = 12,400.

	00	10	20	30	40	50	60	70	80	90	dif.		
0		1,24	2,48	3,72	4,96	6,20	7,44	8,68	9,92	11,16	124		
												1	0,12
1	12,40	13,64	14,88	16,12	17,36	18,60	19,84	21,08	22,32	23,56		2	0,25
2	24,80	26,04	27,28	28,52	29,76	31,00	32,24	33,48	34,72	35,96		3	0,37
3	37,20	38,44	39,68	40,92	42,16	43,40	44,64	45,88	47,12	48,36		4	0,50
												5	0,62
4	49,60	50,84	52,08	53,32	54,56	55,80	57,04	58,28	59,52	60,76		6	0,74
5	62,00	63,24	64,48	65,72	66,96	68,20	69,44	70,68	71,92	73,16		7	0,87
6	74,40	75,64	76,88	78,12	79,36	80,60	81,84	83,08	84,32	85,56		8	0,99
												9	1,12
7	86,80	88,04	89,28	90,52	91,76	93,00	94,24	95,48	96,72	97,96			
8	99,20	100,44	101,68	102,92	104,16	105,40	106,64	107,88	109,12	110,36			
9	111,60	112,84	114,08	115,32	116,56	117,80	119,04	120,28	121,52	122,76			
10	124,00	125,24	126,48	127,72	128,96	130,20	131,44	132,68	133,92	135,16			
11	136,40	137,64	138,88	140,12	141,36	142,60	143,84	145,08	146,32	147,56			
12	148,80	150,04	151,28	152,52	153,76	155,00	156,24	157,48	158,72	159,96			
13	161,20	162,44	163,68	164,92	166,16	167,40	168,64	169,88	171,12	172,36			
14	173,60	174,84	176,08	177,32	178,56	179,80	181,04	182,28	183,52	184,76			
15	186,00	187,24	188,48	189,72	190,96	192,20	193,44	194,68	195,92	197,16			
16	198,40	199,64	200,88	202,12	203,36	204,60	205,84	207,08	208,32	209,56			
17	210,80	212,04	213,28	214,52	215,76	217,00	218,24	219,48	220,72	221,96			
18	223,20	224,44	225,68	226,92	228,16	229,40	230,64	231,88	233,12	234,36			
19	235,60	236,84	238,08	239,32	240,56	241,80	243,04	244,28	245,52	246,76			
20	248,00	249,24	250,48	251,72	252,96	254,20	255,44	256,68	257,92	259,16			
21	260,40	261,64	262,88	264,12	265,36	266,60	267,84	269,08	270,32	271,56			
22	272,80	274,04	275,28	276,52	277,76	279,00	280,24	281,48	282,72	283,96			
23	285,20	286,44	287,68	288,92	290,16	291,40	292,64	293,88	295,12	296,36			
24	297,60	298,84	300,08	301,32	302,56	303,80	305,04	306,28	307,52	308,76			

643,50 = 12,420.

	00	10	20	30	40	50	60	70	80	90	dif.
0		1,24	2,48	3,73	4,97	6,21	7,45	8,69	9,94	11,18	124
1	12,42	13,66	14,90	16,15	17,39	18,63	19,87	21,11	22,36	23,60	
2	24,84	26,08	27,32	28,57	29,81	31,05	32,29	33,53	34,78	36,02	
3	37,26	38,50	39,74	40,99	42,23	43,47	44,71	45,95	47,20	48,44	
4	49,68	50,92	52,16	53,41	54,65	55,89	57,13	58,37	59,62	60,86	
5	62,10	63,34	64,58	65,83	67,07	68,31	69,55	70,79	72,04	73,28	
6	74,52	75,76	77,00	78,25	79,49	80,73	81,97	83,21	84,46	85,70	
7	86,94	88,18	89,42	90,67	91,91	93,15	94,39	95,63	96,88	98,12	
8	99,36	100,60	101,84	103,09	104,33	105,57	106,81	108,05	109,30	110,54	125
9	111,78	113,02	114,26	115,51	116,75	117,99	119,23	120,47	121,72	122,96	
10	124,20	125,44	126,68	127,93	129,17	130,41	131,65	132,89	134,14	135,38	
11	136,62	137,86	139,10	140,35	141,59	142,83	144,07	145,31	146,56	147,80	
12	149,04	150,28	151,52	152,77	154,01	155,25	156,49	157,73	158,98	160,22	
13	161,46	162,70	163,94	165,19	166,43	167,67	168,91	170,15	171,40	172,64	
14	173,88	175,12	176,36	177,61	178,85	180,09	181,33	182,57	183,82	185,06	
15	186,30	187,54	188,78	190,03	191,27	192,51	193,75	194,99	196,24	197,48	
16	198,72	199,96	201,20	202,45	203,69	204,93	206,17	207,41	208,66	209,90	
17	211,14	212,38	213,62	214,87	216,11	217,35	218,59	219,83	221,08	222,32	
18	223,56	224,80	226,04	227,29	228,53	229,77	231,01	232,25	233,50	234,74	
19	235,98	237,22	238,46	239,71	240,95	242,19	243,43	244,67	245,92	247,16	
20	248,40	249,64	250,88	252,13	253,37	254,61	255,85	257,09	258,34	259,58	
21	260,82	262,06	263,30	264,55	265,79	267,03	268,27	269,51	270,76	272,00	
22	273,24	274,48	275,72	276,97	278,21	279,45	280,69	281,93	283,18	284,42	
23	285,66	286,90	288,14	289,39	290,63	291,87	293,11	294,35	295,60	296,84	
24	298,08	299,32	300,56	301,81	303,05	304,29	305,53	306,77	308,02	309,26	

dif. 124:

1	0,12
2	0,25
3	0,37
4	0,50
5	0,62
6	0,74
7	0,87
8	0,99
9	1,12

dif. 125:

1	0,13
2	0,25
3	0,38
4	0,50
5	0,63
6	0,75
7	0,88
8	1,00
9	1,13

642,50 = 12,438.

	00	10	20	30	40	50	60	70	80	90
0		1,24	2,49	3,73	4,98	6,22	7,46	8,71	9,95	11,19
1	12,44	13,68	14,93	16,17	17,41	18,66	19,90	21,14	22,39	23,63
2	24,88	26,12	27,36	28,61	29,85	31,10	32,34	33,58	34,83	36,07
3	37,31	38,56	39,80	41,05	42,29	43,53	44,78	46,02	47,26	48,51
4	49,75	51,00	52,24	53,48	54,73	55,97	57,21	58,46	59,70	60,95
5	62,19	63,43	64,68	65,92	67,17	68,41	69,65	70,90	72,14	73,38
6	74,63	75,87	77,12	78,36	79,60	80,85	82,09	83,33	84,58	85,82
7	87,07	88,31	89,55	90,80	92,04	93,29	94,53	95,77	97,02	98,26
8	99,50	100,75	101,99	103,24	104,48	105,72	106,97	108,21	109,45	110,70
9	111,94	113,19	114,43	115,67	116,92	118,16	119,40	120,65	121,89	123,14
10	124,38	125,62	126,87	128,11	129,36	130,60	131,84	133,09	134,33	135,57
11	136,82	138,06	139,31	140,55	141,79	143,04	144,28	145,52	146,77	148,01
12	149,26	150,50	151,74	152,99	154,23	155,48	156,72	157,96	159,21	160,45
13	161,69	162,94	164,18	165,43	166,67	167,91	169,16	170,40	171,64	172,89
14	174,13	175,38	176,62	177,86	179,11	180,35	181,59	182,84	184,08	185,33
15	186,57	187,81	189,06	190,30	191,55	192,79	194,03	195,28	196,52	197,76
16	199,01	200,25	201,50	202,74	203,98	205,23	206,47	207,71	208,96	210,20
17	211,45	212,69	213,93	215,18	216,42	217,67	218,91	220,15	221,40	222,64
18	223,88	225,13	226,37	227,62	228,86	230,10	231,35	232,59	233,83	235,08
19	236,32	237,57	238,81	240,05	241,30	242,54	243,78	245,03	246,27	247,52
20	248,76	250,00	251,25	252,49	253,74	254,98	256,22	257,47	258,71	259,95
21	261,20	262,44	263,69	264,93	266,17	267,42	268,66	269,90	271,15	272,39
22	273,64	274,88	276,12	277,37	278,61	279,86	281,10	282,34	283,59	284,83
23	286,07	287,32	288,56	289,81	291,05	292,29	293,54	294,78	296,02	297,27
24	298,51	299,76	301,00	302,24	303,49	304,73	305,97	307,22	308,46	309,71

dif.

124		125	
1	0,12	1	0,13
2	0,25	2	0,25
3	0,37	3	0,38
4	0,50	4	0,50
5	0,62	5	0,63
6	0,74	6	0,75
7	0,87	7	0,88
8	0,99	8	1,00
9	1,12	9	1,13

641,50 = 12,459.

	00	10	20	30	40	50	60	70	80·	90	dif.
0		1,25	2,49	3,74	4,98	6,23	7,48	8,72	9,97	11,21	124
											1　0,12
1	12,46	13,70	14,95	16,20	17,44	18,69	19,93	21,18	22,43	23,67	2　0,25
2	24,92	26,16	27,41	28,66	29,90	31,15	32,39	33,64	34,89	36,13	3　0,37
3	37,38	38,62	39,87	41,11	42,36	43,61	44,85	46,10	47,34	48,59	4　0,50
											5　0,62
4	49,84	51,08	52,33	53,57	54,82	56,07	57,31	58,56	59,80	61,05	6　0,74
5	62,30	63,54	64,79	66,03	67,28	68,52	69,77	71,02	72,26	73,51	7　0,87
6	74,75	76,00	77,25	78,49	79,74	80,98	82,23	83,48	84,72	85,97	8　0,99
											9　1,12
7	87,21	88,46	89,70	90,95	92,20	93,44	94,69	95,93	97,18	98,43	
8	99,67	100,92	102,16	103,41	104,66	105,90	107,15	108,39	109,64	110,89	125
9	112,13	113,38	114,62	115,87	117,11	118,36	119,61	120,85	122,10	123,34	1　0,13
											2　0,25
10	124,59	125,84	127,08	128,33	129,57	130,82	132,07	133,31	134,56	135,80	3　0,38
11	137,05	138,29	139,54	140,79	142,03	143,28	144,52	145,77	147,02	148,26	4　0,50
12	149,51	150,75	152,00	153,25	154,49	155,74	156,98	158,23	159,48	160,72	5　0,63
											6　0,75
13	161,97	163,21	164,46	165,70	166,95	168,20	169,44	170,69	171,93	173,18	7　0,88
14	174,43	175,67	176,92	178,16	179,41	180,66	181,90	183,15	184,39	185,64	8　1,00
15	186,89	188,13	189,38	190,62	191,87	193,11	194,36	195,61	196,85	198,10	9　1,13
16	199,34	200,59	201,84	203,08	204,33	205,57	206,82	208,07	209,31	210,56	
17	211,80	213,05	214,29	215,54	216,79	218,03	219,28	220,52	221,77	223,02	
18	224,26	225,51	226,75	228,00	229,25	230,49	231,74	232,98	234,23	235,48	
19	236,72	237,97	239,21	240,46	241,70	242,95	244,20	245,44	246,69	247,93	
20	249,18	250,43	251,67	252,92	254,16	255,41	256,66	257,90	259,15	260,39	
21	261,64	262,88	264,13	265,38	266,62	267,87	269,11	270,36	271,61	272,85	
22	274,10	275,34	276,59	277,84	279,08	280,33	281,57	282,82	284,07	285,31	
23	286,56	287.80	289,05	290,29	291,54	292,79	294,03	295,28	296,52	297,77	
24	299,02	300,26	301,51	302,75	304,00	305,25	306,49	307,74	308,98	310,23	

640,50 = 12,479.

	00	10	20	30	40	50	60	70	80	90	dif.
0		1,25	2,50	3,74	4,99	6,24	7,49	8,74	9,98	11,23	124
1	12,48	13,73	14,97	16,22	17,47	18,72	19,97	21,21	22,46	23,71	
2	24,96	26,21	27,45	28,70	29,95	31,20	32,45	33,69	34,94	36,19	
3	37,44	38,68	39,93	41,18	42,43	43,68	44,92	46,17	47,42	48,67	
4	49,92	51,16	52,41	53,66	54,91	56,16	57,40	58,65	59,90	61,15	
5	62,40	63,64	64,89	66,14	67,39	68,63	69,88	71,13	72,38	73,63	
6	74,87	76,12	77,37	78,62	79,87	81,11	82,36	83,61	84,86	86,11	
7	87,35	88,60	89,85	91,10	92,34	93,59	94,84	96,09	97,34	98,58	
8	99,83	101,08	102,33	103,58	104,82	106,07	107,32	108,57	109,82	111,06	
9	112,31	113,56	114,81	116,05	117,30	118,55	119,80	121,05	122,29	123,54	
10	124,79	126,04	127,29	128,53	129,78	131,03	132,28	133,53	134,77	136,02	
11	137,27	138,52	139,76	141,01	142,26	143,51	144,76	146,00	147,25	148,50	
12	149,75	151,00	152,24	153,49	154,74	155,99	157,24	158,48	159,73	160,98	
13	162,23	163,47	164,72	165,97	167,22	168,47	169,71	170,96	172,21	173,46	
14	174,71	175,95	177,20	178,45	179,70	180,95	182,19	183,44	184,69	185,94	
15	187,19	188,43	189,68	190,93	192,18	193,42	194,67	195,92	197,17	198,42	
16	199,66	200,91	202,16	203,41	204,66	205,90	207,15	208,40	209,65	210,90	
17	212,14	213,39	214,64	215,89	217,13	218,38	219,63	220,88	222,13	223,37	
18	224,62	225,87	227,12	228,37	229,61	230,86	232,11	233,36	234,61	235,85	
19	237,10	238,35	239,60	240,84	242,09	243,34	244,59	245,84	247,08	248,33	
20	249,58	250,83	252,08	253,32	254,57	255,82	257,07	258,32	259,56	260,81	
21	262,06	263,31	264,55	265,80	267,05	268,30	269,55	270,79	272,04	273,29	
22	274,54	275,79	277,03	278,28	279,53	280,78	282,03	283,27	284,52	285,77	
23	287,02	288,26	289,51	290,76	292,01	293,26	294,50	295,75	297,00	298,25	
24	299,50	300,74	301,99	303,24	304,49	305,74	306,98	308,23	309,48	310,73	

dif.

	124	125
1	0,12	0,13
2	0,25	0,25
3	0,37	0,38
4	0,50	0,50
5	0,62	0,63
6	0,74	0,75
7	0,87	0,88
8	0,99	1,00
9	1,12	1,13

639,50 = 12,497.

	00	10	20	30	40	50	60	70	80	90	dif.
0		1,25	2,50	3,75	5,00	6,25	7,50	8,75	10,00	11,25	124
											1 | 0,12
1	12,50	13,75	15,00	16,25	17,50	18,75	20,00	21,24	22,49	23,74	2 | 0,25
2	24,99	26,24	27,49	28,74	29,99	31,24	32,49	33,74	34,99	36,24	3 | 0,37
3	37,49	38,74	39,99	41,24	42,49	43,74	44,99	46,24	47,49	48,74	4 | 0,50
											5 | 0,62
4	49,99	51,24	52,49	53,74	54,99	56,24	57,49	58,74	59,99	61,24	6 | 0,74
5	62,49	63,73	64,98	66,23	67,48	68,73	69,98	71,23	72,48	73,73	7 | 0,87
6	74,98	76,23	77,48	78,73	79,98	81,23	82,48	83,73	84,98	86,23	8 | 0,99
											9 | 1,12
7	87,48	88,73	89,98	91,23	92,48	93,73	94,98	96,23	97,48	98,73	
8	99,98	101,23	102,48	103,73	104,97	106,22	107,47	108,72	109,97	111,22	125
9	112,47	113,72	114,97	116,22	117,47	118,72	119,97	121,22	122,47	123,72	1 | 0,13
											2 | 0,25
10	124,97	126,22	127,47	128,72	129,97	131,22	132,47	133,72	134,97	136,22	3 | 0,38
11	137,47	138,72	139,97	141,22	142,47	143,72	144,97	146,21	147,46	148,71	4 | 0,50
12	149,96	151,21	152,46	153,71	154,96	156,21	157,46	158,71	159,96	161,21	5 | 0,63
											6 | 0,75
13	162,46	163,71	164,96	166,21	167,46	168,71	169,96	171,21	172,46	173,71	7 | 0,88
14	174,96	176,21	177,46	178,71	179,96	181,21	182,46	183,71	184,96	186,21	8 | 1,00
15	187,46	188,70	189,95	191,20	192,45	193,70	194,95	196,20	197,45	198,70	9 | 1,13
16	199,95	201,20	202,45	203,70	204,95	206,20	207,45	208,70	209,95	211,20	
17	212,45	213,70	214,95	216,20	217,45	218,70	219,95	221,20	222,45	223,70	
18	224,95	226,20	227,45	228,70	229,94	231,19	232,44	233,69	234,95	236,19	
19	237,44	238,69	239,94	241,19	242,44	243,69	244,94	246,19	247,44	248,69	
20	249,94	251,19	252,44	253,69	254,94	256,19	257,44	258,69	259,94	261,19	
21	262,44	263,69	264,94	266,19	267,44	268,69	269,94	271,18	272,43	273,68	
22	274,93	276,18	277,43	278,68	279,93	281,18	282,43	283,68	284,93	286,18	
23	287,43	288,68	289,93	291,18	292,43	293,68	294,93	296,18	297,43	298,68	
24	299,93	301,18	302,43	303,68	304,93	306,18	307,43	308,68	309,93	311,18	

638,50 = 12,517.

	00	10	20	30	40	50	60	70	80	90
0		1,25	2,50	3,76	5,01	6,26	7,51	8,76	10,01	11,27
1	12,52	13,77	15,02	16,27	17,52	18,78	20,03	21,28	22,53	23,78
2	25,03	26,29	27,54	28,79	30,04	31,29	32,54	33,80	35,05	36,30
3	37,55	38,80	40,05	41,31	42,56	43,81	45,06	46,31	47,56	48,82
4	50,07	51,32	52,57	53,82	55,07	56,33	57,58	58,83	60,08	61,33
5	62,59	63,84	65,09	66,34	67,59	68,84	70,10	71,35	72,60	73,85
6	75,10	76,35	77,61	78,86	80,11	81,36	82,61	83,86	85,12	86,37
7	87,62	88,87	90,12	91,37	92,63	93,88	95,13	96,38	97,63	98,88
8	100,14	101,39	102,64	103,89	105,14	106,39	107,65	108,90	110,15	111,40
9	112,65	113,90	115,16	116,41	117,66	118,91	120,16	121,41	122,67	123,92
10	125,17	126,42	127,67	128,93	130,18	131,43	132,68	133,93	135,18	136,44
11	137,69	138,94	140,19	141,44	142,69	143,95	145,20	146,45	147,70	148,95
12	150,20	151,46	152,71	153,96	155,21	156,46	157,71	158,97	160,22	161,47
13	162,72	163,97	165,22	166,48	167,73	168,98	170,23	171,48	172,73	173,99
14	175,24	176,49	177,74	178,99	180,24	181,50	182,75	184,00	185,25	186,50
15	187,76	189,01	190,26	191,51	192,76	194,01	195,27	196,52	197,77	199,02
16	200,27	201,52	202,78	204,03	205,28	206,53	207,78	209,03	210,29	211,54
17	212,79	214,04	215,29	216,54	217,80	219,05	220,30	221,55	222,80	224,05
18	225,31	226,56	227,81	229,06	230,31	231,56	232,82	234,07	235,32	236,57
19	237,82	239,07	240,33	241,58	242,83	244,08	245,33	246,58	247,84	249,09
20	250,34	251,59	252,84	254,10	255,35	256,60	257,85	259,10	260,35	261,61
21	262,86	264,11	265,36	266,61	267,86	269,12	270,37	271,62	272,87	274,12
22	275,37	276,63	277,88	279,13	280,38	281,63	282,88	284,14	285,39	286,64
23	287,89	289,14	290,39	291,65	292,90	294,15	295,40	296,65	297,90	299,16
24	300,41	301,66	302,91	304,16	305,41	306,67	307,92	309,17	310,42	311,67

dif.

125		126	
1	0,13	1	0,13
2	0,25	2	0,25
3	0,38	3	0,38
4	0,50	4	0,50
5	0,63	5	0,63
6	0,75	6	0,76
7	0,88	7	0,88
8	1,00	8	1,01
9	1,13	9	1,13

637,50 = 12,538.

	00	10	20	30	40	50	60	70	80	90	dif.
0		1,25	2,51	3,76	5,02	6,27	7,52	8,78	10,03	11,28	125
1	12,54	13,79	15,05	16,30	17,55	18,81	20,06	21,31	22,57	23,82	
2	25,08	26,33	27,58	28,84	30,09	31,35	32,60	33,85	35,11	36,36	
3	37,61	38,87	40,12	41,38	42,63	43,88	45,14	46,39	47,64	48,90	
4	50,15	51,41	52,66	53,91	55,17	56,42	57,67	58,93	60,18	61,44	
5	62,69	63,94	65,20	66,45	67,71	68,96	70,21	71,47	72,72	73,97	
6	75,23	76,48	77,74	78,99	80,24	81,50	82,75	84,00	85,26	86,51	
7	87,77	89,02	90,27	91,53	92,78	94,04	95,29	96,54	97,80	99,05	
8	100,30	101,56	102,81	104,07	105,32	106,57	107,83	109,08	110,33	111,59	126
9	112,84	114,10	115,35	116,60	117,86	119,11	120,36	121,62	122,87	124,13	
10	125,38	126,63	127,89	129,14	130,40	131,65	132,90	134,16	135,41	136,66	
11	137,92	139,17	140,43	141,68	142,93	144,19	145,44	146,69	147,95	149,20	
12	150,46	151,71	152,96	154,22	155,47	156,73	157,98	159,23	160,49	161,74	
13	162,99	164,25	165,50	166,76	168,01	169,26	170,52	171,77	173,02	174,28	
14	175,53	176,79	178,04	179,29	180,55	181,80	183,05	184,31	185,56	186,82	
15	188,07	189,32	190,58	191,83	193,09	194,34	195,59	196,85	198,10	199,35	
16	200,61	201,86	203,12	204,37	205,62	206,88	208,13	209,38	210,64	211,89	
17	213,15	214,40	215,65	216,91	218,16	219,42	220,67	221,92	223,18	224,43	
18	225,68	226,94	228,19	229,45	230,70	231,95	233,21	234,46	235,71	236,97	
19	238,22	239,48	240,73	241,98	243,24	244,49	245,74	247,00	248,25	249,51	
20	250,76	252,01	253,27	254,52	255,78	257,03	258,28	259,54	260,79	262,04	
21	263,30	264,55	265,81	267,06	268,31	269,57	270,82	272,07	273,33	274,58	
22	275,84	277,09	278,34	279,60	280,85	282,11	283,36	284,61	285,87	287,12	
23	288,37	289,63	290,88	292,14	293,39	294,64	295,90	297,15	298,40	299,66	
24	300,91	302,17	303,42	304,67	305,93	307,18	308,43	309,69	310,94	312,20	

dif.

125
1	0,13
2	0,25
3	0,38
4	0,50
5	0,63
6	0,75
7	0,88
8	1,00
9	1,13

126
1	0,13
2	0,25
3	0,38
4	0,50
5	0,63
6	0,76
7	0,88
8	1,01
9	1,13

636,50 = 12,556.

	00	10	20	30	40	50	60	70	80	90	dif.
0		1,26	2,51	3,77	5,02	6,28	7,53	8,79	10,04	11,30	125
											1 0,13
1	12,56	13,81	15,07	16,32	17,58	18,83	20,09	21,35	22,60	23,86	2 0,25
2	25,11	26,37	27,62	28,88	30,13	31,39	32,65	33,90	35,16	36,41	3 0,38
3	37,67	38,92	40,18	41,43	42,69	43,95	45,20	46,46	47,71	48,97	4 0,50
											5 0,63
4	50,22	51,48	52,74	53,99	55,25	56,50	57,76	59,01	60,27	61,52	6 0,75
5	62,78	64,04	65,29	66,55	67,80	69,06	70,31	71,57	72,82	74,08	7 0,88
6	75,34	76,59	77,85	79,10	80,36	81,61	82,87	84,13	85,38	86,64	8 1,00
											9 1,13
7	87,89	89,15	90,40	91,66	92,91	94,17	95,43	96,68	97,94	99,19	
8	100,45	101,70	102,96	104,21	105,47	106,73	107,98	109,24	110,49	111,75	126
9	113,00	114,26	115,52	116,77	118,03	119,28	120,54	121,79	123,05	124,30	1 0,13
											2 0,25
10	125,56	126,82	128,07	129,33	130,58	131,84	133,09	134,35	135,60	136,86	3 0,38
11	138,12	139,37	140,63	141,88	143,14	144,39	145,65	146,91	148,16	149,42	4 0,50
12	150,67	151,93	153,18	154,44	155,69	156,95	158,21	159,46	160,72	161,97	5 0,63
											6 0,76
13	163,23	164,48	165,74	166,99	168,25	169,51	170,76	172,02	173,27	174,53	7 0,88
14	175,78	177,04	178,30	179,55	180,81	182,06	183,32	184,57	185,83	187,08	8 1,01
15	188,34	189,60	190,85	192,11	193,36	194,62	195,87	197,13	198,38	199,64	9 1,13
16	200,90	202,15	203,41	204,66	205,92	207,17	208,43	209,69	210,94	212,20	
17	213,45	214,71	215,96	217,22	218,47	219,73	220,99	222,24	223,50	224,75	
18	226,01	227,26	228,52	229,77	231,03	232,29	233,54	234,80	236,05	237,31	
19	238,56	239,82	241,08	242,33	243,59	244,84	246,10	247,35	248,61	249,86	
20	251,12	252,38	253,63	254,89	256,14	257,40	258,65	259,91	261,16	262,42	
21	263,68	264,93	266,19	267,44	268,70	269,95	271,21	272,47	273,72	274,98	
22	276,23	277,49	278,74	280,00	281,25	282,51	283,77	285,02	286,28	287,53	
23	288,79	290,04	291,30	292,55	293,81	295,07	296,32	297,58	298,83	300,09	
24	301,34	302,60	303,86	305,11	306,37	307,62	308,88	310,13	311,39	312,64	

635,50 = 12,576.

	00	10	20	30	40	50	60	70	80	90	dif.		
0		1,26	2,52	3,77	5,03	6,29	7,55	8,80	10,06	11,32	125		
											1	0,13	
1	12,58	13,83	15,09	16,35	17,61	18,86	20,12	21,38	22,64	23,89	2	0,25	
2	25,15	26,41	27,67	28,92	30,18	31,44	32,70	33,96	35,21	36,47	3	0,38	
3	37,73	38,99	40,24	41,50	42,76	44,02	45,27	46,53	47,79	49,05	4	0,50	
											5	0,63	
4	50,30	51,56	52,82	54,08	55,33	56,59	57,85	59,11	60,36	61,62	6	0,75	
5	62,88	64,14	65,40	66,65	67,91	69,17	70,43	71,68	72,94	74,20	7	0,88	
6	75,46	76,71	77,97	79,23	80,49	81,74	83,00	84,26	85,52	86,77	8	1,00	
											9	1,13	
7	88,03	89,29	90,55	91,80	93,06	94,32	95,58	96,84	98,09	99,35			
8	100,61	101,87	103,12	104,38	105,64	106,90	108,15	109,41	110,67	111,93	126		
9	113,18	114,44	115,70	116,96	118,21	119,47	120,73	121,99	123,24	124,50	1	0,13	
											2	0,25	
10	125,76	127,02	128,28	129,53	130,79	132,05	133,31	134,56	135,82	137,08	3	0,38	
11	138,34	139,59	140,85	142,11	143,37	144,62	145,88	147,14	148,40	149,65	4	0,50	
12	150,91	152,17	153,43	154,68	155,94	157,20	158,46	159,72	160,97	162,23	5	0,63	
											6	0,76	
13	163,49	164,75	166,00	167,26	168,52	169,78	171,03	172,29	173,55	174,81	7	0,88	
14	176,06	177,32	178,58	179,84	181,09	182,35	183,61	184,87	186,12	187,38	8	1,01	
15	188,64	189,90	191,16	192,41	193,67	194,93	196,19	197,44	198,70	199,96	9	1,13	
16	201,22	202,47	203,73	204,99	206,25	207,50	208,76	210,02	211,28	212,53			
17	213,79	215,05	216,31	217,56	218,82	220,08	221,34	222,60	223,85	225,11			
18	226,37	227,63	228,88	230,14	231,40	232,66	233,91	235,17	236,43	237,69			
19	238,94	240,20	241,46	242,72	243,97	245,23	246,49	247,75	249,00	250,26			
20	251,52	252,78	254,04	255,29	256,55	257,81	259,07	260,32	261,58	262,84			
21	264,10	265,35	266,61	267,87	269,13	270,38	271,64	272,90	274,16	275,41			
22	276,67	277,93	279,19	280,44	281,70	282,96	284,22	285,48	286,73	287,99			
23	289,25	290,51	291,76	293,02	294,28	295,54	296,79	298,05	299,31	300,57			
24	301,82	303,08	304,34	305,60	306,85	308,11	309,37	310,63	311,88	313,14			

634,50 = 12,597.

	00	10	20	30	40	50	60	70	80	90	dif.	
0		1,26	2,52	3,78	5,04	6,30	. 7,56	8,82	10,08	11,34	125	
											1	0,13
1	12,60	13,86	15,12	16,38	17,64	18,90	20,16	21,41	22,67	23,93	2	0,25
2	25,19	26,45	27,71	28,97	30,23	31,49	32,75	34,01	35,27	36,53	3	0,38
3	37,79	39,05	40,31	41,57	42,83	44,09	45,35	46,61	47,87	49,13	4	0,50
											5	0,63
4	50,39	51,65	52,91	54,17	55,43	56,69	57,95	59,21	60,47	61,73	6	0,75
5	62,99	64,24	65,50	66,76	68,02	69,28	70,54	71,80	73,06	74,32	7	0,88
6	75,58	76,84	78,10	79,36	80,62	81,88	83,14	84,40	85,66	86,92	8	1,00
											9	1,13
7	88,18	89,44	90,70	91,96	93,22	94,48	95,74	97,00	98,26	99,52		
8	100,78	102,04	103,30	104,56	105,81	107,07	108,33	109,59	110,85	112,11	126	
9	113,37	114,63	115,89	117,15	118,41	119,67	120,93	122,19	123,45	124,71	1	0,13
											2	0,25
10	125,97	127,23	128,49	129,75	131,01	132,27	133,53	134,79	136,05	137,31	3	0,38
11	138,57	139,83	141,09	142,35	143,61	144,87	146,13	147,38	148,64	149,90	4	0,50
12	151,16	152,42	153,68	154,94	156,20	157,46	158,72	159,98	161,24	162,50	5	0,63
											6	0,76
13	163,76	165,02	166,28	167,54	168,80	170,06	171,32	172,58	173,84	175,10	7	0,88
14	176,36	177,62	178,88	180,14	181,40	182,66	183,92	185,18	186,44	187,70	8	1,01
15	188,96	190,21	191,47	192,73	193,99	195,25	196,51	197,77	199,03	200,29	9	1,13
16	201,55	202,81	204,07	205,33	206,59	207,85	209,11	210,37	211,63	212,89		
17	214,15	215,41	216,67	217,93	219,19	220,45	221,71	222,97	224,23	225,49		
18	226,75	228,01	229,27	230,53	231,78	233,04	234,30	235,56	236,82	238,08		
19	239,34	240,60	241,86	243,12	244,38	245,64	246,90	248,16	249,42	250,68		
20	251,94	253,20	254,46	255,72	256,98	258,24	259,50	260,76	262,02	263,28		
21	264,54	265,80	267,06	268,32	269,58	270,84	272,10	273,35	274,61	275,87		
22	277,13	278,39	279,65	280,91	282,17	283,43	284,69	285,95	287,21	288,47		
23	289,73	290,99	292,25	293,51	294,77	296,03	297,29	298,55	299,81	301,07		
24	302,33	303,59	304,85	306,11	307,37	308,63	309,89	311,15	312,41	313,67		

633,50 = 12,617.

	00	10	20	30	40	50	60	70	80	90
0		1,26	2,52	3,79	5,05	6,31	7,57	8,83	10,09	11,36
1	12,62	13,88	15,14	16,40	17,66	18,93	20,19	21,45	22,71	23,97
2	25,23	26,50	27,76	29,02	30,28	31,54	32,80	34,07	35,33	36,59
3	37,85	39,11	40,37	41,64	42,90	44,16	45,42	46,68	47,94	49,21
4	50,47	51,73	52,99	54,25	55,51	56,78	58,04	59,30	60,56	61,82
5	63,09	64,35	65,61	66,87	68,13	69,39	70,66	71,92	73,18	74,44
6	75,70	76,96	78,23	79,49	80,75	82,01	83,27	84,53	85,80	87,06
7	88,32	89,58	90,84	92,10	93,37	94,63	95,89	97,15	98,41	99,67
8	100,94	102,20	103,46	104,72	105,98	107,24	108,51	109,77	111,03	112,29
9	113,55	114,81	116,08	117,34	118,60	119,86	121,12	122,38	123,65	124,91
10	126,17	127,43	128,69	129,96	131,22	132,48	133,74	135,00	136,26	137,53
11	138,79	140,05	141,31	142,57	143,83	145,10	146,36	147,62	148,88	150,14
12	151,40	152,67	153,93	155,19	156,45	157,71	158,97	160,24	161,50	162,76
13	164,02	165,28	166,54	167,81	169,07	170,33	171,59	172,85	174,11	175,38
14	176,64	177,90	179,16	180,42	181,68	182,95	184,21	185,47	186,73	187,99
15	189,26	190,52	191,78	193,04	194,30	195,56	196,83	198,09	199,35	200,61
16	201,87	203,13	204,40	205,66	206,92	208,18	209,44	210,70	211,97	213,23
17	214,49	215,75	217,01	218,27	219,54	220,80	222,06	223,32	224,58	225,84
18	227,11	228,37	229,63	230,89	232,15	233,41	234,68	235,94	237,20	238,46
19	239,72	240,98	242,25	243,51	244,77	246,03	247,29	248,55	249,82	251,08
20	252,34	253,60	254,86	256,13	257,39	258,65	259,91	261,17	262,43	263,70
21	264,96	266,22	267,48	268,74	270,00	271,27	272,53	273,79	275,05	276,31
22	277,57	278,84	280,10	281,36	282,62	283,88	285,14	286,41	287,67	288,93
23	290,19	291,45	292,71	293,98	295,24	296,50	297,76	299,02	300,28	301,55
24	302,81	304,07	305,33	306,59	307,85	309,12	310,38	311,64	312,90	314,16

dif.

126		127	
1	0,13	1	0,13
2	0,25	2	0,25
3	0,38	3	0,38
4	0,50	4	0,51
5	0,63	5	0,64
6	0,76	6	0,76
7	0,88	7	0,89
8	1,01	8	1,02
9	1,13	9	1,14

632,50 = 12,635.

	00	10	20	30	40	50	60	70	80	90	dif.
0		1,26	2,53	3,79	5,05	6,32	7,58	8,84	10,11	11,37	126
1	12,64	13,90	15,16	16,43	17,69	18,95	20,22	21,48	22,74	24,01	
2	25,27	26,53	27,80	29,06	30,32	31,59	32,85	34,11	35,38	36,64	
3	37,91	39,17	40,43	41,70	42,96	44,22	45,49	46,75	48,01	49,28	
4	50,54	51,80	53,07	54,33	55,59	56,86	58,12	59,38	60,65	61,91	
5	63,18	64,44	65,70	66,97	68,23	69,49	70,76	72,02	73,28	74,55	
6	75,81	77,07	78,34	79,60	80,86	82,13	83,39	84,65	85,92	87,18	
7	88,45	89,71	90,97	92,24	93,50	94,76	96,03	97,29	98,55	99,82	
8	101,08	102,34	103,61	104,87	106,13	107,40	108,66	109,92	111,19	112,45	127
9	113,72	114,98	116,24	117,51	118,77	120,03	121,30	122,56	123,82	125,09	
10	126,35	127,61	128,88	130,14	131,40	132,67	133,93	135,19	136,46	137,72	
11	138,99	140,25	141,51	142,78	144,04	145,30	146,57	147,83	149,09	150,36	
12	151,62	152,88	154,15	155,41	156,67	157,94	159,20	160,46	161,73	162,99	
13	164,26	165,52	166,78	168,05	169,31	170,57	171,84	173,10	174,36	175,63	
14	176,89	178,15	179,42	180,68	181,94	183,21	184,47	185,73	187,00	188,26	
15	189,53	190,79	192,05	193,32	194,58	195,84	197,11	198,37	199,63	200,90	
16	202,16	203,42	204,69	205,95	207,21	208,48	209,74	211,00	212,27	213,53	
17	214,80	216,06	217,32	218,59	219,85	221,11	222,38	223,64	224,90	226,17	
18	227,43	228,69	229,96	231,22	232,48	233,75	235,01	236,27	237,54	238,80	
19	240,07	241,33	242,59	243,86	245,12	246,38	247,65	248,91	250,17	251,44	
20	252,70	253,96	255,23	256,49	257,75	259,02	260,28	261,54	262,81	264,07	
21	265,34	266,60	267,86	269,13	270,39	271,65	272,92	274,18	275,44	276,71	
22	277,97	279,23	280,50	281,76	283,02	284,29	285,55	286,81	288,08	289,34	
23	290,61	291,87	293,13	294,40	295,66	296,92	298,19	299,45	300,71	301,98	
24	303,24	304,50	305,77	307,03	308,29	309,56	310,82	312,08	313,35	314,61	

dif. 126

1	0,13
2	0,25
3	0,38
4	0,50
5	0,63
6	0,76
7	0,88
8	1,01
9	1,13

dif. 127

1	0,13
2	0,25
3	0,38
4	0,51
5	0,64
6	0,76
7	0,89
8	1,02
9	1,14

631,50 = 12,655.

	00	10	20	30	40	50	60	70	80	90	dif.	
0		1,27	2,53	3,80	5,06	6,33	7,59	8,86	10,12	11,39	126	
											1	0,13
1	12,66	13,92	15,19	16,45	17,72	18,98	20,25	21,51	22,78	24,04	2	0,25
2	25,31	26,58	27,84	29,11	30,37	31,64	32,90	34,17	35,43	36,70	3	0,38
3	37,97	39,23	40,50	41,76	43,03	44,29	45,56	46,82	48,09	49,35	4	0,50
											5	0,63
4	50,62	51,89	53,15	54,42	55,68	56,95	58,21	59,48	60,74	62,01	6	0,76
5	63,28	64,54	65,81	67,07	68,34	69,60	70,87	72,13	73,40	74,66	7	0,88
6	75,93	77,20	78,46	79,73	80,99	82,26	83,52	84,79	86,05	87,32	8	1,01
											9	1,13
7	88,59	89,85	91,12	92,38	93,65	94,91	96,18	97,44	98,71	99,97		
8	101,24	102,51	103,77	105,04	106,30	107,57	108,83	110,10	111,36	112,63	127	
9	113,90	115,16	116,43	117,69	118,96	120,22	121,49	122,75	124,02	125,28	1	0,13
											2	0,25
10	126,55	127,82	129,08	130,35	131,61	132,88	134,14	135,41	136,67	137,94	3	0,38
11	139,21	140,47	141,74	143,00	144,27	145,53	146,80	148,06	149,33	150,59	4	0,51
12	151,86	153,13	154,39	155,66	156,92	158,19	159,45	160,72	161,98	163,25	5	0,64
											6	0,76
13	164,52	165,78	167,05	168,31	169,58	170,84	172,11	173,37	174,64	175,90	7	0,89
14	177,17	178,44	179,70	180,97	182,23	183,50	184,76	186,03	187,29	188,56	8	1,02
15	189,83	191,09	192,36	193,62	194,89	196,15	197,42	198,68	199,95	201,21	9	1,14
16	202,48	203,75	205,01	206,28	207,54	208,81	210,07	211,34	212,60	213,87		
17	215,14	216,40	217,67	218,93	220,20	221,46	222,73	223,99	225,26	226,52		
18	227,79	229,06	230,32	231,59	232,85	234,12	235,38	236,65	237,91	239,18		
19	240,45	241,71	242,98	244,24	245,51	246,77	248,04	249,30	250,57	251,83		
20	253,10	254,37	255,63	256,90	258,16	259,43	260,69	261,96	263,22	264,49		
21	265,76	267,02	268,29	269,55	270,82	272,08	273,35	274,61	275,88	277,14		
22	278,41	279,68	280,94	282,21	283,47	284,74	286,00	287,27	288,53	289,80		
23	291,07	292,33	293,60	294,86	296,13	297,39	298,66	299,92	301,19	302,45		
24	303,72	304,99	306,25	307,52	308,78	310,05	311,31	312,58	313,84	315,11		

630,50 = 12,676.

	00	10	20	30	40	50	60	70	80	90	dif.
0		1,27	2,54	3,80	5,07	6,34	7,61	8,87	10,14	11,41	126
1	12,68	13,94	15,21	16,48	17,75	19,01	20,28	21,55	22,82	24,08	
2	25,35	26,62	27,89	29,15	30,42	31,69	32,96	34,23	35,49	36,76	
3	38,03	39,30	40,56	41,83	43,10	44,37	45,63	46,90	48,17	49,44	
4	50,70	51,97	53,24	54,51	55,77	57,04	58,31	59,58	60,84	62,11	
5	63,38	64,65	65,92	67,18	68,45	69,72	70,99	72,25	73,52	74,79	
6	76,06	77,32	78,59	79,86	81,13	82,39	83,66	84,93	86,20	87,46	
7	88,73	90,00	91,27	92,53	93,80	95,07	96,34	97,61	98,87	100,14	
8	101,41	102,68	103,94	105,21	106,48	107,75	109,01	110,28	111,55	112,82	
9	114,08	115,35	116,62	117,89	119,15	120,42	121,69	122,96	124,22	125,49	
10	126,76	128,03	129,30	130,56	131,83	133,10	134,37	135,63	136,90	138,17	
11	139,44	140,70	141,97	143,24	144,51	145,77	147,04	148,31	149,58	150,84	
12	152,11	153,38	154,65	155,91	157,18	158,45	159,72	160,99	162,25	163,52	
13	164,79	166,06	167,32	168,59	169,86	171,13	172,39	173,66	174,93	176,20	
14	177,46	178,73	180,00	181,27	182,53	183,80	185,07	186,34	187,60	188,87	
15	190,14	191,41	192,68	193,94	195,21	196,48	197,75	199,01	200,28	201,55	
16	202,82	204,08	205,35	206,62	207,89	209,15	210,42	211,69	212,96	214,22	
17	215,49	216,76	218,03	219,29	220,56	221,83	223,10	224,37	225,63	226,90	
18	228,17	229,44	230,70	231,97	233,24	234,51	235,77	237,04	238,31	239,58	
19	240,84	242,11	243,38	244,65	245,91	247,18	248,45	249,72	250,98	252,25	
20	253,52	254,79	256,06	257,32	258,59	259,86	261,13	262,39	263,66	264,93	
21	266,20	267,46	268,73	270,00	271,27	272,53	273,80	275,07	276,34	277,60	
22	278,87	280,14	281,41	282,67	283,94	285,21	286,48	287,75	289,01	290,28	
23	291,55	292,82	294,08	295,35	296,62	297,89	299,15	300,42	301,69	302,96	
24	304,22	305,49	306,76	308,03	309,29	310,56	311,83	313,10	314,36	315,63	

Proportionaltafel (dif.):

	126		127
1	0,13	1	0,13
2	0,25	2	0,25
3	0,38	3	0,38
4	0,50	4	0,51
5	0,63	5	0,64
6	0,76	6	0,76
7	0,88	7	0,89
8	1,01	8	1,02
9	1,13	9	1,14

629,50 = 12,696.

	00	10	20	30	40	50	60	70	80	90	dif.
0		1,27	2,54	3,81	5,08	6,35	7,62	8,89	10,16	11,43	126
											1 0,13
1	12,70	13,97	15,24	16,50	17,77	19,04	20,31	21,58	22,85	24,12	2 0,25
2	25,39	26,66	27,93	29,20	30,47	31,74	33,01	34,28	35,55	36,82	3 0,38
3	38,09	39,36	40,63	41,90	43,17	44,44	45,71	46,98	48,24	49,51	4 0,50
											5 0,63
4	50,78	52,05	53,32	54,59	55,86	57,13	58,40	59,67	60,94	62,21	6 0,76
5	63,48	64,75	66,02	67,29	68,56	69,83	71,10	72,37	73,64	74,91	7 0,88
6	76,18	77,45	78,72	79,98	81,25	82,52	83,79	85,06	86,33	87,60	8 1,01
											9 1,13
7	88,87	90,14	91,41	92,68	93,95	95,22	96,49	97,76	99,03	100,30	
8	101,57	102,84	104,11	105,38	106,65	107,92	109,19	110,46	111,72	112,99	127
9	114,26	115,53	116,80	118,07	119,34	120,61	121,88	123,15	124,42	125,69	1 0,13
											2 0,25
10	126,96	128,23	129,50	130,77	132,04	133,31	134,58	135,85	137,12	138,39	3 0,38
11	139,66	140,93	142,20	143,46	144,73	146,00	147,27	148,54	149,81	151,08	4 0,51
12	152,35	153,62	154,89	156,16	157,43	158,70	159,97	161,24	162,51	163,78	5 0,64
											6 0,76
13	165,05	166,32	167,59	168,86	170,13	171,40	172,67	173,94	175,20	176,47	7 0,89
14	177,74	179,01	180,28	181,55	182,82	184,09	185,36	186,63	187,90	189,17	8 1,02
15	190,44	191,71	192,98	194,25	195,52	196,79	198,06	199,33	200,60	201,87	9 1,14
16	203,14	204,41	205,68	206,94	208,21	209,48	210,75	212,02	213,29	214,56	
17	215,83	217,10	218,37	219,64	220,91	222,18	223,45	224,72	225,99	227,26	
18	228,53	229,80	231,07	232,34	233,61	234,88	236,15	237,42	238,68	239,95	
19	241,22	242,49	243,76	245,03	246,30	247,57	248,84	250,11	251,38	252,65	
20	253,92	255,19	256,46	257,73	259,00	260,27	261,54	262,81	264,08	265,35	
21	266,62	267,89	269,16	270,42	271,69	272,96	274,23	275,50	276,77	278,04	
22	279,31	280,58	281,85	283,12	284,39	285,66	286,93	288,20	289,47	290,74	
23	292,01	293,28	294,55	295,82	297,09	298,36	299,63	300,90	302,16	303,43	
24	304,70	305,97	307,24	308,51	309,78	311,05	312,32	313,59	314,86	316,13	

628,50 = 12,716.

	00	10	20	30	40	50	60	70	80	90	dif.
0		1,27	2,54	3,81	5,09	6,36	7,63	8,90	10,17	11,44	126
											1 0,13
1	12,72	13,99	15,26	16,53	17,80	19,07	20,35	21,62	22,89	24,16	2 0,25
2	25,43	26,70	27,98	29,25	30,52	31,79	33,06	34,33	35,60	36,88	3 0,38
3	38,15	39,42	40,69	41,96	43,23	44,51	45,78	47,05	48,32	49,59	4 0,50
											5 0,63
4	50,86	52,14	53,41	54,68	55,95	57,22	58,49	59,77	61,04	62,31	6 0,76
5	63,58	64,85	66,12	67,39	68,67	69,94	71,21	72,48	73,75	75,02	7 0,88
6	76,30	77,57	78,84	80,11	81,38	82,65	83,93	85,20	86,47	87,74	8 1,01
											9 1,13
7	89,01	90,28	91,56	92,83	94,10	95,37	96,64	97,91	99,18	100,46	
8	101,73	103,00	104,27	105,54	106,81	108,09	109,36	110,63	111,90	113,17	127
9	114,44	115,72	116,99	118,26	119,53	120,80	122,07	123,35	124,62	125,89	1 0,13
											2 0,25
10	127,16	128,43	129,70	130,97	132,25	133,52	134,79	136,06	137,33	138,60	3 0,38
11	139,88	141,15	142,42	143,69	144,96	146,23	147,51	148,78	150,05	151,32	4 0,51
12	152,59	153,86	155,14	156,41	157,68	158,95	160,22	161,49	162,76	164,04	5 0,64
											6 0,76
13	165,31	166,58	167,85	169,12	170,39	171,67	172,94	174,21	175,48	176,75	7 0,89
14	178,02	179,30	180,57	181,84	183,11	184,38	185,65	186,93	188,20	189,47	8 1,02
15	190,74	192,01	193,28	194,55	195,83	197,10	198,37	199,64	200,91	202,18	9 1,14
16	203,46	204,73	206,00	207,27	208,54	209,81	211,09	212,36	213,63	214,90	
17	216,17	217,44	218,72	219,99	221,26	222,53	223,80	225,07	226,34	227,62	
18	228,89	230,16	231,43	232,70	233,97	235,25	236,52	237,79	239,06	240,33	
19	241,60	242,88	244,15	245,42	246,69	247,96	249,23	250,51	251,78	253,05	
20	254,32	255,59	256,86	258,13	259,41	260,68	261,95	263,22	264,49	265,76	
21	267,04	268,31	269,58	270,85	272,12	273,39	274,67	275,94	277,21	278,48	
22	279,75	281,02	282,30	283,57	284,84	286,11	287,38	288,65	289,92	291,20	
23	292,47	293,74	295,01	296,28	297,55	298,83	300,10	301,37	302,64	303,91	
24	305,18	306,46	307,73	309,00	310,27	311,54	312,81	314,09	315,36	316,63	

627,50 = 12,736.

	00	10	20	30	40	50	60	70	80	90
0		1,27	2,55	3,82	5,09	6,37	7,64	8,92	10,19	11,46
1	12,74	14,01	15,28	16,56	17,83	19,10	20,38	21,65	22,92	24,20
2	25,47	26,75	28,02	29,29	30,57	31,84	33,11	34,39	35,66	36,93
3	38,21	39,48	40,76	42,03	43,30	44,58	45,85	47,12	48,40	49,67
4	50,94	52,22	53,49	54,76	56,04	57,31	58,59	59,86	61,13	62,41
5	63,68	64,95	66,23	67,50	68,77	70,05	71,32	72,60	73,87	75,14
6	76,42	77,69	78,96	80,24	81,51	82,78	84,06	85,33	86,60	87,88
7	89,15	90,43	91,70	92,97	94,25	95,52	96,79	98,07	99,34	100,61
8	101,89	103,16	104,44	105,71	106,98	108,26	109,53	110,80	112,08	113,35
9	114,62	115,90	117,17	118,44	119,72	120,99	122,27	123,54	124,81	126,09
10	127,36	128,63	129,91	131,18	132,45	133,73	135,00	136,28	137,55	138,82
11	140,10	141,37	142,64	143,92	145,19	146,46	147,74	149,01	150,28	151,56
12	152,83	154,11	155,38	156,65	157,93	159,20	160,47	161,75	163,02	164,29
13	165,57	166,84	168,12	169,39	170,66	171,94	173,21	174,48	175,76	177,03
14	178,30	179,58	180,85	182,12	183,40	184,67	185,95	187,22	188,49	189,77
15	191,04	192,31	193,59	194,86	196,13	197,41	198,68	199,96	201,23	202,50
16	203,78	205,05	206,32	207,60	208,87	210,14	211,42	212,69	213,96	215,24
17	216,51	217,79	219,06	220,33	221,61	222,88	224,15	225,43	226,70	227,97
18	229,25	230,52	231,80	233,07	234,34	235,62	236,89	238,16	239,44	240,71
19	241,98	243,26	244,53	245,80	247,08	248,35	249,63	250,90	252,17	253,45
20	254,72	255,99	257,27	258,54	259,81	261,09	262,36	263,64	264,91	266,18
21	267,46	268,73	270,00	271,28	272,55	273,82	275,10	276,37	277,64	278,92
22	280,19	281,47	282,74	284,01	285,29	286,56	287,83	289,11	290,38	291,65
23	292,93	294,20	295,48	296,75	298,02	299,30	300,57	301,84	303,12	304,39
24	305,66	306,94	308,21	309,48	310,76	312,03	313,31	314,58	315,85	317,13

dif.

127	
1	0,13
2	0,25
3	0,38
4	0,51
5	0,64
6	0,76
7	0,89
8	1,02
9	1,14

128	
1	0,13
2	0,26
3	0,38
4	0,51
5	0,64
6	0,77
7	0,90
8	1,02
9	1,15

154 Höhentabelle I.

$$626{,}50 = 12{,}757.$$

	00	10	20	30	40	50	60	70	80	90	dif.
0		1,28	2,55	3,83	5,10	6,38	7,65	8,93	10,21	11,48	127
1	12,76	14,03	15,31	16,58	17,86	19,14	20,41	21,69	22,96	24,24	
2	25,51	26,79	28,07	29,34	30,62	31,89	33,17	34,44	35,72	37,00	
3	38,27	39,55	40,82	42,10	43,37	44,65	45,93	47,20	48,48	49,75	
4	51,03	52,30	53,58	54,86	56,13	57,41	58,68	59,96	61,23	62,51	
5	63,79	65,06	66,34	67,61	68,89	70,16	71,44	72,71	73,99	75,27	
6	76,54	77,82	79,09	80,37	81,64	82,92	84,20	85,47	86,75	88,02	
7	89,30	90,57	91,85	93,13	94,40	95,68	96,95	98,23	99,50	100,78	
8	102,06	103,33	104,61	105,88	107,16	108,43	109,71	110,99	112,26	113,54	
9	114,81	116,09	117,36	118,64	119,92	121,19	122,47	123,74	125,02	126,29	
10	127,57	128,85	130,12	131,40	132,67	133,95	135,22	136,50	137,78	139,05	
11	140,33	141,60	142,88	144,15	145,43	146,71	147,98	149,26	150,53	151,81	
12	153,08	154,36	155,64	156,91	158,19	159,46	160,74	162,01	163,29	164,57	
13	165,84	167,12	168,39	169,67	170,94	172,22	173,50	174,77	176,05	177,32	
14	178,60	179,87	181,15	182,43	183,70	184,98	186,25	187,53	188,80	190,08	
15	191,36	192,63	193,91	195,18	196,46	197,73	199,01	200,28	201,56	202,84	
16	204,11	205,89	206,66	207,94	209,21	210,49	211,77	213,04	214,32	215,59	
17	216,87	218,14	219,42	220,70	221,97	223,25	224,52	225,80	227,07	228,35	
18	229,63	230,90	232,18	233,45	234,73	236,00	237,28	238,56	239,83	241,11	
19	242,38	243,66	244,93	246,21	247,49	248,76	250,04	251,31	252,59	253,86	
20	255,14	256,42	257,69	258,97	260,24	261,52	262,79	264,07	265,35	266,62	
21	267,90	269,17	270,45	271,72	273,00	274,28	275,55	276,83	278,10	279,38	
22	280,65	281,93	283,21	284,48	285,76	287,03	288,31	289,58	290,86	292,14	
23	293,41	294,69	295,96	297,24	298,51	299,79	301,07	302,34	303,62	304,89	
24	306,17	307,44	308,72	310,00	311,27	312,55	313,82	315,10	316,37	317,65	

dif.-Spalte:

127		128	
1	0,13	1	0,13
2	0,25	2	0,26
3	0,38	3	0,38
4	0,51	4	0,51
5	0,64	5	0,64
6	0,76	6	0,77
7	0,89	7	0,90
8	1,02	8	1,02
9	1,14	9	1,15

625,50 = 12,777.

	00	10	20	30	40	50	60	70	80	90	dif.	
0		1,28	2,56	3,83	5,11	6,39	7,67	8,94	10,22	11,50	127	
											1	0,13
1	12,78	14,05	15,33	16,61	17,89	19,17	20,44	21,72	23,00	24,28	2	0,25
2	25,55	26,83	28,11	29,39	30,66	31,94	33,22	34,50	35,78	37,05	3	0,38
3	38,33	39,61	40,89	42,16	43,44	44,72	46,00	47,27	48,55	49,83	4	0,51
											5	0,64
4	51,11	52,39	53,66	54,94	56,22	57,50	58,77	60,05	61,33	62,61	6	0,76
5	63,89	65,16	66,44	67,72	69,00	70,27	71,55	72,83	74,11	75,38	7	0,89
6	76,66	77,94	79,22	80,50	81,77	83,05	84,33	85,61	86,88	88,16	8	1,02
											9	1,14
7	89,44	90,72	91,99	93,27	94,55	95,83	97,11	98,38	99,66	100,94		
8	102,22	103,49	104,77	106,05	107,33	108,60	109,88	111,16	112,44	113,72	128	
9	114,99	116,27	117,55	118,83	120,10	121,38	122,66	123,94	125,21	126,49	1	0,13
											2	0,26
10	127,77	129,05	130,33	131,60	132,88	134,16	135,44	136,71	137,99	139,27	3	0,38
11	140,55	141,82	143,10	144,38	145,66	146,94	148,21	149,49	150,77	152,05	4	0,51
12	153,32	154,60	155,88	157,16	158,43	159,71	160,99	162,27	163,55	164,82	5	0,64
											6	0,77
13	166,10	167,38	168,66	169,93	171,21	172,49	173,77	175,04	176,32	177,60	7	0,90
14	178,88	180,16	181,43	182,71	183,99	185,27	186,54	187,82	189,10	190,38	8	1,02
15	191,66	192,93	194,21	195,49	196,77	198,04	199,32	200,60	201,88	203,15	9	1,15
16	204,43	205,71	206,99	208,27	209,54	210,82	212,10	213,38	214,65	215,93		
17	217,21	218,49	219,76	221,04	222,32	223,60	224,88	226,15	227,43	228,71		
18	229,99	231,26	232,54	233,82	235,10	236,37	237,65	238,93	240,21	241,49		
19	242,76	244,04	245,32	246,60	247,87	249,15	250,43	251,71	252,98	254,26		
20	255,54	256,82	258,10	259,37	260,65	261,93	263,21	264,48	265,76	267,04		
21	268,32	269,59	270,87	272,15	273,43	274,71	275,98	277,26	278,54	279,82		
22	281,09	282,37	283,65	284,93	286,20	287,48	288,76	290,04	291,32	292,59		
23	293,87	295,15	296,43	297,70	298,98	300,26	301,54	302,81	304,09	305,37		
24	306,65	307,93	309,20	310,48	311,76	313,04	314,31	315,59	316,87	318,15		

624,50 = 12,797.

	00	10	20	30	40	50	60	70	80	90
0		1,28	2,56	3,84	5,12	6,40	7,68	8,96	10,24	11,52
1	12,80	14,08	15,36	16,64	17,92	19,20	20,48	21,75	23,03	24,31
2	25,59	26,87	28,15	29,43	30,71	31,99	33,27	34,55	35,83	37,11
3	38,39	39,67	40,95	42,23	43,51	44,79	46,07	47,35	48,63	49,91
4	51,19	52,47	53,75	55,03	56,31	57,59	58,87	60,15	61,43	62,71
5	63,99	65,26	66,54	67,82	69,10	70,38	71,66	72,94	74,22	75,50
6	76,78	78,06	79,34	80,62	81,90	83,18	84,46	85,74	87,02	88,30
7	89,58	90,86	92,14	93,42	94,70	95,98	97,26	98,54	99,82	101,10
8	102,38	103,66	104,94	106,22	107,49	108,77	110,05	111,33	112,61	113,89
9	115,17	116,45	117,73	119,01	120,29	121,57	122,85	124,13	125,41	126,69
10	127,97	129,25	130,53	131,81	133,09	134,37	135,65	136,93	138,21	139,49
11	140,77	142,05	143,33	144,61	145,89	147,17	148,45	149,72	151,00	152,28
12	153,56	154,84	156,12	157,40	158,68	159,96	161,24	162,52	163,80	165,08
13	166,36	167,64	168,92	170,20	171,48	172,76	174,04	175,32	176,60	177,88
14	179,16	180,44	181,72	183,00	184,28	185,56	186,84	188,12	189,40	190,68
15	191,96	193,23	194,51	195,79	197,07	198,35	199,63	200,91	202,19	203,47
16	204,75	206,03	207,31	208,59	209,87	211,15	212,43	213,71	214,99	216,27
17	217,55	218,83	220,11	221,39	222,67	223,95	225,23	226,51	227,79	229,07
18	230,35	231,63	232,91	234,19	235,46	236,74	238,02	239,30	240,58	241,86
19	243,14	244,42	245,70	246,98	248,26	249,54	250,82	252,10	253,38	254,66
20	255,94	257,22	258,50	259,78	261,06	262,34	263,62	264,90	266,18	267,46
21	268,74	270,02	271,30	272,58	273,86	275,14	276,42	277,69	278,97	280,25
22	281,53	282,81	284,09	285,37	286,65	287,93	289,21	290,49	291,77	293,05
23	294,33	295,61	296,89	298,17	299,45	300,73	302,01	303,29	304,57	305,85
24	307,13	308,41	309,69	310,97	312,25	313,53	314,81	316,09	317,37	318,65

dif.

127		128	
1	0,13	1	0,13
2	0,25	2	0,26
3	0,38	3	0,38
4	0,51	4	0,51
5	0,64	5	0,64
6	0,76	6	0,77
7	0,89	7	0,90
8	1,02	8	1,02
9	1,14	9	1,15

623,50 = 1z,81ʈ.

	00	10	20	30	40	50	60	70	80	90	dif.	
0		1,28	2,56	3,85	5,13	6,41	7,69	8,97	10,25	11,54	128	
											1	0,13
1	12,82	14,10	15,38	16,66	17,94	19,23	20,51	21,79	23,07	24,35	2	0,26
2	25,63	26,92	28,20	29,48	30,76	32,04	33,32	34,61	35,89	37,17	3	0,38
3	38,45	39,73	41,01	42,30	43,58	44,86	46,14	47,42	48,70	49,99	4	0,51
											5	0,64
4	51,27	52,55	53,83	55,11	56,39	57,68	58,96	60,24	61,52	62,80	6	0,77
5	64,09	65,37	66,65	67,93	69,21	70,49	71,78	73,06	74,34	75,62	7	0,90
6	76,90	78,18	79,47	80,75	82,03	83,31	84,59	85,87	87,16	88,44	8	1,02
											9	1,15
7	89,72	91,00	92,28	93,56	94,85	96,13	97,41	98,69	99,97	101,25		
8	102,54	103,82	105,10	106,38	107,66	108,94	110,23	111,51	112,79	114,07	129	
9	115,35	116,63	117,92	119,20	120,48	121,76	123,04	124,32	125,61	126,89	1	0,13
											2	0,26
10	128,17	129,45	130,73	132,02	133,30	134,58	135,86	137,14	138,42	139,71	3	0,39
11	140,99	142,27	143,55	144,83	146,11	147,40	148,68	149,96	151,24	152,52	4	0,52
12	153,80	155,09	156,37	157,65	158,93	160,21	161,49	162,78	164,06	165,34	5	0,65
											6	0,77
13	166,62	167,90	169,18	170,47	171,75	173,03	174,31	175,59	176,87	178,16	7	0,90
14	179,44	180,72	182,00	183,28	184,56	185,85	187,13	188,41	189,69	190,97	8	1,03
15	192,26	193,54	194,82	196,10	197,38	198,66	199,95	201,23	202,51	203,79	9	1,16
16	205,07	206,35	207,64	208,92	210,20	211,48	212,76	214,04	215,33	216,61		
17	217,89	219,17	220,45	221,73	223,02	224,30	225,58	226,86	228,14	229,42		
18	230,71	231,9	233,27	234,55	235,83	237,11	238,40	239,68	240,96	242,24		
19	243,52	244,80	246,09	247,37	248,65	249,93	251,21	252,49	253,78	255,06		
20	256,34	257,62	258,90	260,19	261,47	262,75	264,03	265,31	266,59	267,88		
21	269,16	270,44	271,72	273,00	274,28	275,57	276,85	278,13	279,41	280,69		
22	281,97	283,26	284,54	285,82	287,10	288,38	289,66	290,95	292,23	293,51		
23	294,79	296,07	297,35	298,64	299,92	301,20	302,48	303,76	305,04	306,33		
24	307,61	308,89	310,17	311,45	312,73	314,02	315,30	316,58	317,86	319,14		

622,50 = 12,840.

	00	10	20	30	40	50	60	70	80	90	dif.
0		1,28	2,57	3,85	5,14	6,42	7,70	8,99	10,27	11,56	128
											1 0,13
1	12,84	14,12	15,41	16,69	17,98	19,26	20,54	21,83	23,11	24,40	2 0,26
2	25,68	26,96	28,25	29,53	30,82	32,10	33,38	34,67	35,95	37,24	3 0,38
3	38,52	39,80	41,09	42,37	43,66	44,94	46,22	47,51	48,79	50,08	4 0,51
											5 0,64
4	51,36	52,64	53,93	55,21	56,50	57,78	59,06	60,35	61,63	62,92	6 0,77
5	64,20	65,48	66,77	68,05	69,34	70,62	71,90	73,19	74,47	75,76	7 0,90
6	77,04	78,32	79,61	80,89	82,18	83,46	84,74	86,03	87,31	88,60	8 1,02
											9 1,15
7	89,88	91,16	92,45	93,73	95,02	96,30	97,58	98,87	100,15	101,44	
8	102,72	104,00	105,29	106,57	107,86	109,14	110,42	111,71	112,99	114,28	129
9	115,56	116,84	118,13	119,41	120,70	121,98	123,26	124,55	125,83	127,12	1 0,13
											2 0,26
10	128,40	129,68	130,97	132,25	133,54	134,82	136,10	137,39	138,67	139,96	3 0,39
11	141,24	142,52	143,81	145,09	146,38	147,66	148,94	150,23	151,51	152,80	4 0,52
12	154,08	155,36	156,65	157,93	159,22	160,50	161,78	163,07	164,35	165,64	5 0,65
											6 0,77
13	166,92	168,20	169,49	170,77	172,06	173,34	174,62	175,91	177,19	178,48	7 0,90
14	179,76	181,04	182,33	183,61	184,90	186,18	187,46	188,75	190,03	191,32	8 1,03
15	192,60	193,88	195,17	196,45	197,74	199,02	200,30	201,59	202,87	204,16	9 1,16
16	205,44	206,72	208,01	209,29	210,58	211,86	213,14	214,43	215,71	217,00	
17	218,28	219,56	220,85	222,13	223,42	224,70	225,98	227,27	228,55	229,84	
18	231,12	232,40	233,69	234,97	236,26	237,54	238,82	240,11	241,39	242,68	
19	243,96	245,24	246,53	247,81	249,10	250,38	251,66	252,95	254,23	255,52	
20	256,80	258,08	259,37	260,65	261,94	263,22	264,50	265,79	267,07	268,36	
21	269,64	270,92	272,21	273,49	274,78	276,06	277,34	278,63	279,91	281,20	
22	282,48	283,76	285,05	286,33	287,62	288,90	290,18	291,47	292,75	294,04	
23	295,32	296,60	297,89	299,17	300,46	301,74	303,02	304,31	305,59	306,88	
24	308,16	309,44	310,73	312,01	313,30	314,58	315,86	317,15	318,43	319,72	

621,50 = 12,860.

	00	10	20	30	40	50	60	70	80	90	dif.
0		1,29	2,57	3,86	5,14	6,43	7,72	9,00	10,29	11,57	128
1	12,86	14,15	15,43	16,72	18,00	19,29	20,58	21,86	23,15	24,43	
2	25,72	27,01	28,29	29,58	30,86	32,15	33,44	34,72	36,01	37,29	
3	38,58	39,87	41,15	42,44	43,72	45,01	46,30	47,58	48,87	50,15	
4	51,44	52,73	54,01	55,30	56,58	57,87	59,16	60,44	61,73	63,01	
5	64,30	65,59	66,87	68,16	69,44	70,73	72,02	73,30	74,59	75,87	
6	77,16	78,45	79,73	81,02	82,30	83,59	84,88	86,16	87,45	88,73	
7	90,02	91,31	92,59	93,88	95,16	96,45	97,74	99,02	100,31	101,59	
8	102,88	104,17	105,45	106,74	108,02	109,31	110,60	111,88	113,17	114,45	
9	115,74	117,03	118,31	119,60	120,88	122,17	123,46	124,74	126,03	127,31	
10	128,60	129,89	131,17	132,46	133,74	135,03	136,32	137,60	138,89	140,17	
11	141,46	142,75	144,03	145,32	146,60	147,89	149,18	150,46	151,75	153,03	
12	154,32	155,61	156,89	158,18	159,46	160,75	162,04	163,32	164,61	165,89	
13	167,18	168,47	169,75	171,04	172,32	173,61	174,90	176,18	177,47	178,75	
14	180,04	181,33	182,61	183,90	185,18	186,47	187,76	189,04	190,33	191,61	
15	192,90	194,19	195,47	196,76	198,04	199,33	200,62	201,90	203,19	204,47	
16	205,76	207,05	208,33	209,62	210,90	212,19	213,48	214,76	216,05	217,33	
17	218,62	219,91	221,19	222,48	223,76	225,05	226,34	227,62	228,91	230,19	
18	231,48	232,77	234,05	235,34	236,62	237,91	239,20	240,48	241,77	243,05	
19	244,34	245,63	246,91	248,20	249,48	250,77	252,06	253,34	254,63	255,91	
20	257,20	258,49	259,77	261,06	262,34	263,63	264,92	266,20	267,49	268,77	
21	270,06	271,35	272,63	273,92	275,20	276,49	277,78	279,06	280,35	281,63	
22	282,92	284,21	285,49	286,78	288,06	289,35	290,64	291,92	293,21	294,49	
23	295,78	297,07	298,35	299,64	300,92	302,21	303,50	304,78	306,07	307,35	
24	308,64	309,93	311,21	312,50	313,78	315,07	316,36	317,64	318,93	320,21	

dif.

128
1	0,13
2	0,26
3	0,38
4	0,51
5	0,64
6	0,77
7	0,90
8	1,02
9	1,15

129
1	0,13
2	0,26
3	0,39
4	0,52
5	0,65
6	0,77
7	0,90
8	1,03
9	1,16

620,50 = 12,880.

	00	10	20	30	40	50	60	70	80	90
0		1,29	2,58	3,86	5,15	6,44	7,73	9,02	10,30	11,59
1	12,88	14,17	15,46	16,74	18,03	19,32	20,61	21,90	23,18	24,47
2	25,76	27,05	28,34	29,62	30,91	32,20	33,49	34,78	36,06	37,35
3	38,64	39,93	41,22	42,50	43,79	45,08	46,37	47,66	48,94	50,23
4	51,52	52,81	54,10	55,38	56,67	57,96	59,25	60,54	61,82	63,11
5	64,40	65,69	66,98	68,26	69,55	70,84	72,13	73,42	74,70	75,99
6	77,28	78,57	79,86	81,14	82,43	83,72	85,01	86,30	87,58	88,87
7	90,16	91,45	92,74	94,02	95,31	96,60	97,89	99,18	100,46	101,75
8	103,04	104,33	105,62	106,90	108,19	109,48	110,77	112,06	113,34	114,63
9	115,92	117,21	118,50	119,78	121,07	122,36	123,65	124,94	126,22	127,51
10	128,80	130,09	131,38	132,66	133,95	135,24	136,53	137,82	139,10	140,39
11	141,68	142,97	144,26	145,54	146,83	148,12	149,41	150,70	151,98	153,27
12	154,56	155,85	157,14	158,42	159,71	161,00	162,29	163,58	164,86	166,15
13	167,44	168,73	170,02	171,30	172,59	173,88	175,17	176,46	177,74	179,03
14	180,32	181,61	182,90	184,18	185,47	186,76	188,05	189,34	190,62	191,91
15	193,20	194,49	195,78	197,06	198,35	199,64	200,93	202,22	203,50	204,79
16	206,08	207,37	208,66	209,94	211,23	212,52	213,81	215,10	216,38	217,67
17	218,96	220,25	221,54	222,82	224,11	225,40	226,69	227,98	229,26	230,55
18	231,84	233,13	234,42	235,70	236,99	238,28	239,57	240,86	242,14	243,43
19	244,72	246,01	247,30	248,58	249,87	251,16	252,45	253,74	255,02	256,31
20	257,60	258,89	260,18	261,46	262,75	264,04	265,33	266,62	267,90	269,19
21	270,48	271,77	273,06	274,34	275,63	276,92	278,21	279,50	280,78	282,07
22	283,36	284,65	285,94	287,22	288,51	289,80	291,09	292,38	293,66	294,95
23	296,24	297,53	298,82	300,10	301,39	302,68	303,97	305,26	306,54	307,83
24	309,12	310,41	311,70	312,98	314,27	315,56	316,85	318,14	319,42	320,71

dif.

128		129	
1	0,13	1	0,13
2	0,26	2	0,26
3	0,38	3	0,39
4	0,51	4	0,52
5	0,64	5	0,65
6	0,77	6	0,77
7	0,90	7	0,90
8	1,02	8	1,03
9	1,15	9	1,16

619,50 = 12,900.

	00	10	20	30	40	50	60	70	80	90		dif.
0		1,29	2,58	3,87	5,16	6,45	7,74	9,03	10,32	11,61	129	
											1	0,13
1	12,90	14,19	15,48	16,77	18,06	19,35	20,64	21,93	23,22	24,51	2	0,26
2	25,80	27,09	28,38	29,67	30,96	32,25	33,54	34,83	36,12	37,41	3	0,39
3	38,70	39,99	41,28	42,57	43,86	45,15	46,44	47,73	49,02	50,31	4	0,52
											5	0,65
4	51,60	52,89	54,18	55,47	56,76	58,05	59,34	60,63	61,92	63,21	6	0,77
5	64,50	65,79	67,08	68,37	69,66	70,95	72,24	73,53	74,82	76,11	7	0,90
6	77,40	78,69	79,98	81,27	82,56	83,85	85,14	86,43	87,72	89,01	8	1,03
											9	1,16
7	90,30	91,59	92,88	94,17	95,46	96,75	98,04	99,33	100,62	101,91		
8	103,20	104,49	105,78	107,07	108,36	109,65	110,94	112,23	113,52	114,81		
9	116,10	117,39	118,68	119,97	121,26	122,55	123,84	125,13	126,42	127,71		
10	129,00	130,29	131,58	132,87	134,16	135,45	136,74	138,03	139,32	140,61		
11	141,90	143,19	144,48	145,77	147,06	148,35	149,64	150,93	152,22	153,51		
12	154,80	156,09	157,38	158,67	159,96	161,25	162,54	163,83	165,12	166,41		
13	167,70	168,99	170,28	171,57	172,86	174,15	175,44	176,73	178,02	179,31		
14	180,60	181,89	183,18	184,47	185,76	187,05	188,34	189,63	190,92	192,21		
15	193,50	194,79	196,08	197,37	198,66	199,95	201,24	202,53	203,82	205,11		
16	206,40	207,69	208,98	210,27	211,56	212,85	214,14	215,43	216,72	218,01		
17	219,30	220,59	221,88	223,17	224,46	225,75	227,04	228,33	229,62	230,91		
18	232,20	233,49	234,78	236,07	237,36	238,65	239,94	241,23	242,52	243,81		
19	245,10	246,39	247,68	248,97	250,26	251,55	252,84	254,13	255,42	256,71		
20	258,00	259,29	260,58	261,87	263,16	264,45	265,74	267,03	268,32	269,61		
21	270,90	272,19	273,48	274,77	276,06	277,35	278,64	279,93	281,22	282,51		
22	283,80	285,09	286,38	287,67	288,96	290,25	291,54	292,83	294,12	295,41		
23	296,70	297,99	299,28	300,57	301,86	303,15	304,44	305,73	307,02	308,31		
24	309,60	310,89	312,18	313,47	314,76	316,05	317,34	318,63	319,92	321,21		

618,50 = 12,922.

	00	10	20	30	40	50	60	70	80	90	dif.
0		1,29	2,58	3,88	5,17	6,46	7,75	9,05	10,34	11,63	129
1	12,92	14,21	15,51	16,80	18,09	19,38	20,68	21,97	23,26	24,55	
2	25,84	27,14	28,43	29,72	31,01	32,31	33,60	34,89	36,18	37,47	
3	38,77	40,06	41,35	42,64	43,93	45,23	46,52	47,81	49,10	50,40	
4	51,69	52,98	54,27	55,56	56,86	58,15	59,44	60,73	62,03	63,32	
5	64,61	65,90	67,19	68,49	69,78	71,07	72,36	73,66	74,95	76,24	
6	77,53	78,82	80,12	81,41	82,70	83,99	85,29	86,58	87,87	89,16	
7	90,45	91,75	93,04	94,33	95,62	96,92	98,21	99,50	100,79	102,08	
8	103,38	104,67	105,96	107,25	108,54	109,84	111,13	112,42	113,71	115,01	
9	116,30	117,59	118,88	120,17	121,47	122,76	124,05	125,34	126,64	127,93	
10	129,22	130,51	131,80	133,10	134,39	135,68	136,97	138,27	139,56	140,85	
11	142,14	143,43	144,73	146,02	147,31	148,60	149,90	151,19	152,48	153,77	
12	155,06	156,36	157,65	158,94	160,23	161,53	162,82	164,11	165,40	166,69	
13	167,99	169,28	170,57	171,86	173,15	174,45	175,74	177,03	178,32	179,62	
14	180,91	182,20	183,49	184,78	186,08	187,37	188,66	189,95	191,25	192,54	
15	193,83	195,12	196,41	197,71	199,00	200,29	201,58	202,88	204,17	205,46	
16	206,75	208,04	209,34	210,63	211,92	213,21	214,51	215,80	217,09	218,38	
17	219,67	220,97	222,26	223,55	224,84	226,14	227,43	228,72	230,01	231,30	
18	232,60	233,89	235,18	236,47	237,76	239,06	240,35	241,64	242,93	244,23	
19	245,52	246,81	248,10	249,39	250,69	251,98	253,27	254,56	255,86	257,15	
20	258,44	259,73	261,02	262,32	263,61	264,90	266,19	267,49	268,78	270,07	
21	271,36	272,65	273,95	275,24	276,53	277,82	279,12	280,41	281,70	282,99	
22	284,28	285,58	286,87	288,16	289,45	290,75	292,04	293,33	294,62	295,91	
23	297,21	298,50	299,79	301,08	302,37	303,67	304,96	306,25	307,54	308,84	
24	310,13	311,42	312,71	314,00	315,30	316,59	317,88	319,17	320,47	321,76	

dif.

129

1	0,13
2	0,26
3	0,39
4	0,52
5	0,65
6	0,77
7	0,90
8	1,03
9	1,16

130

1	0,13
2	0,26
3	0,39
4	0,52
5	0,65
6	0,78
7	0,91
8	1,04
9	1,17

617,50 = 12,943.

	00	10	20	30	40	50	60	70	80	90
0		1,29	2,59	3,88	5,18	6,47	7,77	9,06	10,35	11,65
1	12,94	14,24	15,53	16,83	18,12	19,41	20,71	22,00	23,30	24,59
2	25,89	27,18	28,47	29,77	31,06	32,36	33,65	34,95	36,24	37,53
3	38,83	40,12	41,42	42,71	44,01	45,30	46,59	47,89	49,18	50,48
4	51,77	53,07	54,36	55,65	56,95	58,24	59,54	60,83	62,13	63,42
5	64,72	66,01	67,30	68,60	69,89	71,19	72,48	73,78	75,07	76,36
6	77,66	78,95	80,25	81,54	82,84	84,13	85,42	86,72	88,01	89,31
7	90,60	91,90	93,19	94,48	95,78	97,07	98,37	99,66	100,96	102,25
8	103,54	104,84	106,13	107,43	108,72	110,02	111,31	112,60	113,90	115,19
9	116,49	117,78	119,08	120,37	121,66	122,96	124,25	125,55	126,84	128,14
10	129,43	130,72	132,02	133,31	134,61	135,90	137,20	138,49	139,78	141,08
11	142,37	143,67	144,96	146,26	147,55	148,84	150,14	151,43	152,73	154,02
12	155,32	156,61	157,90	159,20	160,49	161,79	163,08	164,38	165,67	166,96
13	168,26	169,55	170,85	172,14	173,44	174,73	176,02	177,32	178,61	179,91
14	181,20	182,50	183,79	185,08	186,38	187,67	188,97	190,26	191,56	192,85
15	194,15	195,44	196,73	198,03	199,32	200,62	201,91	203,21	204,50	205,79
16	207,09	208,38	209,68	210,97	212,27	213,56	214,85	216,15	217,44	218,74
17	220,03	221,33	222,62	223,91	225,21	226,50	227,80	229,09	230,39	231,68
18	232,97	234,27	235,56	236,86	238,15	239,45	240,74	242,03	243,33	244,62
19	245,92	247,21	248,51	249,80	251,09	252,39	253,68	254,98	256,27	257,57
20	258,86	260,15	261,45	262,74	264,04	265,33	266,63	267,92	269,21	270,51
21	271,80	273,10	274,39	275,69	276,98	278,27	279,57	280,86	282,16	283,45
22	284,75	286,04	287,33	288,63	289,92	291,22	292,51	293,81	295,10	296,39
23	297,69	298,98	300,28	301,57	302,87	304,16	305,45	306,75	308,04	309,34
24	310,63	311,93	313,22	314,51	315,81	317,10	318,40	319,69	320,99	322,28

dif.

129		130	
1	0,13	1	0,13
2	0,26	2	0,26
3	0,39	3	0,39
4	0,52	4	0,52
5	0,65	5	0,65
6	0,77	6	0,78
7	0,90	7	0,91
8	1,03	8	1,04
9	1,16	9	1,17

616,50 = 12,965.

	00	10	20	30	40	50	60	70	80	90	dif.
0		1,30	2,59	3,89	5,19	6,48	7,78	9,08	10,37	11,67	129
											1 0,13
1	12,97	14,26	15,56	16,85	18,15	19,45	20,74	22,04	23,34	24,63	2 0,26
2	25,93	27,23	28,52	29,82	31,12	32,41	33,71	35,01	36,30	37,60	3 0,39
3	38,90	40,19	41,49	42,78	44,08	45,38	46,67	47,97	49,27	50,56	4 0,52
											5 0,65
4	51,86	53,16	54,45	55,75	56,05	57,34	58,64	60,94	62,23	63,53	6 0,77
5	64,83	66,12	67,42	68,71	70,01	71,31	72,60	73,90	75,20	76,49	7 0,90
6	77,79	79,09	80,38	81,68	82,98	84,27	85,57	86,87	88,16	89,46	8 1,03
											9 1,16
7	90,76	92,05	93,35	94,64	95,94	97,24	98,53	99,83	101,13	102,42	
8	103,72	105,02	106,31	107,61	108,91	110,20	111,50	112,80	114,09	115,39	130
9	116,69	117,98	119,28	120,57	121,87	123,17	124,46	125,76	127,06	128,35	1 0,13
											2 0,26
10	129,65	130,95	132,24	133,54	134,84	136,13	137,43	138,73	140,02	141,32	3 0,39
11	142,62	143,91	145,21	146,50	147,80	149,10	150,39	151,69	152,99	154,28	4 0,52
12	155,58	156,88	158,17	159,47	160,77	162,06	163,36	164,66	165,95	167,25	5 0,65
											6 0,78
13	168,55	169,84	171,14	172,43	173,73	175,03	176,32	177,62	178,92	180,21	7 0,91
14	181,51	182,81	184,10	185,40	186,70	187,99	189,29	190,59	191,88	193,18	8 1,04
15	194,48	195,77	197,07	198,36	199,66	200,96	202,25	203,55	204,85	206,14	9 1,17
16	207,44	208,74	210,03	211,33	212,63	213,92	215,22	216,52	217,81	219,11	
17	220,41	221,70	223,00	224,29	225,59	226,89	228,18	229,48	230,78	232,07	
18	233,37	234,67	235,96	237,26	238,56	239,85	241,15	242,45	243,74	245,04	
19	246,34	247,63	248,93	250,22	251,52	252,82	254,11	255,41	256,71	258,00	
20	259,30	260,60	261,89	263,19	264,49	265,78	267,08	268,38	269,67	270,97	
21	272,27	273,56	274,86	276,15	277,45	278,75	280,04	281,34	282,64	283,93	
22	285,23	286,53	287,82	289,12	290,42	291,71	293,01	294,31	295,60	296,90	
23	298,20	299,49	300,79	302,08	303,38	304,68	305,97	307,27	308,57	309,86	
24	311,16	312,46	313,75	315,05	316,35	317,64	318,94	320,24	321,53	322,83	

615,50 = 12,985.

	00	10	20	30	40	50	60	70	80	90
0		1,30	2,60	3,90	5,19	6,49	7,79	9,09	10,39	11,69
1	12,99	14,28	15,58	16,88	18,18	19,48	20,78	22,07	23,37	24,67
2	25,97	27,27	28,57	29,87	31,16	32,46	33,76	35,06	36,36	37,66
3	38,96	40,25	41,55	42,85	44,15	45,45	46,75	48,04	49,34	50,64
4	51,94	53,24	54,54	55,84	57,13	58,43	59,73	61,03	62,33	63,63
5	64,93	66,22	67,52	68,82	70,12	71,42	72,72	74,01	75,31	76,61
6	77,91	79,21	80,51	81,81	83,10	84,40	85,70	87,00	88,30	89,60
7	90,90	92,19	93,49	94,79	96,09	97,39	98,69	99,98	101,28	102,58
8	103,88	105,18	106,48	107,78	109,07	110,37	111,67	112,97	114,27	115,57
9	116,87	118,16	119,46	120,76	122,06	123,36	124,66	125,95	127,25	128,55
10	129,85	131,15	132,45	133,75	135,04	136,34	137,64	138,94	140,24	141,54
11	142,84	144,13	145,43	146,73	148,03	149,33	150,63	151,92	153,22	154,52
12	155,82	157,12	158,42	159,72	161,01	162,31	163,61	164,91	166,21	167,51
13	168,81	170,10	171,40	172,70	174,00	175,30	176,60	177,89	179,19	180,49
14	181,79	183,09	184,39	185,69	186,98	188,28	189,58	190,88	192,18	193,48
15	194,78	196,07	197,37	198,67	199,97	201,27	202,57	203,86	205,16	206,46
16	207,76	209,06	210,36	211,66	212,95	214,25	215,55	216,85	218,15	219,45
17	220,75	222,04	223,34	224,64	225,94	227,24	228,54	229,83	231,13	232,43
18	233,73	235,03	236,33	237,63	238,92	240,22	241,52	242,82	244,12	245,42
19	246,72	248,01	249,31	250,61	251,91	253,21	254,51	255,80	257,10	258,40
20	259,70	261,00	262,30	263,60	264,89	266,19	267,49	268,79	270,09	271,39
21	272,69	273,98	275,28	276,58	277,88	279,18	280,48	281,77	283,07	284,37
22	285,67	286,97	288,27	289,57	290,86	292,16	293,46	294,76	296,06	297,36
23	298,66	299,95	301,25	302,55	303,85	305,15	306,45	307,74	309,04	310,34
24	311,64	312,94	314,24	315,54	316,83	318,13	319,43	320,73	322,03	323,33

dif.

129		130	
1	0,13	1	0,13
2	0,26	2	0,26
3	0,39	3	0,39
4	0,52	4	0,52
5	0,65	5	0,65
6	0,77	6	0,78
7	0,90	7	0,91
8	1,03	8	1,04
9	1,16	9	1,17

614,50 = 13,007.

	00	10	20	30	40	50	60	70	80	90
0		1,30	2,60	3,90	5,20	6,50	7,80	9,10	10,41	11,71
1	13,01	14,31	15,61	16,91	18,21	19,51	20,81	22,11	23,41	24,71
2	26,01	27,31	28,62	29,92	31,22	32,52	33,82	35,12	36,42	37,72
3	39,02	40,32	41,62	42,92	44,22	45,52	46,83	48,13	49,43	50,73
4	52,03	53,33	54,63	55,93	57,23	58,53	59,83	61,13	62,43	63,73
5	65,04	66,34	67,64	68,94	70,24	71,54	72,84	74,14	75,44	76,74
6	78,04	79,34	80,64	81,94	83,24	84,55	85,85	87,15	88,45	89,75
7	91,05	92,35	93,65	94,95	96,25	97,55	98,85	100,15	101,45	102,76
8	104,06	105,36	106,66	107,96	109,26	110,56	111,86	113,16	114,46	115,76
9	117,06	118,36	119,66	120,97	122,27	123,57	124,87	126,17	127,47	128,77
10	130,07	131,37	132,67	133,97	135,27	136,57	137,87	139,17	140,48	141,78
11	143,08	144,38	145,68	146,98	148,28	149,58	150,88	152,18	153,48	154,78
12	156,08	157,38	158,69	159,99	161,29	162,59	163,89	165,19	166,49	167,79
13	169,09	170,39	171,69	172,99	174,29	175,59	176,90	178,20	179,50	180,80
14	182,10	183,40	184,70	186,00	187,30	188,60	189,90	191,20	192,50	193,80
15	195,11	196,41	197,71	199,01	200,31	201,61	202,91	204,21	205,51	206,81
16	208,11	209,41	210,71	212,01	213,31	214,62	215,92	217,22	218,52	219,82
17	221,12	222,42	223,72	225,02	226,32	227,62	228,92	230,22	231,52	232,83
18	234,13	235,43	236,73	238,03	239,33	240,63	241,93	243,23	244,53	245,83
19	247,13	248,43	249,73	251,04	252,34	253,64	254,94	256,24	257,54	258,84
20	260,14	261,44	262,74	264,04	265,34	266,64	267,94	269,24	270,55	271,85
21	273,15	274,45	275,75	277,05	278,35	279,65	280,95	282,25	283,55	284,85
22	286,15	287,45	288,76	290,06	291,36	292,66	293,96	295,26	296,56	297,86
23	299,16	300,46	301,76	303,06	304,36	305,66	306,97	308,27	309,57	310,87
24	312,17	313,47	314,77	316,07	317,37	318,67	319,97	321,27	322,57	323,87

dif.

130		131	
1	0,13	1	0,13
2	0,26	2	0,26
3	0,39	3	0,39
4	0,52	4	0,52
5	0,65	5	0,66
6	0,78	6	0,79
7	0,91	7	0,92
8	1,04	8	1,05
9	1,17	9	1,18

613,50 = 13,027.

	00	10	20	30	40	50	60	70	80	90	dif.
0		1,30	2,61	3,91	5,21	6,51	7,82	9,12	10,42	11,72	130
											1 0,13
1	13,03	14,33	15,63	16,94	18,24	19,54	20,84	22,15	23,45	24,75	2 0,26
2	26,05	27,36	28,66	29,96	31,26	32,57	33,87	35,17	36,48	37,78	3 0,39
3	39,08	40,38	41,69	42,99	44,29	45,59	46,90	48,20	49,50	50,81	4 0,52
											5 0,65
4	52,11	53,41	54,71	56,02	57,32	58,62	59,92	61,23	62,53	63,83	6 0,78
5	65,14	66,44	67,74	69,04	70,35	71,65	72,95	74,25	75,56	76,86	7 0,91
6	78,16	79,46	80,77	82,07	83,37	84,68	85,98	87,28	88,58	89,89	8 1,04
											9 1,17
7	91,19	92,49	93,79	95,10	96,40	97,70	99,01	100,31	101,61	102,91	
8	104,22	105,52	106,82	108,12	109,43	110,73	112,03	113,33	114,64	115,94	131
9	117,24	118,55	119,85	121,15	122,45	123,76	125,06	126,36	127,66	128,97	1 0,13
											2 0,26
10	130,27	131,57	132,88	134,18	135,48	136,78	138,09	139,39	140,69	141,99	3 0,39
11	143,30	144,60	145,90	147,21	148,51	149,81	151,11	152,42	153,72	155,02	4 0,52
12	156,32	157,63	158,93	160,23	161,53	162,84	164,14	165,44	166,75	168,05	5 0,66
											6 0,79
13	169,35	170,65	171,96	173,26	174,56	175,86	177,17	178,47	179,77	181,08	7 0,92
14	182,38	183,68	184,98	186,29	187,59	188,89	190,19	191,50	192,80	194,10	8 1,05
15	195,41	196,71	198,01	199,31	200,62	201,92	203,22	204,52	205,83	207,13	9 1,18
16	208,43	209,73	211,04	212,34	213,64	214,95	216,25	217,55	218,85	220,16	
17	221,46	222,76	224,06	225,37	226,67	227,97	229,28	230,58	231,88	233,18	
18	234,49	235,79	237,09	238,39	239,70	241,00	242,30	243,60	244,91	246,21	
19	247,51	248,82	250,12	251,42	252,72	254,03	255,33	256,63	257,93	259,24	
20	260,54	261,84	263,15	264,45	265,75	267,05	268,36	269,66	270,96	272,26	
21	273,57	274,87	276,17	277,48	278,78	280,08	281,38	282,69	283,99	285,29	
22	286,59	287,90	289,20	290,50	291,80	293,11	294,41	295,71	297,02	298,32	
23	299,62	300,92	302,23	303,53	304,83	306,13	307,44	308,74	310,04	311,35	
24	312,65	313,95	315,25	316,56	317,86	319,16	320,46	321,77	323,07	324,37	

612,50 = 13,049.

	00	10	20	30	40	50	60	70	80	90
0		1,30	2,61	3,91	5,22	6,52	7,83	9,13	10,44	11,74
1	13,05	14,35	15,66	16,96	18,27	19,57	20,88	22,18	23,49	24,79
2	26,10	27,40	28,71	30,01	31,32	32,62	33,93	35,23	36,54	37,84
3	39,15	40,45	41,76	43,06	44,37	45,67	46,98	48,28	49,59	50,89
4	52,20	53,50	54,81	56,11	57,42	58,72	60,03	61,33	62,64	63,94
5	65,25	66,55	67,85	69,16	70,46	71,77	73,07	74,38	75,68	76,99
6	78,29	79,60	80,90	82,21	83,51	84,82	86,12	87,43	88,73	90,04
7	91,34	92,65	93,95	95,26	96,56	97,87	99,17	100,48	101,78	103,09
8	104,39	105,70	107,00	108,31	109,61	110,92	112,22	113,53	114,83	116,14
9	117,44	118,75	120,05	121,36	122,66	123,97	125,27	126,58	127,88	129,19
10	130,49	131,79	133,10	134,40	135,71	137,01	138,32	139,62	140,93	142,23
11	143,54	144,84	146,15	147,45	148,76	150,06	151,37	152,67	153,98	155,28
12	156,59	157,89	159,20	160,50	161,81	163,11	164,42	165,72	167,03	168,33
13	169,64	170,94	172,25	173,55	174,86	176,16	177,47	178,77	180,08	181,38
14	182,69	183,99	185,30	186,60	187,91	189,21	190,52	191,82	193,13	194,43
15	195,74	197,04	198,34	199,65	200,95	202,26	203,56	204,87	206,17	207,48
16	208,78	210,09	211,39	212,70	214,00	215,31	216,61	217,92	219,22	220,53
17	221,83	223,14	224,44	225,75	227,05	228,36	229,66	230,97	232,27	233,58
18	234,88	236,19	237,49	238,80	240,10	241,41	242,71	244,02	245,32	246,63
19	247,93	249,24	250,54	251,85	253,15	254,46	255,76	257,07	258,37	259,68
20	260,98	262,28	263,59	264,89	266,20	267,50	268,81	270,11	271,42	272,72
21	274,03	275,33	276,64	277,94	279,25	280,55	281,86	283,16	284,47	285,77
22	287,08	288,38	289,69	290,99	292,30	293,60	294,91	296,21	297,52	298,82
23	300,13	301,43	302,74	304,04	305,35	306,65	307,96	309,26	310,57	311,87
24	313,18	314,48	315,79	317,09	318,40	319,70	321,01	322,31	323,62	324,92

dif.

130		131	
1	0,13	1	0,13
2	0,26	2	0,26
3	0,39	3	0,39
4	0,52	4	0,52
5	0,65	5	0,66
6	0,78	6	0,79
7	0,91	7	0,92
8	1,04	8	1,05
9	1,17	9	1,18

611,50 = 13,070.

	00	10	20	30	40	50	60	70	80	90
0		1,31	2,61	3,92	5,23	6,54	7,84	9,15	10,46	11,76
1	13,07	14,38	15,68	16,99	18,30	19,61	20,91	22,22	23,53	24,83
2	26,14	27,45	28,75	30,06	31,37	32,68	33,98	35,29	36,60	37,90
3	39,21	40,52	41,82	43,13	44,44	45,75	47,05	48,36	49,67	50,97
4	52,28	53,59	54,89	56,20	57,51	58,82	60,12	61,43	62,71	64,04
5	65,35	66,66	67,96	69,27	70,58	71,89	73,19	74,50	75,81	77,11
6	78,42	79,73	81,03	82,34	83,65	84,96	86,26	87,57	88,88	90,18
7	91,49	92,80	94,10	95,41	96,72	98,03	99,33	100,64	101,95	103,25
8	104,56	105,87	107,17	108,48	109,79	111,10	112,40	113,71	115,02	116,32
9	117,63	118,94	120,24	121,55	122,86	124,17	125,47	126,78	128,09	129,39
10	130,70	132,01	133,31	134,62	135,93	137,24	138,54	139,85	141,16	142,46
11	143,77	145,08	146,38	147,69	149,00	150,31	151,61	152,92	154,23	155,53
12	156,84	158,15	159,45	160,76	162,07	163,38	164,68	165,99	167,30	168,60
13	169,91	171,22	172,52	173,83	175,14	176,45	177,55	179,06	180,37	181,67
14	182,98	184,29	185,59	186,90	188,21	189,52	190,82	192,13	193,44	194,74
15	196,05	197,36	198,66	199,97	201,28	202,59	203,89	205,20	206,51	207,81
16	209,12	210,43	211,73	213,04	214,35	215,66	216,96	218,27	219,58	220,88
17	222,19	223,50	224,80	226,11	227,42	228,73	230,03	231,34	232,65	233,95
18	235,26	236,57	237,87	239,18	240,49	241,80	243,10	244,41	245,72	247,02
19	248,33	249,64	250,94	252,25	253,56	254,87	256,17	257,48	258,79	260,09
20	261,40	262,71	264,01	265,32	266,63	267,94	269,24	270,55	271,86	273,16
21	274,47	275,78	277,08	278,39	279,70	281,01	282,31	283,62	284,93	286,23
22	287,54	288,85	290,15	291,46	292,77	294,08	295,38	296,69	298,00	299,30
23	300,61	301,92	303,22	304,53	305,84	307,15	308,45	309,76	311,07	312,37
24	313,68	314,99	316,29	317,60	318,91	320,22	321,52	322,83	324,14	325,44

dif.

130		131	
1	0,13	1	0,13
2	0,26	2	0,26
3	0,39	3	0,39
4	0,52	4	0,52
5	0,65	5	0,66
6	0,78	6	0,79
7	0,91	7	0,92
8	1,04	8	1,05
9	1,17	9	1,18

610,50 = 13,092.

	00	10	20	30	40	50	60	70	80	90
0		1,31	2,62	3,93	5,24	6,55	7,86	9,16	10,47	11,78
1	13,09	14,40	15,71	17,02	18,33	19,64	20,95	22,26	23,57	24,87
2	26,18	27,49	28,80	30,11	31,42	32,73	34,04	35,35	36,66	37,97
3	39,28	40,59	41,89	43,20	44,51	45,82	47,13	48,44	49,75	51,06
4	52,37	53,68	54,99	56,30	57,60	58,91	60,22	61,53	62,84	64,15
5	65,46	66,77	68,08	69,39	70,70	72,01	73,32	74,62	75,93	77,24
6	78,55	79,86	81,17	82,48	83,79	85,10	86,41	87,72	89,03	90,33
7	91,64	92,95	94,26	95,57	96,88	98,19	99,50	100,81	102,12	103,43
8	104,74	106,05	107,35	108,66	109,97	111,28	112,59	113,90	115,21	116,52
9	117,83	119,14	120,45	121,76	123,06	124,37	125,68	126,99	128,30	129,61
10	130,92	132,23	133,54	134,85	136,16	137,47	138,78	140,08	141,39	142,70
11	144,01	145,32	146,63	147,94	149,25	150,56	151,87	153,18	154,49	155,79
12	157,10	158,41	159,72	161,03	162,34	163,65	164,96	166,27	167,58	168,89
13	170,20	171,51	172,81	174,12	175,43	176,74	178,05	179,36	180,67	181,98
14	183,29	184,60	185,91	187,22	188,52	189,83	191,14	192,45	193,76	195,07
15	196,38	197,69	199,00	200,31	201,62	202,93	204,24	205,54	206,85	208,16
16	209,47	210,78	212,09	213,40	214,71	216,02	217,33	218,64	219,95	221,25
17	222,56	223,87	225,18	226,49	227,80	229,11	230,42	231,73	233,04	234,35
18	235,66	236,97	238,27	239,58	240,89	242,20	243,51	244,82	246,13	247,44
19	248,75	250,06	251,37	252,68	253,98	255,29	256,60	257,91	259,22	260,53
20	261,84	263,15	264,46	265,77	267,08	268,39	269,70	271,00	272,31	273,62
21	274,93	276,24	277,55	278,86	280,17	281,48	282,79	284,10	285,41	286,71
22	288,02	289,33	290,64	291,95	293,26	294,57	295,88	297,19	298,50	299,81
23	301,12	302,43	303,73	305,04	306,35	307,66	308,97	310,28	311,59	312,90
24	314,21	315,52	316,83	318,14	319,44	320,75	322,06	323,37	324,68	325,99

dif.

130
1	0,13
2	0,26
3	0,39
4	0,52
5	0,65
6	0,78
7	0,91
8	1,04
9	1,17

131
1	0,13
2	0,26
3	0,39
4	0,52
5	0,66
6	0,79
7	0,92
8	1,05
9	1,18

609,50 = 13,114.

	00	10	20	30	40	50	60	70	80	90	dif.
0		1,31	2,62	3,93	5,25	6,56	7,87	9,18	10,49	11,80	131 1 0,13
1	13,11	14,43	15,74	17,05	18,36	19,67	20,98	22,29	23,61	24,92	2 0,26
2	26,23	27,54	28,85	30,16	31,47	32,79	34,10	35,41	36,72	38,03	3 0,39
3	39,34	40,65	41,96	43,28	44,59	45,90	47,21	48,52	49,83	51,14	4 0,52 5 0,66
4	52,46	53,77	55,08	56,39	57,70	59,01	60,32	61,64	62,95	64,26	6 0,79
5	65,57	66,88	68,19	69,50	70,82	72,13	73,44	74,75	76,06	77,37	7 0,92
6	78,68	80,00	81,31	82,62	83,93	85,24	86,55	87,86	89,18	90,49	8 1,05 9 1,18
7	91,80	93,11	94,42	95,73	97,04	98,36	99,67	100,98	102,29	103,60	
8	104,91	106,22	107,53	108,85	110,16	111,47	112,78	114,09	115,40	116,71	132
9	118,03	119,34	120,65	121,96	123,27	124,58	125,89	127,21	128,52	129,83	1 0,13 2 0,26
10	131,14	132,45	133,76	135,07	136,39	137,70	139,01	140,32	141,63	142,94	3 0,40
11	144,25	145,57	146,88	148,19	149,50	150,81	152,12	153,43	154,75	156,06	4 0,53
12	157,37	158,68	159,99	161,30	162,61	163,93	165,24	166,55	167,86	169,17	5 0,66 6 0,79
13	170,48	171,79	173,10	174,42	175,73	177,04	178,35	179,66	180,97	182,28	7 0,92
14	183,60	184,91	186,22	187,53	188,84	190,15	191,46	192,78	194,09	195,40	8 1,06
15	196,71	198,02	199,33	200,64	201,96	203,27	204,58	205,89	207,20	208,51	9 1,19
16	209,82	211,14	212,45	213,76	215,07	216,38	217,69	219,00	220,32	221,63	
17	222,94	224,25	225,56	226,87	228,18	229,50	230,81	232,12	233,43	234,74	
18	236,05	237,36	238,67	239,99	241,30	242,61	243,92	245,23	246,54	247,85	
19	249,17	250,48	251,79	253,10	254,41	255,72	257,03	258,35	259,66	260,97	
20	262,28	263,59	264,90	266,21	267,53	268,84	270,15	271,46	272,77	274,08	
21	275,39	276,71	278,02	279,33	280,64	281,95	283,26	284,57	285,89	287,20	
22	288,51	289,82	291,13	292,44	293,75	295,07	296,38	297,69	299,00	300,31	
23	301,62	302,93	304,24	305,56	306,87	308,18	309,49	310,80	312,11	313,42	
24	314,74	316,05	317,36	318,67	319,98	321,29	322,60	323,92	325,23	326,54	

608,50 = 13,134.

	00	10	20	30	40	50	60	70	80	90	dif.
0		1,31	2,63	3,94	5,25	6,57	7,88	9,19	10,51	11,82	131
1	13,13	14,45	15,76	17,07	18,39	19,70	21,01	22,33	23,64	24,95	1 0,13
2	26,27	27,58	28,89	30,21	31,52	32,84	34,15	35,46	36,78	38,09	2 0,26
3	39,40	40,72	42,03	43,34	44,66	45,97	47,28	48,60	49,91	51,22	3 0,39
											4 0,52
											.5 0,66
4	52,54	53,85	55,16	56,48	57,79	59,10	60,42	61,73	63,04	64,36	6 0,79
5	65,67	66,98	68,30	69,61	70,92	72,24	73,55	74,86	76,18	77,49	7 0,92
6	78,80	80,12	81,43	82,74	84,06	85,37	86,68	88,00	89,31	90,62	8 1,05
											9 1,18
7	91,94	93,25	94,56	95,88	97,19	98,51	99,82	101,13	102,45	103,76	
8	105,07	106,39	107,70	109,01	110,33	111,64	112,95	114,27	115,58	116,89	132
9	118,21	119,52	120,83	122,15	123,46	124,77	126,09	127,40	128,71	130,03	1 0,13
											2 0,26
10	131,34	132,65	133,97	135,28	136,59	137,91	139,22	140,53	141,85	143,16	3 0,40
11	144,47	145,79	147,10	148,41	149,73	151,04	152,35	153,67	154,98	156,29	4 0,53
12	157,61	158,92	160,23	161,55	162,86	164,18	165,49	166,80	168,12	169,43	5 0,66
											6 0,79
13	170,74	172,06	173,37	174,68	176,00	177,31	178,62	179,94	181,25	182,56	7 0,92
14	183,88	185,19	186,50	187,82	189,13	190,44	191,76	193,07	194,38	195,70	8 1,06
15	197,01	198,32	199,64	200,95	202,26	203,58	204,89	206,20	207,52	208,83	9 1,19
16	210,14	211,46	212,77	214,08	215,40	216,71	218,02	219,34	220,65	221,96	
17	223,28	224,59	225,90	227,22	228,53	229,85	231,16	232,47	233,79	235,10	
18	236,41	237,73	239,04	240,35	241,67	242,98	244,29	245,61	246,92	248,23	
19	249,55	250,86	252,17	253,49	254,80	256,11	257,43	258,74	260,05	261,37	
20	262,68	263,99	265,31	266,62	267,93	269,25	270,56	271,87	273,19	274,50	
21	275,81	277,13	278,44	279,75	281,07	282,38	283,69	285,01	286,32	287,63	
22	288,95	290,26	291,57	292,89	294,20	295,52	296,83	298,14	299,46	300,77	
23	302,08	303,40	304,71	306,02	307,34	308,65	309,96	311,28	312,59	313,90	
24	315,22	316,53	317,84	319,16	320,47	321,78	323,10	324,41	325,72	327,04	

607,50 = 13,156.

	00	10	20	30	40	50	60	70	80	90	dif.
0		1,32	2,63	3,95	5,26	6,58	7,89	9,21	10,52	11,84	131
1	13,16	14,47	15,79	17,10	18,42	19,73	21,05	22,37	23,68	25,00	
2	26,31	27,63	28,94	30,26	31,57	32,89	34,21	35,52	36,84	38,15	
3	39,47	40,78	42,10	43,41	44,73	46,05	47,36	48,68	49,99	51,31	
4	52,62	53,94	55,26	56,57	57,89	59,20	60,52	61,83	63,15	64,46	
5	65,78	67,10	68,41	69,73	71,04	72,36	73,67	74,99	76,30	77,62	
6	78,94	80,25	81,57	82,88	84,20	85,51	86,83	88,15	89,46	90,78	
7	92,09	93,41	94,72	96,04	97,35	98,67	99,99	101,30	102,62	103,93	
8	105,25	106,56	107,88	109,19	110,51	111,83	113,14	114,46	115,77	117,09	132
9	118,40	119,72	121,04	122,35	123,67	124,98	126,30	127,61	128,93	130,24	
10	131,56	132,88	134,19	135,51	136,82	138,14	139,45	140,77	142,08	143,40	
11	144,72	146,03	147,35	148,66	149,98	151,29	152,61	153,93	155,24	156,56	
12	157,87	159,19	160,50	161,82	163,13	164,45	165,77	167,08	168,40	169,71	
13	171,03	172,34	173,66	174,97	176,29	177,61	178,92	180,24	181,55	182,87	
14	184,18	185,50	186,82	188,13	189,45	190,76	192,08	193,39	194,71	196,02	
15	197,34	198,66	199,97	201,29	202,60	203,92	205,23	206,55	207,86	209,18	
16	210,50	211,81	213,13	214,44	215,76	217,07	218,39	219,71	221,02	222,34	
17	223,65	224,97	226,28	227,60	228,91	230,23	231,55	232,86	234,18	235,49	
18	236,81	238,12	239,44	240,75	242,07	243,39	244,70	246,02	247,33	248,65	
19	249,96	251,28	252,60	253,91	255,23	256,54	257,86	259,17	260,49	261,80	
20	263,12	264,44	265,75	267,07	268,38	269,70	271,01	272,33	273,64	274,96	
21	276,28	277,59	278,91	280,22	281,54	282,85	284,17	285,49	286,80	288,12	
22	289,43	290,75	292,06	293,38	294,69	296,01	297,33	298,64	299,96	301,27	
23	302,59	303,90	305,22	306,53	307,85	309,17	310,48	311,80	313,11	314,43	
24	315,74	317,06	318,38	319,69	321,01	322,32	323,64	324,95	326,27	327,58	

dif.

	131		132
1	0,13	1	0,13
2	0,26	2	0,26
3	0,39	3	0,40
4	0,52	4	0,53
5	0,66	5	0,66
6	0,79	6	0,79
7	0,92	7	0,92
8	1,05	8	1,06
9	1,18	9	1,19

606,50 = 13,178.

	00	10	20	30	40	50	60	70	80	90	dif.	
0		1,32	2,64	3,95	5,27	6,59	7,91	9,22	10,54	11,86	**131**	
											1	0,13
1	13,18	14,50	15,81	17,13	18,45	19,77	21,08	22,40	23,72	25,04	2	0,26
2	26,36	27,67	28,99	30,31	31,63	32,95	34,26	35,58	36,90	38,22	3	0,39
3	39,53	40,85	42,17	43,49	44,81	46,12	47,44	48,76	50,08	51,39	4	0,52
											5	0,66
4	52,71	54,03	55,35	56,67	57,98	59,30	60,62	61,94	63,25	64,57	6	0,79
5	65,89	67,21	68,53	69,84	71,16	72,48	73,80	75,11	76,43	77,75	7	0,92
6	79,07	80,39	81,70	83,02	84,34	85,66	86,97	88,29	89,61	90,93	8	1,05
											9	1,18
7	92,25	93,56	94,88	96,20	97,52	98,84	100,15	101,47	102,79	104,11		
8	105,42	106,74	108,06	109,38	110,70	112,01	113,33	114,65	115,97	117,28	**132**	
9	118,60	119,92	121,24	122,56	123,87	125,19	126,51	127,83	129,14	130,46	1	0,13
											2	0,26
10	131,78	133,10	134,42	135,73	137,05	138,37	139,69	141,00	142,32	143,64	3	0,40
11	144,96	146,28	147,59	148,91	150,23	151,55	152,86	154,18	155,50	156,82	4	0,53
12	158,14	159,45	160,77	162,09	163,41	164,73	166,04	167,36	168,68	170,00	5	0,66
											6	0,79
13	171,31	172,63	173,95	175,27	176,59	177,90	179,22	180,54	181,86	183,17	7	0,92
14	184,49	185,81	187,13	188,45	189,76	191,08	192,40	193,72	195,03	196,35	8	1,06
15	197,67	198,99	200,31	201,62	202,94	204,26	205,58	206,89	208,21	209,53	9	1,19
16	210,85	212,17	213,48	214,80	216,12	217,44	218,75	220,07	221,39	222,71		
17	224,03	225,34	226,66	227,98	229,30	230,62	231,93	233,25	234,57	235,89		
18	237,20	238,52	239,84	241,16	242,48	243,79	245,11	246,43	247,75	249,06		
19	250,38	251,70	253,02	254,34	255,65	256,97	258,29	259,61	260,92	262,24		
20	263,56	264,88	266,20	267,51	268,83	270,15	271,47	272,78	274,10	275,42		
21	276,74	278,06	279,37	280,69	282,01	283,33	284,64	285,96	287,28	288,60		
22	289,92	291,23	292,55	293,87	295,19	296,51	297,82	299,14	300,46	301,78		
23	303,09	304,41	305,73	307,05	308,37	309,68	311,00	312,32	313,64	314,95		
24	316,27	317,59	318,91	320,23	321,54	322,86	324,18	325,50	326,81	328,13		

605,50 = 13,200.

	00	10	20	30	40	50	60	70	80	90	dif.
0		1,32	2,64	3,96	5,28	6,60	7,92	9,24	10,56	11,88	132
1	13,20	14,52	15,84	17,16	18,48	19,80	21,12	22,44	23,76	25,08	1 0,13
2	26,40	27,72	29,04	30,36	31,68	33,00	34,32	35,64	36,96	38,28	2 0,26
3	39,60	40,92	42,24	43,56	44,88	46,20	47,52	48,84	50,16	51,48	3 0,40
											4 0,53
											5 0,66
4	52,80	54,12	55,44	56,76	58,08	59,40	60,72	62,04	63,36	64,68	6 0,79
5	66,00	67,32	68,64	69,96	71,28	72,60	73,92	75,24	76,56	77,88	7 0,92
6	79,20	80,52	81,84	83,16	84,48	85,80	87,12	88,44	89,76	91,08	8 1,06
											9 1,19
7	92,40	93,72	95,04	96,36	97,68	99,00	100,32	101,64	102,96	104,28	
8	105,60	106,92	108,24	109,56	110,88	112,20	113,52	114,84	116,16	117,48	
9	118,80	120,12	121,44	122,76	124,08	125,40	126,72	128,04	129,36	130,68	
10	132,00	133,32	134,64	135,96	137,28	138,60	139,92	141,24	142,56	143,88	
11	145,20	146,52	147,84	149,16	150,48	151,80	153,12	154,44	155,76	157,08	
12	158,40	159,72	161,04	162,36	163,68	165,00	166,32	167,64	168,96	170,28	
13	171,60	172,92	174,24	175,56	176,88	178,20	179,52	180,84	182,16	183,48	
14	184,80	186,12	187,44	188,76	190,08	191,40	192,72	194,04	195,36	196,68	
15	198,00	199,32	200,64	201,96	203,28	204,60	205,92	207,24	208,56	209,88	
16	211,20	212,52	213,84	215,16	216,48	217,80	219,12	220,44	221,76	223,08	
17	224,40	225,72	227,04	228,36	229,68	231,00	232,32	233,64	234,96	236,28	
18	237,60	238,92	240,24	241,56	242,88	244,20	245,52	246,84	248,16	249,48	
19	250,80	252,12	253,44	254,76	256,08	257,40	258,72	260,04	261,36	262,68	
20	264,00	265,32	266,64	267,96	269,28	270,60	271,92	273,24	274,56	275,88	
21	277,20	278,52	279,84	281,16	282,48	283,80	285,12	286,44	287,76	289,08	
22	290,40	291,72	293,04	294,36	295,68	297,00	298,32	299,64	300,96	302,28	
23	303,60	304,92	306,24	307,56	308,88	310,20	311,52	312,84	314,16	315,48	
24	316,80	318,12	319,44	320,76	322,08	323,40	324,72	326,04	327,36	328,68	

604,50 = 13,220.

	00	10	20	30	40	50	60	70	80	90	dif.
0		1,32	2,64	3,97	5,29	6,61	7,93	9,25	10,58	11,90	132
											1 0,13
1	13,22	14,54	15,86	17,19	18,51	19,83	21,15	22,47	23,80	25,12	2 0,26
2	26,44	27,76	29,08	30,41	31,73	33,05	34,37	35,69	37,02	38,34	3 0,40
3	39,66	40,98	42,30	43,63	44,95	46,27	47,59	48,91	50,24	51,56	4 0,53
											5 0,66
4	52,88	54,20	55,52	56,85	58,17	59,49	60,81	62,13	63,46	64,78	6 0,79
5	66,10	67,42	68,74	70,07	71,39	72,71	74,03	75,35	76,68	78,00	7 0,92
6	79,32	80,64	81,96	83,29	84,61	85,93	87,25	88,57	89,90	91,22	8 1,06
											9 1,19
7	92,54	93,86	95,18	96,51	97,83	99,15	100,47	101,79	103,12	104,44	
8	105,76	107,08	108,40	109,73	111,05	112,37	113,69	115,01	116,34	117,66	133
9	118,98	120,30	121,62	122,95	124,27	125,59	126,91	128,23	129,56	130,88	1 0,13
											2 0,27
10	132,20	133,52	134,84	136,17	137,49	138,81	140,13	141,45	142,78	144,10	3 0,40
11	145,42	146,74	148,06	149,39	150,71	152,03	153,35	154,67	156,00	157,32	4 0,53
12	158,64	159,96	161,28	162,61	163,93	165,25	166,57	167,89	169,22	170,54	5 0,67
											6 0,80
13	171,86	173,18	174,50	175,83	177,15	178,47	179,79	181,11	182,44	183,76	7 0,93
14	185,08	186,40	187,72	189,05	190,37	191,69	193,01	194,33	195,66	196,98	8 1,06
15	198,30	199,62	200,94	202,27	203,59	204,91	206,23	207,55	208,88	210,20	9 1,20
16	211,52	212,84	214,16	215,49	216,81	218,13	219,45	220,77	222,10	223,42	
17	224,74	226,06	227,38	228,71	230,03	231,35	232,67	233,99	235,32	236,64	
18	237,96	239,28	240,60	241,93	243,25	244,57	245,89	247,21	248,54	249,86	
19	251,18	252,50	253,82	255,15	256,47	257,79	259,11	260,43	261,76	263,08	
20	264,40	265,72	267,04	268,37	269,69	271,01	272,33	273,65	274,98	276,30	
21	277,62	278,94	280,26	281,59	282,91	284,23	285,55	286,87	288,20	289,52	
22	290,84	292,16	293,48	294,81	296,13	297,45	298,77	300,09	301,42	302,74	
23	304,06	305,38	306,70	308,03	309,35	310,67	311,99	313,31	314,64	315,96	
24	317,28	318,60	319,92	321,25	322,57	323,89	325,21	326,53	327,86	329,18	

603,50 = 13,243.

	00	10 ·	20	30	40	50	60	70	80	90		dif.
0		1,32	2,65	3,97	5,30	6,62	7,95	9,27	10,59	11,92		132
											1	0,13
1	13,24	14,57	15,89	17,22	18,54	19,86	21,19	22,51	23,84	25,16	2	0,26
2	26,49	27,81	29,13	30,46	31,78	33,11	34,43	35,76	37,08	38,40	3	0,40
3	39,73	41,05	42,38	43,70	45,03	46,35	47,67	49,00	50,32	51,65	4	0,53
											5	0,66
4	52,97	54,30	55,62	56,94	58,27	59,59	60,92	62,24	63,57	64,89	6	0,79
5	66,22	67,54	68,86	70,19	71,51	72,84	74,16	75,49	76,81	78,13	7	0,92
6	79,46	80,78	82,11	83,43	84,76	86,08	87,40	88,73	90,05	91,38	8	1,06
											9	1,19
7	92,70	94,03	95,35	96,67	98,00	99,32	100,65	101,97	103,30	104,62		
8	105,94	107,27	108,59	109,92	111,24	112,57	113,89	115,21	116,54	117,86		133
9	119,19	120,51	121,84	123,16	124,48	125,81	127,13	128,46	129,78	131,11	1	0,13
											2	0,27
10	132,43	133,75	135,08	136,40	137,73	139,05	140,38	141,70	143,02	144,35	3	0,40
11	145,67	147,00	148,32	149,65	150,97	152,29	153,62	154,94	156,27	157,59	4	0,53
12	158,92	160,24	161,56	162,89	164,21	165,54	166,86	168,19	169,51	170,83	5	0,67
											6	0,80
13	172,16	173,48	174,81	176,13	177,46	178,78	180,10	181,43	182,75	184,08	7	0,93
14	185,40	186,73	188,05	189,37	190,70	192,02	193,35	194,67	196,00	197,32	8	1,06
15	198,65	199,97	201,29	202,62	203,94	205,27	206,59	207,92	209,24	210,56	9	1,20
16	211,89	213,21	214,54	215,86	217,19	218,51	219,83	221,16	222,48	223,81		
17	225,13	226,46	227,78	229,10	230,43	231,75	233,08	234,40	235,73	237,05		
18	238,37	239,70	241,02	242,35	243,67	245,00	246,32	247,64	248,97	250,29		
19	251,62	252,94	254,27	255,59	256,91	258,24	259,56	260,89	262,21	263,54		
20	264,86	266,18	267,51	268,83	270,16	271,48	272,81	274,13	275,45	276,78		
21	278,10	279,43	280,75	282,08	283,40	284,72	286,05	287,37	288,70	290,02		
22	291,35	292,67	293,99	295,32	296,64	297,97	299,29	300,62	301,94	303,26		
23	304,59	305,91	307,24	308,56	309,89	311,21	312,53	313,86	315,18	316,51		
24	317,83	319,16	320,48	321,80	323,13	324,45	325,78	327,10	328,43	329,75		

602,50 = 13,265.

	00	10	20	30	40	50	60	70	80	90	dif.	
0		1,33	2,65	3,98	5,31	6,63	7,96	9,29	10,61	11,94	**132**	
											1	0,13
1	13,27	14,59	15,92	17,24	18,57	19,90	21,22	22,55	23,88	25,20	2	0,26
2	26,53	27,86	29,18	30,51	31,84	33,16	34,49	35,82	37,14	38,47	3	0,40
3	39,80	41,12	42,45	43,77	45,10	46,43	47,75	49,08	50,41	51,73	4	0,53
											5	0,66
4	53,06	54,39	55,71	57,04	58,37	59,69	61,02	62,35	63,67	65,00	6	0,79
5	66,33	67,65	68,98	70,30	71,63	72,96	74,28	75,61	76,94	78,26	7	0,92
6	79,59	80,92	82,24	83,57	84,90	86,22	87,55	88,88	90,20	91,53	8	1,06
											9	1,19
7	92,86	94,18	95,51	96,83	98,16	99,49	100,81	102,14	103,47	104,79		
8	106,12	107,45	108,77	110,10	111,43	112,75	114,08	115,41	116,73	118,06	**133**	
9	119,39	120,71	122,04	123,36	124,69	126,02	127,34	128,67	130,00	131,32	1	0,13
											2	0,27
10	132,65	133,98	135,30	136,63	137,96	139,28	140,61	141,94	143,26	144,59	3	0,40
11	145,92	147,24	148,57	149,89	151,22	152,55	153,87	155,20	156,53	157,85	4	0,53
12	159,18	160,51	161,83	163,16	164,49	165,81	167,14	168,47	169,79	171,12	5	0,67
											6	0,80
13	172,45	173,77	175,10	176,42	177,75	179,08	180,40	181,73	183,06	184,38	7	0,93
14	185,71	187,04	188,36	189,69	191,02	192,34	193,67	195,00	196,32	197,65	8	1,06
15	198,98	200,30	201,63	202,95	204,28	205,61	206,93	208,26	209,59	210,91	9	1,20
16	212,24	213,57	214,89	216,22	217,55	218,87	220,20	221,53	222,85	224,18		
17	225,51	226,83	228,16	229,48	230,81	232,14	233,46	234,79	236,12	237,44		
18	238,77	240,10	241,42	242,75	244,08	245,40	246,73	248,06	249,38	250,71		
19	252,04	253,36	254,69	256,01	257,34	258,67	259,99	261,32	262,65	263,97		
20	265,30	266,63	267,95	269,28	270,61	271,93	273,26	274,59	275,91	277,24		
21	278,57	279,89	281,22	282,54	283,87	285,20	286,52	287,85	289,18	290,50		
22	291,83	293,16	294,48	295,81	297,14	298,46	299,79	301,12	302,44	303,77		
23	305,10	306,42	307,75	309,07	310,40	311,73	313,05	314,38	315,71	317,03		
24	318,36	319,69	321,01	322,34	323,67	324,99	326,32	327,65	328,97	330,30		

601,50 = 13,287.

	00	10	20	30	40	50	60	70	80	90	dif.
0		1,33	2,66	3,99	5,31	6,64	7,97	9,30	10,63	11,96	132
1	13,29	14,62	15,94	17,27	18,60	19,93	21,26	22,59	23,92	25,25	
2	26,57	27,90	29,23	30,56	31,89	33,22	34,55	35,87	37,20	38,53	
3	39,86	41,19	42,52	43,85	45,18	46,50	47,83	49,16	50,49	51,82	
4	53,15	54,48	55,81	57,13	58,46	59,79	61,12	62,45	63,78	65,11	
5	66,44	67,76	69,09	70,42	71,75	73,08	74,41	75,74	77,06	78,39	
6	79,72	81,05	82,38	83,71	85,04	86,37	87,69	89,02	90,35	91,68	
7	93,01	94,34	95,67	97,00	98,32	99,65	100,98	102,31	103,64	104,97	
8	106,30	107,62	108,95	110,28	111,61	112,94	114,27	115,60	116,93	118,25	
9	119,58	120,91	122,24	123,57	124,90	126,23	127,56	128,88	130,21	131,54	
10	132,87	134,20	135,53	136,86	138,18	139,51	140,84	142,17	143,50	144,83	
11	146,16	147,49	148,81	150,14	151,47	152,80	154,13	155,46	156,79	158,12	
12	159,44	160,77	162,10	163,43	164,76	166,09	167,42	168,74	170,07	171,40	
13	172,73	174,06	175,39	176,72	178,05	179,37	180,70	182,03	183,36	184,69	
14	186,02	187,35	188,68	190,00	191,33	192,66	193,99	195,32	196,65	197,98	
15	199,31	200,63	201,96	203,29	204,62	205,95	207,28	208,61	209,93	211,26	
16	212,59	213,92	215,25	216,58	217,91	219,24	220,56	221,89	223,22	224,55	
17	225,88	227,21	228,54	229,87	231,19	232,52	233,85	235,18	236,51	237,84	
18	239,17	240,49	241,82	243,15	244,48	245,81	247,14	248,47	249,80	251,12	
19	252,45	253,78	255,11	256,44	257,77	259,10	260,43	261,75	263,08	264,41	
20	265,74	267,07	268,40	269,73	271,05	272,38	273,71	275,04	276,37	277,70	
21	279,03	280,36	281,68	283,01	284,34	285,67	287,00	288,33	289,66	290,99	
22	292,31	293,64	294,97	296,30	297,63	298,96	300,29	301,61	302,94	304,27	
23	305,60	306,93	308,26	309,59	310,92	312,24	313,57	314,90	316,23	317,56	
24	318,89	320,22	321,55	322,87	324,20	325,53	326,86	328,19	329,52	330,85	

dif.

132		133	
1	0,13	1	0,13
2	0,26	2	0,27
3	0,40	3	0,40
4	0,53	4	0,53
5	0,66	5	0,67
6	0,79	6	0,80
7	0,92	7	0,93
8	1,06	8	1,06
9	1,19	9	1,20

12*

600,50 = 13,309.

	00	10	20	30	40	50	60	70	80	90
0		1,33	2,66	3,99	5,32	6,65	7,99	9,32	10,65	11,98
1	13,31	14,64	15,97	17,30	18,63	19,96	21,29	22,63	23,96	25,29
2	26,62	27,95	29,28	30,61	31,94	33,27	34,60	35,93	37,27	38,60
3	39,93	41,26	42,59	43,92	45,25	46,58	47,91	49,24	50,57	51,91
4	53,24	54,57	55,90	57,23	58,56	59,89	61,22	62,55	63,88	65,21
5	66,55	67,88	69,21	70,54	71,87	73,20	74,53	75,86	77,19	78,52
6	79,85	81,18	82,52	83,85	85,18	86,51	87,84	89,17	90,50	91,83
7	93,16	94,49	95,82	97,16	98,49	99,82	101,15	102,48	103,81	105,14
8	106,47	107,80	109,13	110,46	111,80	113,13	114,46	115,79	117,12	118,45
9	119,78	121,11	122,44	123,77	125,10	126,44	127,77	129,10	130,43	131,76
10	133,09	134,42	135,75	137,08	138,41	139,74	141,08	142,41	143,74	145,07
11	146,40	147,73	149,06	150,39	151,72	153,05	154,38	155,72	157,05	158,38
12	159,71	161,04	162,37	163,70	165,03	166,36	167,69	169,02	170,36	171,69
13	173,02	174,35	175,68	177,01	178,34	179,67	181,00	182,33	183,66	185,00
14	186,33	187,66	188,99	190,32	191,65	192,98	194,31	195,64	196,97	198,30
15	199,64	200,97	202,30	203,63	204,96	206,29	207,62	208,95	210,28	211,61
16	212,94	214,27	215,61	216,94	218,27	219,60	220,93	222,26	223,59	224,92
17	226,25	227,58	228,91	230,25	231,58	232,91	234,24	235,57	236,90	238,23
18	239,56	240,89	242,22	243,55	244,89	246,22	247,55	248,88	250,21	251,54
19	252,87	254,20	255,53	256,86	258,19	259,53	260,86	262,19	263,52	264,85
20	266,18	267,51	268,84	270,17	271,50	272,83	274,17	275,50	276,83	278,16
21	279,49	280,82	282,15	283,48	284,81	286,14	287,47	288,81	290,14	291,47
22	292,80	294,13	295,46	296,79	298,12	299,45	300,78	302,11	303,45	304,78
23	306,11	307,44	308,77	310,10	311,43	312,76	314,09	315,42	316,75	318,09
24	319,42	320,75	322,08	323,41	324,74	326,07	327,40	328,73	330,06	331,39

dif.

133

1	0,13
2	0,27
3	0,40
4	0,53
5	0,67
6	0,80
7	0,93
8	1,06
9	1,20

134

1	0,13
2	0,27
3	0,40
4	0,54
5	0,67
6	0,80
7	0,94
8	1,07
9	1,21

Höhentabelle II.

	0,5	1,0	1,5	2,0	2,5	3,0	3,5	4,0	4,5	5,0
10	0,01	0,02	0,03	0,04	0,05	0,06	0,07	0,08	0,09	0,10
20	0,02	0,04	0,06	0,08	0,10	0,12	0,14	0,16	0,18	0,20
30	0,03	0,06	0,09	0,12	0,15	0,18	0,21	0,24	0,27	0,30
40	0,04	0,08	0,12	0,16	0,20	0,24	0,28	0,32	0,36	0,40
50	0,05	0,10	0,15	0,20	0,25	0,30	0,35	0,40	0,45	0,50
60	0,06	0,12	0,18	0,24	0,30	0,36	0,42	0,48	0,54	0,60
70	0,07	0,14	0,21	0,28	0,35	0,42	0,49	0,56	0,63	0,70
80	0,08	0,16	0,24	0,32	0,40	0,48	0,56	0,64	0,72	0,80
90	0,09	0,18	0,27	0,36	0,45	0,54	0,63	0,72	0,81	0,90
100	0,10	0,20	0,30	0,40	0,50	0,60	0,70	0,80	0,90	1,00
110	0,11	0,22	0,33	0,44	0,55	0,66	0,77	0,88	0,99	1,10
120	0,12	0,24	0,36	0,48	0,60	0,72	0,84	0,96	1,08	1,20
130	0,13	0,26	0,39	0,52	0,65	0,78	0,91	1,04	1,17	1,30
140	0,14	0,28	0,42	0,56	0,70	0,84	0,98	1,12	1,26	1,40
150	0,15	0,30	0,45	0,60	0,75	0,90	1,05	1,20	1,35	1,50
160	0,16	0,32	0,48	0,64	0,80	0,96	1,12	1,28	1,44	1,60
170	0,17	0,34	0,51	0,68	0,85	1,02	1,19	1,36	1,53	1,70
180	0,18	0,36	0,54	0,72	0,90	1,08	1,26	1,44	1,62	1,80
190	0,19	0,38	0,57	0,76	0,95	1,14	1,33	1,52	1,71	1,90
200	0,20	0,40	0,60	0,80	1,00	1,20	1,40	1,60	1,80	2,00
210	0,21	0,42	0,63	0,84	1,05	1,26	1,47	1,68	1,89	2,10
220	0,22	0,44	0,66	0,88	1,10	1,32	1,54	1,76	1,98	2,20
230	0,23	0,46	0,69	0,92	1,15	1,38	1,61	1,84	2,07	2,30
240	0,24	0,48	0,72	0,96	1,20	1,44	1,68	1,92	2,16	2,40
250	0,25	0,50	0,75	1,00	1,25	1,50	1,75	2,00	2,25	2,50

Proportional-Theile.

	0,5	1,0	1,5	2,0	2,5
1	0	0	0	0	1
2	0	0	1	1	1
3	0	1	1	1	2
4	0	1	1	2	2
5	1	1	2	2	3
6	1	1	2	2	3
7	1	1	2	3	4
8	1	2	2	3	4
9	1	2	3	4	5

	3,0	3,5	4,0	4,5	5,0
1	1	1	1	1	1
2	1	1	2	2	2
3	2	2	2	3	3
4	2	3	3	4	4
5	3	4	4	5	5
6	4	4	5	5	6
7	4	5	6	6	7
8	5	6	6	7	8
9	5	6	7	8	9

	5,5	6,0	6,5	7,0	7,5	8,0	8,5	9,0	9,5	10,0
10	0,11	0,12	0,13	0,14	0,15	0,16	0,17	0,18	0,19	0,20
20	0,22	0,24	0,26	0,28	0,30	0,32	0,34	0,36	0,38	0,40
30	0,33	0,36	0,39	0,42	0,45	0,48	0,51	0,54	0,57	0,60
40	0,44	0,48	0,52	0,56	0,60	0,64	0,68	0,72	0,76	0,80
50	0,55	0,60	0,65	0,70	0,75	0,80	0,85	0,90	0,95	1,00
60	0,66	0,72	0,78	0,84	0,90	0,96	1,02	1,08	1,14	1,20
70	0,77	0,84	0,91	0,98	1,05	1,12	1,19	1,26	1,33	1,40
80	0,88	0,96	1,04	1,12	1,20	1,28	1,36	1,44	1,52	1,60
90	0,99	1,08	1,17	1,26	1,35	1,44	1,53	1,62	1,71	1,80
100	1,10	1,20	1,30	1,40	1,50	1,60	1,70	1,80	1,90	2,00
110	1,21	1,32	1,43	1,54	1,65	1,76	1,87	1,98	2,09	2,20
120	1,32	1,44	1,56	1,68	1,80	1,92	2,04	2,16	2,28	2,40
130	1,43	1,56	1,69	1,82	1,95	2,08	2,21	2,34	2,47	2,60
140	1,54	1,68	1,82	1,96	2,10	2,24	2,38	2,52	2,66	2,80
150	1,65	1,80	1,95	2,10	2,25	2,40	2,55	2,70	2,85	3,00
160	1,76	1,92	2,08	2,24	2,40	2,56	2,72	2,88	3,04	3,20
170	1,87	2,04	2,21	2,38	2,55	2,72	2,89	3,06	3,23	3,40
180	1,98	2,16	2,34	2,52	2,70	2,88	3,06	3,24	3,42	3,60
190	2,09	2,28	2,47	2,66	2,85	3,04	3,23	3,42	3,61	3,80
200	2,20	2,40	2,60	2,80	3,00	3,20	3,40	3,60	3,80	4,00
210	2,31	2,52	2,73	2,94	3,15	3,36	3,57	3,78	3,99	4,20
220	2,42	2,64	2,86	3,08	3,30	3,52	3,74	3,96	4,18	4,40
230	2,53	2,76	2,99	3,22	3,45	3,68	3,91	4,14	4,37	4,60
240	2,64	2,88	3,12	3,36	3,60	3,84	4,08	4,32	4,56	4,80
250	2,75	3,00	3,25	3,50	3,75	4,00	4,25	4,50	4,75	5,00

Proportional-Theile.

	5,5	6,0	6,5	7,0	7,5
1	1	1	1	1	2
2	2	2	3	3	3
3	3	4	4	4	5
4	4	5	5	6	6
5	6	6	7	7	8
6	7	7	8	8	9
7	8	8	9	10	11
8	9	10	10	11	12
9	10	11	12	13	14

	8,0	8,5	9,0	9,5	10,0
1	2	2	2	2	2
2	3	3	4	4	4
3	5	5	5	6	6
4	6	7	7	8	8
5	8	9	9	10	10
6	10	10	11	11	12
7	11	12	13	13	14
8	13	14	14	15	16
9	14	15	16	17	18

	10,5	11,0	11,5	12,0	12,5	13,0	13,5	14,0	14,5	15,0
10	0,21	0,22	0,23	0,24	0,25	0,26	0,27	0,28	0,29	0,30
20	0,42	0,44	0,46	0,48	0,50	0,52	0,54	0,56	0,58	0,60
30	0,63	0,66	0,69	0,72	0,75	0,78	0,81	0,84	0,87	0,90
40	0,84	0,88	0,92	0,96	1,00	1,04	1,08	1,12	1,16	1,20
50	1,05	1,10	1,15	1,20	1,25	1,30	1,35	1,40	1,45	1,50
60	1,26	1,32	1,38	1,44	1,50	1,56	1,62	1,68	1,74	1,80
70	1,47	1,54	1,61	1,68	1,75	1,82	1,89	1,96	2,03	2,10
80	1,68	1,76	1,84	1,92	2,00	2,08	2,16	2,24	2,32	2,40
90	1,89	1,98	2,07	2,16	2,25	2,34	2,43	2,52	2,61	2,70
100	2,10	2,20	2,30	2,40	2,50	2,60	2,70	2,80	2,90	3,00
110	2,31	2,42	2,53	2,64	2,75	2,86	2,97	3,08	3,19	3,30
120	2,52	2,64	2,76	2,88	3,00	3,12	3,24	3,36	3,48	3,60
130	2,73	2,86	2,99	3,12	3,25	3,38	3,51	3,64	3,77	3,90
140	2,94	3,08	3,22	3,36	3,50	3,64	3,78	3,92	4,06	4,20
150	3,15	3,30	3,45	3,60	3,75	3,90	4,05	4,20	4,35	4,50
160	3,36	3,52	3,68	3,84	4,00	4,16	4,32	4,48	4,64	4,80
170	3,57	3,74	3,91	4,08	4,25	4,42	4,59	4,76	4,93	5,10
180	3,78	3,96	4,14	4,32	4,50	4,68	4,86	5,04	5,22	5,40
190	3,99	4,18	4,37	4,56	4,75	4,94	5,13	5,32	5,51	5,70
200	4,20	4,40	4,60	4,80	5,00	5,20	5,40	5,60	5,80	6,00
210	4,41	4,62	4,83	5,04	5,25	5,46	5,67	5,88	6,09	6,30
220	4,62	4,84	5,06	5,28	5,50	5,72	5,94	6,16	6,38	6,60
230	4,83	5,06	5,29	5,52	5,75	5,98	6,21	6,44	6,67	6,90
240	5,04	5,28	5,52	5,76	6,00	6,24	6,48	6,72	6,96	7,20
250	5,25	5,50	5,75	6,00	6,25	6,50	6,75	7,00	7,25	7,50

Proportional-Theile.

	10,5	11,0	11,5	12,0	12,5
1	2	2	2	2	3
2	4	4	5	5	5
3	6	7	7	7	8
4	8	9	9	10	10
5	11	11	12	12	13
6	13	13	14	14	15
7	15	15	16	17	18
8	17	18	18	19	20
9	19	20	21	22	23

	13,0	13,5	14,0	14,5	15,0
1	3	3	3	3	3
2	5	5	6	6	6
3	8	8	8	9	9
4	10	11	11	12	12
5	13	14	14	15	15
6	16	16	17	17	18
7	18	19	20	20	21
8	21	22	22	23	24
9	23	24	25	26	27

	15,5	16,0	16,5	17,0	17,5	18,0	18,5	19,0	19,5	20,0
10	0,31	0,32	0,33	0,34	0,35	0,36	0,37	0,38	0,39	0,40
20	0,62	0,64	0,66	0,68	0,70	0,72	0,74	0,76	0,78	0,80
30	0,93	0,96	0,99	1,02	1,05	1,08	1,11	1,14	1,17	1,20
40	1,24	1,28	1,32	1,36	1,40	1,44	1,48	1,52	1,56	1,60
50	1,55	1,60	1,65	1,70	1,75	1,80	1,85	1,90	1,95	2,00
60	1,86	1,92	1,98	2,04	2,10	2,16	2,22	2,28	2,34	2,40
70	2,17	2,24	2,31	2,38	2,45	2,52	2,59	2,66	2,73	2,80
80	2,48	2,56	2,64	2,72	2,80	2,88	2,96	3,04	3,12	3,20
90	2,79	2,88	2,97	3,06	3,15	3,24	3,33	3,42	3,51	3,60
100	3,10	3,20	3,30	3,40	3,50	3,60	3,70	3,80	3,90	4,00
110	3,41	3,52	3,63	3,74	3,85	3,96	4,07	4,18	4,29	4,40
120	3,72	3,84	3,96	4,08	4,20	4,32	4,44	4,56	4,68	4,80
130	4,03	4,16	4,29	4,42	4,55	4,68	4,81	4,94	5,07	5,20
140	4,34	4,48	4,62	4,76	4,90	5,04	5,18	5,32	5,46	5,60
150	4,65	4,80	4,95	5,10	5,25	5,40	5,55	5,70	5,85	6,00
160	4,96	5,12	5,28	5,44	5,60	5,76	5,92	6,08	6,24	6,40
170	5,27	5,44	5,61	5,78	5,95	6,12	6,29	6,46	6,63	6,80
180	5,58	5,76	5,94	6,12	6,30	6,48	6,66	6,84	7,02	7,20
190	5,89	6,08	6,27	6,46	6,65	6,84	7,03	7,22	7,41	7,60
200	6,20	6,40	6,60	6,80	7,00	7,20	7,40	7,60	7,80	8,00
210	6,51	6,72	6,93	7,14	7,35	7,56	7,77	7,98	8,19	8,40
220	6,82	7,04	7,26	7,48	7,70	7,92	8,14	8,36	8,58	8,80
230	7,13	7,36	7,59	7,82	8,05	8,28	8,51	8,74	8,97	9,20
240	7,44	7,68	7,92	8,16	8,40	8,64	8,88	9,12	9,36	9,60
250	7,75	8,00	8,25	8,50	8,75	9,00	9,25	9,50	9,75	10,00

Proportional-Theile.

	15,5	16,0	16,5	17,0	17,5
1	3	3	3	3	4
2	6	6	7	7	7
3	9	10	10	10	11
4	12	13	13	14	14
5	16	16	17	17	18
6	19	19	20	20	21
7	22	22	23	24	25
8	25	26	26	27	28
9	28	29	30	31	32

	18,0	18,5	19,0	19,5	20,0
1	4	4	4	4	4
2	7	7	8	8	8
3	11	11	11	12	12
4	14	15	15	16	16
5	18	19	19	20	20
6	22	22	23	23	24
7	25	26	27	27	28
8	29	30	30	31	32
9	32	33	34	35	36

	20,5	21,0	21,5	22,0	22,5	23,0	23,5	24,0	24,5	25,0	Proportional-Theile.
10	0,41	0,42	0,43	0,44	0,45	0,46	0,47	0,48	0,49	0,50	20,5 21,0 21,5 22,0 22,5
											1 4 4 4 4 5
20	0,82	0,84	0,86	0,88	0,90	0,92	0,94	0,96	0,98	1,00	2 8 8 9 9 9
30	1,23	1,26	1,29	1,32	1,35	1,38	1,41	1,44	1,47	1,50	3 12 13 13 13 14
40	1,64	1,68	1,72	1,76	1,80	1,84	1,88	1,92	1,96	2,00	4 16 17 17 18 18
											5 21 21 22 22 23
50	2,05	2,10	2,15	2,20	2,25	2,30	2,35	2,40	2,45	2,50	6 25 25 26 26 27
60	2,46	2,52	2,58	2,64	2,70	2,76	2,82	2,88	2,94	3,00	7 29 29 30 31 32
70	2,87	2,94	3,01	3,08	3,15	3,22	3,29	3,36	3,43	3,50	8 33 34 34 35 36
											9 37 38 39 40 41
80	3,28	3,36	3,44	3,52	3,60	3,68	3,76	3,84	3,92	4,00	
90	3,69	3,78	3,87	3,96	4,05	4,14	4,23	4,32	4,41	4,50	23,0 23,5 24,0 24,5 25,0
100	4,10	4,20	4,30	4,40	4,50	4,60	4,70	4,80	4,90	5,00	1 5 5 5 5 5
											2 9 9 10 10 10
110	4,51	4,62	4,73	4,84	4,95	5,06	5,17	5,28	5,39	5,50	3 14 14 14 15 15
120	4,92	5,04	5,16	5,28	5,40	5,52	5,64	5,76	5,88	6,00	4 18 19 19 20 20
130	5,33	5,46	5,59	5,72	5,85	5,98	6,11	6,24	6,37	6,50	5 23 24 24 25 25
											6 28 28 29 29 30
140	5,74	5,88	6,02	6,16	6,30	6,44	6,58	6,72	6,86	7,00	7 32 33 34 34 35
150	6,15	6,30	6,45	6,60	6,75	6,90	7,05	7,20	7,35	7,50	8 37 38 38 39 40
160	6,56	6,72	6,88	7,04	7,20	7,36	7,52	7,68	7,84	8,00	9 41 42 43 44 45
170	6,97	7,14	7,31	7,48	7,65	7,82	7,99	8,16	8,33	8,50	
180	7,38	7,56	7,74	7,92	8,10	8,28	8,46	8,64	8,82	9,00	
190	7,79	7,98	8,17	8,36	8,55	8,74	8,93	9,12	9,31	9,50	
200	8,20	8,40	8,60	8,80	9,00	9,20	9,40	9,60	9,80	10,00	
210	8,61	8,82	9,03	9,24	9,45	9,66	9,87	10,08	10,29	10,50	
220	9,02	9,24	9,46	9,68	9,90	10,12	10,34	10,56	10,78	11,00	
230	9,43	9,66	9,89	10,12	10,35	10,58	10,81	11,04	11,27	11,50	
240	9,84	10,08	10,32	10,56	10,80	11,04	11,28	11,52	11,76	12,00	
250	10,25	10,50	10,75	11,00	11,25	11,50	11,75	12,00	12,25	12,50	

	25,5	26,0	26,5	27,0	27,5	28,0	28,5	29,0	29,5	30,0
10	0,51	0,52	0,53	0,54	0,55	0,56	0,57	0,58	0,59	0,60
20	1,02	1,04	1,06	1,08	1,10	1,12	1,14	1,16	1,18	1,20
30	1,53	1,56	1,59	1,62	1,65	1,68	1,71	1,74	1,77	1,80
40	2,04	2,08	2,12	2,16	2,20	2,24	2,28	2,32	2,36	2,40
50	2,55	2,60	2,65	2,70	2,75	2,80	2,85	2,90	2,95	3,00
60	3,06	3,12	3,18	3,24	3,30	3,36	3,42	3,48	3,54	3,60
70	3,57	3,64	3,71	3,78	3,85	3,92	3,99	4,06	4,13	4,20
80	4,08	4,16	4,24	4,32	4,40	4,48	4,56	4,64	4,72	4,80
90	4,59	4,68	4,77	4,86	4,95	5,04	5,13	5,22	5,31	5,40
100	5,10	5,20	5,30	5,40	5,50	5,60	5,70	5,80	5,90	6,00
110	5,61	5,72	5,83	5,94	6,05	6,16	6,27	6,38	6,49	6,60
120	6,12	6,24	6,36	6,48	6,60	6,72	6,84	6,96	7,08	7,20
130	6,63	6,76	6,89	7,02	7,15	7,28	7,41	7,54	7,67	7,80
140	7,14	7,28	7,42	7,56	7,70	7,84	7,98	8,12	8,26	8,40
150	7,65	7,80	7,95	8,10	8,25	8,40	8,55	8,70	8,85	9,00
160	8,16	8,32	8,48	8,64	8,80	8,96	9,12	9,28	9,44	9,60
170	8,67	8,84	9,01	9,18	9,35	9,52	9,69	9,86	10,03	10,20
180	9,18	9,36	9,54	9,72	9,90	10,08	10,26	10,44	10,62	10,80
190	9,69	9,88	10,07	10,26	10,45	10,64	10,83	11,02	11,21	11,40
200	10,20	10,40	10,60	10,80	11,00	11,20	11,40	11,60	11,80	12,00
210	10,71	10,92	11,13	11,34	11,55	11,76	11,97	12,18	12,39	12,60
220	11,22	11,44	11,66	11,88	12,10	12,32	12,54	12,76	12,98	13,20
230	11,73	11,96	12,19	12,42	12,65	12,88	13,11	13,34	13,57	13,80
240	12,24	12,48	12,72	12,96	13,20	13,44	13,68	13,92	14,16	14,40
250	12,75	13,00	13,25	13,50	13,75	14,00	14,25	14,50	14,75	15,00

Proportional-Theile.

	25,5	26,0	26,5	27,0	27,5
1	5	5	5	5	6
2	10	10	11	11	11
3	15	16	16	16	17
4	20	21	21	22	22
5	26	26	27	27	28
6	31	31	32	32	33
7	36	36	37	38	39
8	41	42	42	43	44
9	46	47	48	49	50

	28,0	28,5	29,0	29,5	30,0
1	6	6	6	6	6
2	11	11	12	12	12
3	17	17	17	18	18
4	22	23	23	24	24
5	28	29	29	30	30
6	34	34	35	35	36
7	39	40	41	41	42
8	45	46	46	47	48
9	50	51	52	53	54

	30,5	31,0	31,5	32,0	32,5	33,0	33,5	34,0	34,5	35,0
10	0,61	0,62	0,63	0,64	0,65	0,66	0,67	0,68	0,69	0,70
20	1,22	1,24	1,26	1,28	1,30	1,32	1,34	1,36	1,38	1,40
30	1,83	1,86	1,89	1,92	1,95	1,98	2,01	2,04	2,07	2,10
40	2,44	2,48	2,52	2,56	2,60	2,64	2,68	2,72	2,76	2,80
50	3,05	3,10	3,15	3,20	3,25	3,30	3,35	3,40	3,45	3,50
60	3,66	3,72	3,78	3,84	3,90	3,96	4,02	4,08	4,14	4,20
70	4,27	4,34	4,41	4,48	4,55	4,62	4,69	4,76	4,83	4,90
80	4,88	4,96	5,04	5,12	5,20	5,28	5,36	5,44	5,52	5,60
90	5,49	5,58	5,67	5,76	5,85	5,94	6,03	6,12	6,21	6,30
100	6,10	6,20	6,30	6,40	6,50	6,60	6,70	6,80	6,90	7,00
110	6,71	6,82	6,93	7,04	7,15	7,26	7,37	7,48	7,59	7,70
120	7,32	7,44	7,56	7,68	7,80	7,92	8,04	8,16	8,28	8,40
130	7,93	8,06	8,19	8,32	8,45	8,58	8,71	8,84	8,97	9,10
140	8,54	8,68	8,82	8,96	9,10	9,24	9,38	9,52	9,66	9,80
150	9,15	9,30	9,45	9,60	9,75	9,90	10,05	10,20	10,35	10,50
160	9,76	9,92	10,08	10,24	10,40	10,56	10,72	10,88	11,04	11,20
170	10,37	10,54	10,71	10,88	11,05	11,22	11,39	11,56	11,73	11,90
180	10,98	11,16	11,34	11,52	11,70	11,88	12,06	12,24	12,42	12,60
190	11,59	11,78	11,97	12,16	12,35	12,54	12,73	12,92	13,11	13,30
200	12,20	12,40	12,60	12,80	13,00	13,20	13,40	13,60	13,80	14,00
210	12,81	13,02	13,23	13,44	13,65	13,86	14,07	14,28	14,49	14,70
220	13,42	13,64	13,86	14,08	14,30	14,52	14,74	14,96	15,18	15,40
230	14,03	14,26	14,49	14,72	14,95	15,18	15,41	15,64	15,87	16,10
240	14,64	14,88	15,12	15,36	15,60	15,84	16,08	16,32	16,56	16,80
250	15,25	15,50	15,75	16,00	16,25	16'50	16,75	17,00	17,25	17,50

Proportional-Theile.

	30,5	31,0	31,5	32,0	32,5
1	6	6	6	6	7
2	12	12	13	13	13
3	18	19	19	19	20
4	24	25	25	26	26
5	31	31	32	32	33
6	37	37	38	38	39
7	43	43	44	45	46
8	49	50	50	51	52
9	55	56	57	58	59

	33,0	33,5	34,0	34,5	35,0
1	7	7	7	7	7
2	13	13	14	14	14
3	20	20	20	21	21
4	26	27	27	28	28
5	33	34	34	35	35
6	40	40	41	41	42
7	46	47	48	48	49
8	53	54	54	55	56
9	59	60	61	62	63

	35,5	36,0	36,5	37,0	37,5	38,0	38,5	39,0	39,5	40,0
10	0,71	0,72	0,73	0,74	0,75	0,76	0,77	0,78	0,79	0,80
20	1,42	1,44	1,46	1,48	1,50	1,52	1,54	1,56	1,58	1,60
30	2,13	2,16	2,19	2,22	2,25	2,28	2,31	2,34	2,37	2,40
40	2,84	2,88	2,92	2,96	3,00	3,04	3,08	3,12	3,16	3,20
50	3,55	3,60	3,65	3,70	3,75	3,80	3,85	3,90	3,95	4,00
60	4,26	4,32	4,38	4,44	4,50	4,56	4,62	4,68	4,74	4,80
70	4,97	5,04	5,11	5,18	5,25	5,32	5,39	5,46	5,53	5,60
80	5,68	5,76	5,84	5,92	6,00	6,08	6,16	6,24	6,32	6,40
90	6,39	6,48	6,57	6,66	6,75	6,84	6,93	7,02	7,11	7,20
100	7,10	7,20	7,30	7,40	7,50	7,60	7,70	7,80	7,90	8,00
110	7,81	7,92	8,03	8,14	8,25	8,36	8,47	8,58	8,69	8,80
120	8,52	8,64	8,76	8,88	9,00	9,12	9,24	9,36	9,48	9,60
130	9,23	9,36	9,49	9,62	9,75	9,88	10,01	10,14	10,27	10,40
140	9,94	10,08	10,22	10,36	10,50	10,64	10,78	10,92	11,06	11,20
150	10,65	10,80	10,95	11,10	11,25	11,40	11,55	11,70	11,85	12,00
160	11,36	11,52	11,68	11,84	12,00	12,16	12,32	12,48	12,64	12,80
170	12,07	12,24	12,41	12,58	12,75	12,92	13,09	13,26	13,43	13,60
180	12,78	12,96	13,14	13,32	13,50	13,68	13,86	14,04	14,22	14,40
190	13,49	13,68	13,87	14,06	14,25	14,44	14,63	14,82	15,01	15,20
200	14,20	14,40	14,60	14,80	15,00	15,20	15,40	15,60	15,80	16,00
210	14,91	15,12	15,33	15,54	15,75	15,96	16,17	16,38	16,59	16,80
220	15,62	15,84	16,06	16,28	16,50	16,72	16,94	17,16	17,38	17,60
230	16,33	16,56	16,79	17,02	17,25	17,48	17,71	17,94	18,17	18,40
240	17,04	17,28	17,52	17,76	18,00	18,24	18,48	18,72	18,96	19,20
250	17,75	18,00	18,25	18,50	18,75	19,00	19,25	19,50	19,75	20,00

Proportional-Theile.

	35,5	36,0	36,5	37,0	37,5
1	7	7	7	7	8
2	14	14	15	15	15
3	21	22	22	22	23
4	28	29	29	30	30
5	36	36	37	37	38
6	43	43	44	44	45
7	50	50	51	52	53
8	57	58	58	59	60
9	64	65	66	67	68

	38,0	38,5	39,0	39,5	40,0
1	8	8	8	8	8
2	15	15	16	16	16
3	23	23	23	24	24
4	30	31	31	32	32
5	38	39	39	40	40
6	46	46	47	47	48
7	53	54	55	55	56
8	61	62	62	63	64
9	68	69	70	71	72

	40,5	41,0	41,5	42,0	42,5	43,0	43,5	44,0	44,5	45,0
10	0,81	0,82	0,83	0,84	0,85	0,86	0,87	0,88	0,89	0,90
20	1,62	1,64	1,66	1,68	1,70	1,72	1,74	1,76	1,78	1,80
30	2,43	2,46	2,49	2,52	2,55	2,58	2,61	2,64	2,67	2,70
40	3,24	3,28	3,32	3,36	3,40	3,44	3,48	3,52	3,56	3,60
50	4,05	4,10	4,15	4,20	4,25	4,30	4,35	4,40	4,45	4,50
60	4,86	4,92	4,98	5,04	5,10	5,16	5,22	5,28	5,34	5,40
70	5,67	5,74	5,81	5,88	5,95	6,02	6,09	6,16	6,23	6,30
80	6,48	6,56	6,64	6,72	6,80	6,88	6,96	7,04	7,12	7,20
90	7,29	7,38	7,47	7,56	7,65	7,74	7,83	7,92	8,01	8,10
100	8,10	8,20	8,30	8,40	8,50	8,60	8,70	8,80	8,90	9,00
110	8,91	9,02	9,13	9,24	9,35	9,46	9,57	9,68	9,79	9,90
120	9,72	9,84	9,96	10,08	10,20	10,32	10,44	10,56	10,68	10,80
130	10,53	10,66	10,79	10,92	11,05	11,18	11,31	11,44	11,57	11,70
140	11,34	11,48	11,62	11,76	11,90	12,04	12,18	12,32	12,46	12,60
150	12,15	12,30	12,45	12,60	12,75	12,90	13,05	13,20	13,35	13,50
160	12,96	13,12	13,28	13,44	13,60	13,76	13,92	14,08	14,24	14,40
170	13,77	13,94	14,11	14,28	14,45	14,62	14,79	14,96	15,13	15,30
180	14,58	14,76	14,94	15,12	15,30	15,48	15,66	15,84	16,02	16,20
190	15,39	15,58	15,77	15,96	16,15	16,34	16,53	16,72	16,91	17,10
200	16,20	16,40	16,60	16,80	17,00	17,20	17,40	17,60	17,80	18,00
210	17,01	17,22	17,43	17,64	17,85	18,06	18,27	18,48	18,69	18,90
220	17,82	18,04	18,26	18,48	18,70	18,92	19,14	19,36	19,58	19,80
230	18,63	18,86	19,09	19,32	19,55	19,78	20,01	20,24	20,47	20,70
240	19,44	19,68	19,92	20,16	20,40	20,64	20,88	21,12	21,36	21,60
250	20,25	20,50	20,75	21,00	21,25	21,50	21,75	22,00	22,25	22,50

Proportional-Theile.

	40,5	41,0	41,5	42,0	42,5
1	8	8	8	8	9
2	16	16	17	17	17
3	24	25	25	25	26
4	32	33	33	34	34
5	41	41	42	42	43
6	49	49	50	50	51
7	57	57	58	59	60
8	65	66	66	67	68
9	73	74	75	76	77

	43,0	43,5	44,0	44,5	45,0
1	9	9	9	9	9
2	17	17	18	18	18
3	26	26	26	27	27
4	34	35	35	36	36
5	43	44	44	45	45
6	52	52	53	53	54
7	60	61	62	62	63
8	69	70	70	71	72
9	77	78	79	80	81

	45,5	46,0	46,5	47,0	47,5	48,0	48,5	49,0	49,5	50,0
10	0,91	0,92	0,93	0,94	0,95	0,96	0,97	0,98	0,99	1,00
20	1,82	1,84	1,86	1,88	1,90	1,92	1,94	1,96	1,98	2,00
30	2,73	2,76	2,79	2,82	2,85	2,88	2,91	2,94	2,97	3,00
40	3,64	3,68	3,72	3,76	3,80	3,84	3,88	3,92	3,96	4,00
50	4,55	4,60	4,65	4,70	4,75	4,80	4,85	4,90	4,95	5,00
60	5,46	5,52	5,58	5,64	5,70	5,76	5,82	5,88	5,94	6,00
70	6,37	6,44	6,51	6,58	6,65	6,72	6,79	6,86	6,93	7,00
80	7,28	7,36	7,44	7,52	7,60	7,68	7,76	7,84	7,92	8,00
90	8,19	8,28	8,37	8,46	8,55	8,64	8,73	8,82	8,91	9,00
100	9,10	9,20	9,30	9,40	9,50	9,60	9,70	9,80	9,90	10,00
110	10,01	10,12	10,23	10,34	10,45	10,56	10,67	10,78	10,89	11,00
120	10,92	11,04	11,16	11,28	11,40	11,52	11,64	11,76	11,88	12,00
130	11,83	11,96	12,09	12,22	12,35	12,48	12,61	12,74	12,87	13,00
140	12,74	12,88	13,02	13,16	13,30	13,44	13,58	13,72	13,86	14,00
150	13,65	13,80	13,95	14,10	14,25	14,40	14,55	14,70	14,85	15,00
160	14,56	14,72	14,88	15,04	15,20	15,36	15,52	15,68	15,84	16,00
170	15,47	15,64	15,81	15,98	16,15	16,32	16,49	16,66	16,83	17,00
180	16,38	16,56	16,74	16,92	17,10	17,28	17,46	17,64	17,82	18,00
190	17,29	17,48	17,67	17,86	18,05	18,24	18,43	18,62	18,81	19,00
200	18,20	18,40	18,60	18,80	19,00	19,20	19,40	19,60	19,80	20,00
210	19,11	19,32	19,53	19,74	19,95	20,16	20,37	20,58	20,79	21,00
220	20,02	20,24	20,46	20,68	20,90	21,12	21,34	21,56	21,78	22,00
230	20,93	21,16	21,39	21,62	21,85	22,08	22,31	22,54	22,77	23,00
240	21,84	22,08	22,32	22,56	22,80	23,04	23,28	23,52	23,76	24,00
250	22,75	23,00	23,25	23,50	23,75	24,00	24,25	24,50	24,75	25,00

Proportional-Theile.

	45,5	46,0	46,5	47,0	47,5
1	9	9	9	9	10
2	18	18	19	19	19
3	27	28	28	28	29
4	36	37	37	38	38
5	46	46	47	47	48
6	55	55	56	56	57
7	64	64	65	66	67
8	73	74	74	75	76
9	82	83	84	85	86

	48,0	48,5	49,0	49,5	50,0
1	10	10	10	10	10
2	19	19	20	20	20
3	29	29	29	30	30
4	38	39	39	40	40
5	48	49	49	50	50
6	58	58	59	59	60
7	67	68	69	69	70
8	77	78	78	79	80
9	86	87	88	89	90

	50,5	51,0	51,5	52,0	52,5	53,0	53,5	54,0	54,5	55,0
10	1,01	1,02	1,03	1,04	1,05	1,06	1,07	1,08	1,09	1,10
20	2,02	2,04	2,06	2,08	2,10	2,12	2,14	2,16	2,18	2,20
30	3,03	3,06	3,09	3,12	3,15	3,18	3,21	3,24	3,27	3,30
40	4,04	4,08	4,12	4,16	4,20	4,24	4,28	4,32	4,36	4,40
50	5,05	5,10	5,15	5,20	5,25	5,30	5,35	5,40	5,45	5,50
60	6,06	6,12	6,18	6,24	6,30	6,36	6,42	6,48	6,54	6,60
70	7,07	7,14	7,21	7,28	7,35	7,42	7,49	7,56	7,63	7,70
80	8,08	8,16	8,24	8,32	8,40	8,48	8,56	8,64	8,72	8,80
90	9,09	9,18	9,27	9,36	9,45	9,54	9,63	9,72	9,81	9,90
100	10,10	10,20	10,30	10,40	10,50	10,60	10,70	10,80	10,90	11,00
110	11,11	11,22	11,33	11,44	11,55	11,66	11,77	11,88	11,99	12,10
120	12,12	12,24	12,36	12,48	12,60	12,72	12,84	12,96	13,08	13,20
130	13,13	13,26	13,39	13,52	13,65	13,78	13,91	14,04	14,17	14,30
140	14,14	14,28	14,42	14,56	14,70	14,84	14,98	15,12	15,26	15,40
150	15,15	15,30	15,45	15,60	15,75	15,90	16,05	16,20	16,35	16,50
160	16,16	16,32	16,48	16,64	16,80	16,96	17,12	17,28	17,44	17,60
170	17,17	17,34	17,51	17,68	17,85	18,02	18,19	18,36	18,53	18,70
180	18,18	18,36	18,54	18,72	18,90	19,08	19,26	19,44	19,62	19,80
190	19,19	19,38	19,57	19,76	19,95	20,14	20,33	20,52	20,71	20,90
200	20,20	20,40	20,60	20,80	21,00	21,20	21,40	21,60	21,80	22,00
210	21,21	21,42	21,63	21,84	22,05	22,26	22,47	22,68	22,89	23,10
220	22,22	22,44	22,66	22,88	23,10	23,32	23,54	23,76	23,98	24,20
230	23,23	23,46	23,69	23,92	24,15	24,38	24,61	24,84	25,07	25,30
240	24,24	24,48	24,72	24,96	25,20	25,44	25,68	25,92	26,16	26,40
250	25,25	25,50	25,75	26,00	26,25	26,50	26,75	27,00	27,25	27,50

Proportional-Theile.

	50,5	51,0	51,5	52,0	52,5
1	10	10	10	10	11
2	20	20	21	21	21
3	30	31	31	31	32
4	40	41	41	42	42
5	51	51	52	52	53
6	61	61	62	62	63
7	71	71	72	73	74
8	81	82	82	83	84
9	91	92	93	94	95

	53,0	53,5	54,0	54,5	55,0
1	11	11	11	11	11
2	21	21	22	22	22
3	32	32	32	33	33
4	42	43	43	44	44
5	53	54	54	55	55
6	64	64	65	65	66
7	74	75	76	76	77
8	85	86	86	87	88
9	95	96	97	98	99

	55,5	56,0	56,5	57,0	57,5	58,0	58,5	59,0	59,5	60,0
10	1,11	1,12	1,13	1,14	1,15	1,16	1,17	1,18	1,19	1,20
20	2,22	2,24	2,26	2,28	2,30	2,32	2,34	2,36	2,38	2,40
30	3,33	3,36	3,39	3,42	3,45	3,48	3,51	3,54	3,57	3,60
40	4,44	4,48	4,52	4,56	4,60	4,64	4,68	4,72	4,76	4,80
50	5,55	5,60	5,65	5,70	5,75	5,80	5,85	5,90	5,95	6,00
60	6,66	6,72	6,78	6,84	6,90	6,96	7,02	7,08	7,14	7,20
70	7,77	7,84	7,91	7,98	8,05	8,12	8,19	8,26	8,33	8,40
80	8,88	8,96	9,04	9,12	9,20	9,28	9,36	9,44	9,52	9,60
90	9,99	10,08	10,17	10,26	10,35	10,44	10,53	10,62	10,71	10,80
100	11,10	11,20	11,30	11,40	11,50	11,60	11,70	11,80	11,90	12,00
110	12,21	12,32	12,43	12,54	12,65	12,76	12,87	12,98	13,09	13,20
120	13,32	13,44	13,56	13,68	13,80	13,92	14,04	14,16	14,28	14,40
130	14,43	14,56	14,69	14,82	14,95	15,08	15,21	15,34	15,47	15,60
140	15,54	15,68	15,82	15,96	16,10	16,24	16,38	16,52	16,66	16,80
150	16,65	16,80	16,95	17,10	17,25	17,40	17,55	17,70	17,85	18,00
160	17,76	17,92	18,08	18,24	18,40	18,56	18,72	18,88	19,04	19,20
170	18,87	19,04	19,21	19,38	19,55	19,72	19,89	20,06	20,23	20,40
180	19,98	20,16	20,34	20,52	20,70	20,88	21,06	21,24	21,42	21,60
190	21,09	21,28	21,47	21,66	21,85	22,04	22,23	22,42	22,61	22,80
200	22,20	22,40	22,60	22,80	23,00	23,20	23,40	23,60	23,80	24,00
210	23,31	23,52	23,73	23,94	24,15	24,36	24,57	24,78	24,99	25,20
220	24,42	24,64	24,86	25,08	25,30	25,52	25,74	25,96	26,18	26,40
230	25,53	25,76	25,99	26,22	26,45	26,68	26,91	27,14	27,37	27,60
240	26,64	26,88	27,12	27,36	27,60	27,84	28,08	28,32	28,56	28,80
250	27,75	28,00	28,25	28,50	28,75	29,00	29,25	29,50	29,75	30,00

Proportional-Theile.

	55,5	56,0	56,5	57,0	57,5
1	11	11	11	11	12
2	22	22	23	23	23
3	33	34	34	34	35
4	44	45	45	46	46
5	56	56	57	57	58
6	67	67	68	68	69
7	78	78	79	80	81
8	89	90	90	91	92
9	100	101	102	103	194

	58,0	58,5	59,0	59,5	60,0
1	12	12	12	12	12
2	23	23	24	24	24
3	35	35	35	36	36
4	46	47	47	48	48
5	58	59	59	60	60
6	70	70	71	71	72
7	81	82	83	83	84
8	93	94	94	95	96
9	104	105	106	107	108

	60,5	61,0	61,5	62,0	62,5	63,0	63,5	64,0	64,5	65,0
10	1,21	1,22	1,23	1,24	1,25	1,26	1,27	1,28	1,29	1,30
20	2,42	2,44	2,46	2,48	2,50	2,52	2,54	2,56	2,58	2,60
30	3,63	3,66	3,69	3,72	3,75	3,78	3,81	3,84	3,87	3,90
40	4,84	4,88	4,92	4,96	5,00	5,04	5,08	5,12	5,16	5,20
50	6,05	6,10	6,15	6,20	6,25	6,30	6,35	6,40	6,45	6,50
60	7,26	7,32	7,38	7,44	7,50	7,56	7,62	7,68	7,74	7,80
70	8,47	8,54	8,61	8,68	8,75	8,82	8,89	8,96	9,03	9,10
80	9,68	9,76	9,84	9,92	10,00	10,08	10,16	10,24	10,32	10,40
90	10,89	10,98	11,07	11,16	11,25	11,34	11,43	11,52	11,61	11,70
100	12,10	12,20	12,30	12,40	12,50	12,60	12,70	12,80	12,90	13,00
110	13,31	13,42	13,53	13,64	13,75	13,86	13,97	14,08	14,19	14,30
120	14,52	14,64	14,76	14,88	15,00	15,12	15,24	15,36	15,48	15,60
130	15,73	15,86	15,99	16,12	16,25	16,38	16,51	16,64	16,77	16,90
140	16,94	17,08	17,22	17,36	17,50	17,64	17,78	17,92	18,06	18,20
150	18,15	18,30	18,45	18,60	18,75	18,90	19,05	19,20	19,35	19,50
160	19,36	19,52	19,68	19,84	20,00	20,16	20,32	20,48	20,64	20,80
170	20,57	20,74	20,91	21,08	21,25	21,42	21,59	21,76	21,93	22,10
180	21,78	21,96	22,14	22,32	22,50	22,68	22,86	23,04	23,22	23,40
190	22,99	23,18	23,37	23,56	23,75	23,94	24,13	24,32	24,51	24,70
200	24,20	24,40	24,60	24,80	25,00	25,20	25,40	25,60	25,80	26,00
210	25,41	25,62	25,83	26,04	26,25	26,46	26,67	26,88	27,09	27,30
220	26,62	26,84	27,06	27,28	27,50	27,72	27,94	28,16	28,38	28,60
230	27,83	28,06	28,29	28,52	28,75	28,98	29,21	29,44	29,67	29,90
240	29,04	29,28	29,52	29,76	30,00	30,24	30,48	30,72	30,96	31,20
250	30,25	30,50	30,75	31,00	31,25	31,50	31,75	32,00	32,25	32,50

Proportional-Theile

	60,5	61,0	61,5	62,0	62,5
1	12	12	12	12	13
2	24	24	25	25	25
3	36	37	37	37	38
4	48	49	49	50	50
5	61	61	62	62	63
6	73	73	74	74	75
7	85	85	86	87	88
8	97	98	98	99	100
9	109	110	111	112	113

	63,0	63,5	64,0	64,5	65,0
1	13	13	13	13	13
2	25	25	26	26	26
3	38	38	38	39	39
4	50	51	51	52	52
5	63	64	64	65	65
6	76	76	77	77	78
7	88	89	90	90	91
8	101	102	102	103	104
9	113	114	115	116	117

	65,5	66,0	66,5	67,0	67,5	68,0	68,5	69,0	69,5	70,0
10	1,31	1,32	1,33	1,34	1,35	1,36	1,37	1,38	1,39	1,40
20	2,62	2,64	2,66	2,68	2,70	2,72	2,74	2,76	2,78	2,80
30	3,93	3,96	3,99	4,02	4,05	4,08	4,11	4,14	4,17	4,20
40	5,24	5,28	5,32	5,36	5,40	5,44	5,48	5,52	5,56	5,60
50	6,55	6,60	6,65	6,70	6,75	6,80	6,85	6,90	6,95	7,00
60	7,86	7,92	7,98	8,04	8,10	8,16	8,22	8,28	8,34	8,40
70	9,17	9,24	9,31	9,38	9,45	9,52	9,59	9,66	9,73	9,80
80	10,48	10,56	10,64	10,72	10,80	10,88	10,96	11,04	11,12	11,20
90	11,79	11,88	11,97	12,06	12,15	12,24	12,33	12,42	12,51	12,60
100	13,10	13,20	13,30	13,40	13,50	13,60	13,70	13,80	13,90	14,00
110	14,41	14,52	14,63	14,74	14,85	14,96	15,07	15,18	15,29	15,40
120	15,72	15,84	15,96	16,08	16,20	16,32	16,44	16,56	16,68	16,80
130	17,03	17,16	17,29	17,42	17,55	17,68	17,81	17,94	18,07	18,20
140	18,34	18,48	18,62	18,76	18,90	19,04	19,18	19,32	19,46	19,60
150	19,65	19,80	19,95	20,10	20,25	20,40	20,55	20,70	20,85	21,00
160	20,96	21,12	21,28	21,44	21,60	21,76	21,92	22,08	22,24	22,40
170	22,27	22,44	22,61	22,78	22,95	23,12	23,29	23,46	23,63	23,80
180	23,58	23,76	23,94	24,12	24,30	24,48	24,66	24,84	25,02	25,20
190	24,89	25,08	25,27	25,46	25,65	25,84	26,03	26,22	26,41	26,60
200	26,20	26,40	26,60	26,80	27,00	27,20	27,40	27,60	27,80	28,00
210	27,51	27,72	27,93	28,14	28,35	28,56	28,77	28,98	29,19	29,40
220	28,82	29,04	29,26	29,48	29,70	29,92	30,14	30,36	30,58	30,80
230	30,13	30,36	30,59	30,82	31,05	31,28	31,51	31,74	31,97	32,20
240	31,44	31,68	31,92	32,16	32,40	32,64	32,88	33,12	33,36	33,60
250	32,75	33,00	33,25	33,50	33,75	34,00	34,25	34,50	34,75	35,00

Proportional-Theil.

	65,5	66,0	66,5	67,0	67,5
1	13	13	13	13	14
2	26	26	27	27	27
3	39	40	40	40	41
4	52	53	53	54	54
5	66	66	67	67	68
6	79	79	80	80	81
7	92	92	93	94	95
8	105	106	106	107	108
9	118	119	120	121	122

	68,0	68,5	69,0	69,5	70,0
1	14	14	14	14	14
2	27	27	28	28	28
3	41	41	41	42	42
4	54	55	55	56	56
5	68	69	69	70	70
6	82	82	83	83	84
7	95	96	97	97	98
8	109	110	110	111	112
9	122	123	124	125	126

www.ingramcontent.com/pod-product-compliance
Lightning Source LLC
Chambersburg PA
CBHW021708210326
41599CB00013B/1567

* 9 7 8 3 9 5 5 6 2 2 8 1 7 *